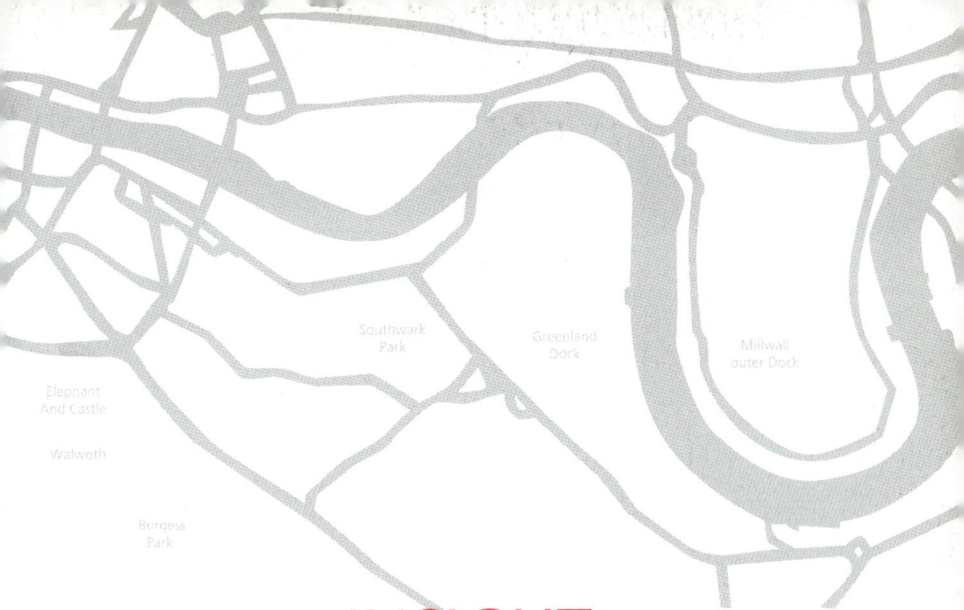

INSIGHT:

Architecture & Interior Road Map

한 눈에 들어오는 건축 · 인테리어 로드맵
〈유럽편〉

Germany_Berlin · Frankfurt · Hamburg · Wolfsburg · Dresden · Dessau
Czech_Praha / U.K._London / France_Paris
Nederlands_Amsterdam · Rotterdam · Almere · Hague

EUROPE

Spacetime

김문덕 대표저자
2010년 3월 25일 1판 1쇄 발행
2012년 8월 10일 1판 2쇄 발행

발행인 김기현
발행처 시공문화사 ***Spacetime***
등 록 1993년 3월 12일
주 소 서울시 서대문구 현저동 200 극동빌딩 5층
전 화 02) 3147-1212, 2323
전 송 02) 3147-2626
ISBN 978-89-5592-157-1

http://www.spacetime.co.kr
spacetime@korea.com

정가 19,000원

Architecture & Interior Road Map

한 눈에 들어오는 건축 · 인테리어 로드맵
〈유럽편〉

INSIGHT: Architecture & Interior Road Map EUROPE

"여행이란 다른 사람들의 흔적만 보는 것이 아니라 자연과 세상을 보는 기회를 통해서 우리 자신의 삶을 돌아보는 것이다."

유럽 디자인여행의 가이드북에 대한 시작은 2007년 6월 27일에서 7월 9일에 걸친 유럽여행이었다.

2002년에 학생들을 데리고 간 후 몇 년간 성원이 되지 않아 매번 가려고 했던 계획이 드디어 실행에 옮기게 된 것이다. 본인을 비롯한 건국대학교 건축대학원 석박사 및 디자인대학원 석사과정 학생들, 그리고 기타 인원들을 포함하여 35명이 독일, 체코, 영국, 프랑스, 네덜란드를 11박 13일에 이르는 일정으로 여행을 떠나게 되었다. 일정은 2002년도에 버스를 대절하여 여행하였던 코스 중에서 문제가 있던 비트라 단지가 있는 바일 암 라인의 일정을 없애는 대신 볼프스부르크, 데사우, 드레스덴과 체코의 프라하 일정을 추가한 것이었다.

학생들과의 여행은 항상 그렇듯이 일정에 맞게 편집한 안내책자와 함께 빔프로젝터와 노트북을 가지고 갔으며, 그것은 매일 밤 그 다음 날에 볼 프로젝트를 예습시키기 위한 것이었다. 사실 박사학생들이 빔프로젝터와 노트북을 챙겼지만, 실제로 과연 그것을 볼만한 장소를 구할 수 있을까 반신반의 하면서 간 것이 사실이었다. 역시 첫날 도착지인 프랑크푸르트에서부터 난관에 봉착하였는데, 호텔 측에서 빔프로젝터를 볼 수 있는 회의실의 임대료를 상당히 고액을 요구했던 것이다.
그러나 간절히 원하면, 이루어진다고 했던가?
객실을 둘러보니 일반적인 호텔의 객실보다 상당히 큰 것을 발견하면서 문제는 해결이 되었다. 객실의 침대를 세로로 세워놓고 30여명의 인원들이 매일 밤 다음 날 가볼 프로젝트를 파워포인트로 보며 예습하면서 여행을 다니게 되었다. 그것도 11박의 일정 중 며칠을 제외하고 매일 하는 강행군의 일정으로...
이런 강행군의 일정으로 여행을 하면서 유럽 디자인 여행의 가이드북을 만들려는 생각을 가지게 되었다. 이심전심이라고 했던가? 무언가 이렇게 타이트한 일정의 여행을 통해서 서로의 마음의 교감이 이루어진 시간들이 있었기 때문에 그 추억을 책으로 남기고자 하였다. 물론 그 이전에 본인이 유럽 건축여행에 대한 책을 만들어 본 경험도 있었기 때문에 그런

I N T R O D U C T I O N

생각이 가능하였다. 이번에는 과거 건축 위주로만 만들었던 가이드북에서 탈피해서 건축과 실내디자인 프로젝트를 같이 방문해서 볼 수 있는 책을 만들기로 하였다. 실제로 중간 중간 학생들과 론 아라드가 디자인한 벨 고 누르드나 필립 스탁이 디자인한 콩 레스토랑에서 식사를 하거나 에바 지리크너나 앙드레 퓨트망이 디자인한 호텔들을 일정 중에 방문하였기 때문에 그것은 가능하였다.

긴 일정을 마치고 학생들과 돌아와, 모든 참여인원들이 같이 책을 만드는 공저 형식으로 책을 만들자고 이야기가 되었으나 결국은 적극적으로 참여하는 인원들만으로 책을 만들게 되었다. 책을 만드는 과정 역시 마치 한 편의 여행담처럼 쉽지 않은 과정이었다. 많은 사람들이 참여하는 작업은 시간이 흐르면서 지지부진하였고 결국은 본인이 방학동안 전체적인 흐름을 정리, 마무리하면서 책의 원고가 나오게 되었다.

그리고 시간이 지나면서 유럽에 대한 새로운 정보들과 사진자료들이 다시 보완되었다. 2008년 여름에 본인이 다시 유럽여행을 하면서 찍었던 사진 자료들, 안경섭, 한혜신 부부가 찍어 온 런던의 사진자료들, 송은아가 별도의 여행을 하면서 찍은 함브르크의 사진들, 서수미 등이 찍은 알메르의 사진들, 원장은이 찍은 런던의 부틱 호텔 자료로 보완을 하고 유럽에 있는 제자들에게도 사진 자료들을 부탁하여 책이 완성하게 되었다.

지면을 통하여 다시 한번 이 책이 나오기까지 도움을 주었던 사람들에게 감사의 마음을 표시하고자 한다. 새로운 프로젝트의 사진을 위해 유럽에서 사진을 찍어서 보내준 델프트의 김명식과 프랑크푸르트의 방선희에게 감사의 말을 전하며, 여행 기간 동안 안내를 해준 런던의 백나영과 신수진, 프랑크푸르트의 황부원, 파리의 김승기, 이현숙 부부에게도 감사의 말을 전한다. 그리고 이 책을 출판해주신 시공문화사의 김기현 사장님과 마지막까지 책을 위해 동분서주하였던 김석영에게 감사의 말을 전한다.

유럽의 건축과 실내디자인을 위한 이 가이드북은 단지 유럽의 건축과 실내디자인에 대한 정보를 모아서 만든 책이라기보다는 여행을 다니면서 단합되었던 마음이 만들어낸 하나의 결정체라는 표현이 더 합당하게 느껴지기 때문에 더 감사한 마음을 갖게 된다.

2010년의 새해 벽두에...

김 문 덕

IN**SIGHT**: Architecture & Interior Road Map EUROPE

Travel is not only to see the traces of others, but to look back on our lives through the chance of seeing nature and the world.

This guidebook for European design tour was firstly conceived from traveling in Europe during June 27th to July 9th, 2007.
It was the break of several years' failures of annual travel plans from the lack of members since traveling in 2002. 35 members including myself, the students of Kunkuk University Graduate School in the master/doctorate course of Architecture and the master course of Design, and others came to travel across Germany, Czech, U.K., France, and the Netherlands for eleven nights and thirteen days. The itinerary was made by leaving out Weil-Am-Rhein course, which included Vitra complex that had been problematic of the rent bus course in 2002, and adding new ones such as Wolfsburg, Dessau, Dresden, and Praha in Czech.

As always as was traveling with students, we carried a guidebook edited to the itinerary, a beam projector, and a laptop for making students preview the next day projects they should see.
In fact, although doctorate students prepared the beam projector and the laptop, most of us was doubtful of finding out the place where we can use them. As was expected, we faced an obstacle from the first-day destination, Frankfurt, that the hotel required a significantly high fee of renting a meeting room where we can use a beam projector.
However, did somebody say, "the more you hope, the better you can get?"
Looking around our guest rooms, we found out they are much larger than those of general hotels, so the problem was resolved. Vertically erecting the bed of a guest room toward the wall, roughly 30 members previewed the next visiting projects with the beam projector every night, and traveled the next day. Moreover, it was so tough a schedule that was done almost everyday except only several days...
In this tough schedule, the idea of making a guidebook for European design tour came to be born. It might be called the sum of pieces making a complete one that all the times during which we shared sympathy in mind through the tight schedule of travel led us to hope for leaving the memory in a book. Of course, my previous experience of making a guidebook for European architecture tour made possible such an idea. This time, we determined to

I N T R O D U C T I O N

escape the previous version of guidebook that was focused only on architecture, and to make a book that deals with the projects not just of architecture, but also of interior design. It was possible because we had meals really at Belgo Noord designed by Ron Arad or Kong Restaurant by Philippe Starck, and visited the hotels by Eva Jiricna or Andrée Putman.

After finishing the long schedule, we came back and agreed to make the book by joint authorship of all participants, but finally only active members came to participate in the making. The book-making process was not easy as well, like a piece of travelogue. Working by many members became tardy over time. At last, I had to organize and finish the overall flow during vacation, by which the manuscript could be complete.

Over time, new information and photographic data about Europe were supplemented again. They included the photographs I had taken traveling again by myself in the summer of 2008, Ahn Gyeong-Sup and Han Hye-Shin couple's photographs of London, Song Eun-Ah's photographs of Hamburg during her own travel, Seo Su-Mi's and others' photographs of Almere, Won Jang-Eun's photographs of boutique hotels in London. Also, asking favors of my former students in Europe let me complete this book.

On this page, I would like to thank again all of those who helped this publication. I am grateful to: Kim Myeong-Sik in Delft and Bang Seon-Hui in Frankfurt who took photographs in Europe and send them to me; Baek Na-Yeong and Shin Su-Jin in London, Hwang Bu-Won in Frankfurt, Kim Seung-Gi and Lee Hyun-Suk couple in Paris, who guided us during traveling in Europe; finally, Representative Kim Gi-Hyeon of Spacetime Publisher who published this book and Kim Suk-Young who was always on the move for this book up to the end.

I am more thankful to them because this guidebook for European architecture and interior design seems not just a book made by collecting information on European architecture and interior design, but rather appropriate to be expressed as a fruit made from our minds rallied by travel.

At the beginning of the new year, 2010...
Kim Moon-Duck

본 가이드북이 담고 있는 정보는 유럽의 건축과 실내건축 작품을 찾아 여행을 떠나는 사람들을 위한 것이다.

책의 구성은 크게 3가지 주제로 이루어졌다. 제1장은 『변화의 바람』이란 주제로 독일과 체코의 도시 7곳의 프로젝트를 소개하였다. 제2장에서는 『제국의 번영과 발전』이란 주제로 런던과 파리를 다루었으며, 마지막 제3장은 『디자인의 새로운 도약』이란 주제로 새롭게 디자인 강국으로 부각된 네덜란드의 도시 4곳을 소개하였다. 안내하는 작품들은 유럽의 유구한 역사를 볼 수 있는 고전건축들보다는 현대건축과 실내건축 작품을 위주로 편성하였다.

전체적으로 책에서 해설과 함께 소개하고 있는 프로젝트는 5개 국가, 13개 도시의 182 작품이다. 그리고 시간을 갖고 여행하는 사람들이 방문해 볼 수 있도록 지도에 추가로 88개의 작품의 위치를 표기했다. 각 프로젝트는 도시이름의 머리글자로 분류하고 뒤에 일렬번호를 붙였다. 프로젝트의 위치는 각 도시 별로 제공하고 있는 지도에서 해당 번호를 찾아 확인할 수 있다.

프로젝트 페이지 구성에 대해 살펴본다. 다음의 예는 독일, 베를린(Berlin, BL)의 작품 중 01번째인 국회의사당(Reichstag)에 대한 내용이다.

- ▶ 도시명의 머리글자와 일련번호, 지도상에 표기된 작품번호와 일치 함
  지도에 위치만을 표기한 프로젝트는 각 도시의 지도와 함께 실은 프로젝트 리스트에서 작품명을 확인할 수 있음
- ▶ 건축가명은 한국어로 표기
- ▶ 작품의 위치를 정확하게 찾을 수 있도록 주소를 표기
- ▶ 작품과 관련한 웹사이트를 함께 소개함으로써 작품에 대한 더 많은 정보를 얻을 수 있도록 함

I N F O R M A T I O N

도시소개 첫 페이지의 가이드에서는 도시마다 소개의 글과 함께 지도를 함께 편집했다. 지도에서는 프로젝트의 위치를 표시했으며 프로젝트의 명칭은 목록에서 확인하도록 했다.

프로젝트의 목록은 해설과 함께 자세한 정보를 실은 작품(적색)과 간단하게 위치만을 추가한 작품(녹색)으로 구분했다.

아래의 우측면은 지도이다. 좌측 페이지에서는 색으로 구분된 프로젝트 목록을 확인할 수 있고, 우측페이지에서는 목록에 해당하는 프로젝트의 위치만을 확인할 수 있다. 도시마다 차이가 있기는 하지만 위치를 정확히 표시하기 위해 지도를 확대하여 몇 부분으로 나누어 편집했다.

Contents

컨 · 텐 · 츠

INSIGHT:

Architecture & Interior
Road Map

EUROPE

W i n

C h a

d o f

n g e

제 1 장 _ 변 화 의 바 람

Germany

Berline · Frankfurt · Hamburg · Wolfsburg · Dresden · Dessau

Czech Republic

Praha

Berlin

BL - 01 국회의사당Reichstag / BL - 02 베를린 DZ 뱅크DZ Bank / BL - 03 베를린 예술아카데미Akadamie der Künste / BL - 04 베를린 주재 영국 대사관British Embassy / BL - 05 홀로코스트 기념비Holocaust Mahnmal / BL - 06 베를린 국제건축전IBA / BL - 07 베를린 필하모닉 홀Berliner Philhamonie / BL - 08 소니센터Sony Center Berlin / BL - 09 베를린 국립미술관Neue Nationalgalerie / BL - 10 스트레제만 거리의 집합주택IBA:Stresemannstraße107 / BL - 11 포츠담 광장 재개발계획Potsdamer Platz Reconstuction / BL - 12 빌헬름 거리의 집합주택IBA:Kochstraße1-5 / BL - 13 체크포인트 찰리 집합주택IBA:Friedrichstraße 43 / BL - 14 GSW 관리 본사GSW / BL - 15 라파이에트 백화점Galeries Lafayette Berlin / BL - 16 베를린 유태인 박물관Jewish Museum Berlin / BL - 17 베를린 주재 네덜란드 대사관Netherlands Embassy / BL - 18 중앙역Berlin Hauptbahnhof / BL - 19 외교관 구역Diplomatenviertel / BL - 20 증권거래소Ludwid Erhard Haus / BL - 21 베를린 스위소텔Swissotel Berlin

BL - 22 독일수상관저Bundeskanzleramt / BL - 23 IBA집합주택, 베를린 과학센터 · 제임스 스털링 / BL - 24 메모리얼 사이트Topographie des Terrors · 피터 줌터 / BL - 25 IBA집합주택 · 피터 아이젠만 / BL - 26 IBA집합주택 · 헤르만 헬츠베르허 / BL - 27 독일 역사박물관Deutsches Historisches Museum · I.M. 페이 / BL - 28 알테스 뮤제움Alte Nationalgalerie · 카를 프리드리히 쉰켈 / BL - 29 텔레비전 송신탑Berliner Fernsehturm / BL - 30 인터바우 건축전 Interbau / BL - 31 IBA집합주택 · 로브 크리에 / BL - 32 카이져 빌헬름 게데트니스 교회Kaiser-Wilhelm-Gedachtniskirche · 에곤 아이어맨 / BL - 33 노이에스 크란츠러엑크Neues Kranzler Eck · 헬무트 얀/ 만다리나 덕Mandarina Duck · 미켈레 데 루키 / BL - 34 비사자쇼룸Bisazza Showroom / BL - 35 BMW 전시장 · 피셔, 크루거, 라타이 · 플라져 프란츠·스튜디오 / BL - 36 스틸베르크 가구전시장Stilwerk · 노보트니 마너 어쏘시에이츠 / BL - 37 쿠담101 호텔Hotel Ku' Damm 101

Huttenstraße
Amstel House Hostel Berlin
Turmstraße
Tiergarten
Augusta-Allee
Kaiserin-Augusta-Allee
Erasmusstraße
Reuchlinstraße
Beusselstraße
Gotzkowskystraße
Zwinglistraße
Ottostraße
Alt-Moabit
Wiebestraße
Goslarer Ufer
Neues Ufer
Nordhauser Str.
Essener Str.
Stromstraße
Straße 244
Pascalstraße
Carnotstraße
Morsestraße
adrema hotel
Zinzendorfstraße
Jagowstraße
Bochumer Str.
Bundesratufer
Dortmunder Str.
Helmholtzstraße
Darwinstraße
Am Spreebord
Levetzowstraße
Altonaer Str.
Lessingstraße
Flensburger
Agricolastraße
Jagowstraße
Wikingerufer
Tile-Wardenberg-Straße
Solinger Str.
Hansa-Ufer
Dovestraße
Franklinstraße
Galvanistraße
Röntgenstraße
Lüttgeweg
Salzufer
Einsteinufer
Technische Universität Berlin FR
Wullenweberstraße
GRIPS-Theater
Bartningallee
Hansaplatz
30
Gerickestraße
Luisen-Friedhof I
Warburgzeile
Loschmidtstraße
Guerickestraße
Kohlrauschstraße
Abbestraße
Fraunhoferstraße
Cauerstraße
Marchstraße
Einsteinufer
Otto-Dibelius-Straße
Gutenbergstraße
Englische Str.
Wegelystraße
Schleswiger Ufer
Siegmunds Hof
Flotowstraße
Bachstraße
Klopstockstraße
Händelallee
Tiergarten
Charlottenburger Flohmarkt
Otto-Suhr-Allee
Technische Universität Berlin
Salzufer
Straße des 17. Juni
Zillestraße
Leibnizstraße
Ernst-Reuter-Platz
Schillertheater
Deutsche Oper
Hotel An der Oper
Deutsche Telekom Laboratories
Renaissance-Theater
Schleusenkrug
Neuer See
Café Neuer See
Fasanenstraße
Schillerstraße
Weimarer Str.
Herderstraße
Schlüterstraße
Goethestraße
Grand City Excelsior Hotel Berlin
Hertzallee
Steinplatz
Pestalozzistraße
Grolmanstraße
Knesebeckstraße
Carmerstraße
Zoologischer Garten
Hardenbergplatz
20
Ludwig-Erhard-Haus
A-Trane
Uhlandstraße
Kantstraße
Savignyplatz
Schwarzes Café
Theater des Westens
Budapester
Kaiser-Wilhelm-Gedächtniskirche
Kurfürstendamm
Europa Center
Crowne Plaza Berlin City Centre
Burggrafen
Kurfürs
Wielandstraße
Bleibtreustraße
Mommsenstraße
Café Kranzler
21
Rankestraße
Berliner Hof
Uhlandstraße
The Story Of Berlin
Wintergartenensemble
Augsburger Str.
Marburger Str.
Nürnberger Str.
Kaufhaus des Westens
Wittenbergplatz
Bayreuther Str.
Passauer Str.
Gaststätte Klo
Hollywood Media Hotel
Joachimstaler Str.
Meinekestraße
Eislebener Str.
Augsburger Straße
Kurfürstendamm
Hotel Bogota
Bleibtreu Berlin
Lietzenburger Str.
Olivaer Pl.
Schaperstraße
Olivaer Apart Hotel
Pariser Str.
Pfalzburger Str.
Bar jeder Vernunft
Metropolitan Hotel
Fuggerstraße
Fürther Str.
Geisbergstraße
Ettaler Str.
Ansbacher Str.
Welserstraße
Bayerische Str.
Württembergische Str.
Sächsische Str.
Emser Str.
Meierottostraße
Bundesallee
Spichernstraße
Fasanenstraße
Grainauer Str.
Bamberger Str.
Viktoria-Luise-Platz
Düsseldorfer Str.
Zähringerstraße
Regensburger Str.
Winterfeld
Hohenzollerndamm
Nachodstraße
Motzstraße
Luitpoldstraße
Konstanzer Str.
Hohenstaufenstraße

Amstel House Hostel Berlin
Dreysestraße
Turmstraße
Tiergarten
Alt-Moabit
Zwinglistraße
Bundesministerium des Innern
St. Johannis-Friedhof I
ABION SPREEBOGEN WATERSIDE HOTEL
adrema hotel
Essener Str.
Stromstraße
Lessingstraße
Levetzowstraße
Altonaer Str.
Flensburger Str.
Bellevue
Melanchthonstraße
Flemingstraße
Lüneburger Str.
Joachim-Karnatz-Allee
Paulstraße
Seydlitzstraße
Invalidenstraße
Haus der Kulturen der Welt
John-Foster-Dulles-Allee
Schloß Bellevue
GRIPS-Theater
Hansaplatz
30
Händelallee
Spreeweg
Großer Stern
Straße des 17. Juni
Siegessäule Berlin
Tiergarten
Charlottenburger Flohmarkt
Schleusenkrug
Neuer See
Café am Neuen See
Hofjägerallee
Thomas-Dehler-Straße
Konrad-Adenauer-Haus
Tiergartenstraße
06
31
Rauchstraße
Drakestraße
Botschaft Island
19
Bauhaus-Archiv
Gemäldegalerie
Sigismundstraße
Gedenkstätte Deutscher Widerstand
23
09
Reichpietschufer
Von-der-Heydt-Straße
Lützowufer
Wissenschaftszentrum Berlin für Sozialforschung
20
Erhard-Haus
Zoologischer Garten
Hardenbergplatz
Hertzallee
Fasanenstraße
InterContinental Berlin
Budapester Str.
Corneliusstraße
Burggrafenstraße
Wichmannstraße
Keithstraße
Kaiser-Wilhelm-Gedächtniskirche
Kurfürstendamm
32
33
Europa Center
Crowne Plaza Berlin City Centre
Kurfürstenstraße
Hotel-Pension Hamburg
Hotel Berlin
Lützowstraße
Hostelling International
Hotel Am Potsdamer Platz
Café Kranzler
21
Berliner Hof
Kaufhaus des Westens
Wittenbergplatz
Best Western Hotel President
Café Einstein Stammhaus
Augsburger Straße
Urania
Kleiststraße
Nollendorfplatz
Lietzenburger Str.
Joachimstaler Str.
Bar jeder Vernunft
Metropolitan Hotel
Fuggerstraße
Motzstraße
Bülowstraße
Geisbergstraße
Viktoria-Luise-Platz
Martin-Luther-Straße
Winterfeldtstraße
Nollendorfstraße
Spichernstraße
Regensburger Str.
Bundesallee
Nachodstraße
Hohenstaufenstraße
Luitpoldstraße
Pallasstraße
Goebenstraße
Potsdamer Str.
Kurfürstenstraße

01
02
03
04
05
06
08
10
11
12
13
14
15
16
22
24
25
26
27
28
29
Hamburger Bahnhof
Invalidenstr.
Französischer Friedhof I
Torstraße
Hannoversche Str.
Charité-Universitätsmedizin Berlin
Kunsthaus Tacheles
Oranienburger Tor
Oranienburger Straße
Auguststraße
Linienstraße
Tucholskystraße
Johannisstraße
Friedrichstadtpalast
Ballhaus Mitte
St. Hedwig Kliniken Berlin
Neue Synagoge
Krausnickstraße
Große Hamburger Str.
Sophienstraße
Gipsstraße
Augustastraße
Rosenthaler Str.
Weinmeisterstraße
Mulackstraße
Steinstraße
Gormannstr.
Max-Beer-Straße
Almstadtstraße
Münzstraße
Rosa-Luxemburg
Burger
Schloss Monbijou
Hackesche Höfe
Hackescher Markt
Dircksenstraße
Rochstraße
Alexanderplatz
Fernseh
Deutsches Theater
Luisenstraße
Albrechtstraße
Reinhardtstraße
Marienstraße
Kapelle-Ufer
Berliner Ensemble
Bahnhof Berlin Friedrichstraße
Friedrichstraße
Planckstraße
Pergamonmuseum
Alte Nationalgalerie
Burgstraße
Mitte
Bundestag
Paul-Löbe-Allee
Schiffbauerdamm
Reichstagufer
Georgenstraße
Bauhofstraße
Dorotheenstraße
Bodestraße
Berliner Dom
DDR Museum
Rathausstraße
Deutscher Bundestag
Humboldt-Universität zu Berlin
Mittelstraße
Deutsches Historisches Museum
Lustgarten
Rotes Rathaus
Unter den Linden
Schloßplatz
Nikolaiviertel
Nikolaikirche
The Kennedys
Brandenburger Tor
Hotel Adlon
Behrenstraße
Komische Oper
Bebelplatz
Charlottenstraße
Französische Straße
Französische Str.
Gendarmenmarkt
Jägerstraße
Hausvogteiplatz
Breite Str.
Mühlendamm
Kupfergraben
Glinkastraße
Mauerstraße
Taubenstraße
Hannah-Arendt-Straße
Wilhelmstraße
In den Ministergärten
Friedrichstraße
Deutscher Dom
Niederwallstraße
Kurstraße
Scharrenstraße
Gertraudenstraße
Fischerinsel
Märkisches Museum
Lennéstraße
Ebertstraße
Mohrenstraße
Kronenstraße
Spittelmarkt
Wallstraße
Neue Roßstraße
Voßstraße
Stadtmitte
Leipziger Str.
Bellevuestraße
Am Park
Sony Center
Potsdamer Platz
Bundesministerium der Finanzen
Bundesrat
Krausenstraße
Beuthstraße
Seydelstraße
Neue Grünstraße
Alte Jakobstraße
The Ritz-Carlton
Schützenstraße
Markgrafenstraße
Kommandantenstraße
Axel-Springer-Straße
Zimmerstraße
Museum Haus am Checkpoint Charlie
Niederkirchnerstraße
Linkstraße
Stresemannstraße
Kochstraße
Topographie des Terrors
Köthener Str.
Eichhornstraße
Dessauer Str.
Lindenstraße
Oranienstraße
Stallschreiberstraße
Alexandrinenstraße
Anhalter Str.
Anhalter Bahnhof
Mendelssohn-Bartholdy-Park
Puttkamerstraße
Besselstraße
Ritterstraße
Hafenplatz
Schöneberger Str.
Hedemannstraße
Berlinische Galerie
Lobeckstraße
Schöneberger Ufer
Tempodrom
Hallesche Str.
Jüdisches Museum Berlin
Franz-Künstler-Straße
Franz-Klühs-Straße
Neuenburger Str.
Prinzenstraße
Moritzstraße
Luckenwalder Str.
Gleisdreieck
Hallesches Ufer
Möckernbrücke
Tempelhofer Ufer
Halleschs Ufer
Halleschs Tor
Gitschiner Str.
Kreuzberg
Waterloo-Ufer
Museum für Verkehr und Technik
Möckernstraße
Obentrautstraße
Mehringdamm
Brachvogelstraße
Johanniterstraße
Vivantes Klinikum Am Urban Wartenburgstraße
Wartenburgstraße
Großbeerenstraße
Amerika-Gedenkbibliothek
Blücherstraße
Heilig-Kreuz-Kirche
Friedhof der Jerusalem- und Neuen Kirche
Hornstraße
Wilmsstraße
Baerwaldstraße
Carl-Herz-Ufer
Tempelherrenstraße

베를린

독일연방공화국의 수도인 베를린은 독일 북동부에 위치한 도시로서 '새끼곰' 이란 의미의 'Bearlin' 에서 유래하였다. 시 구역은 동서 20km, 남북으로 30km의 비교적 넓은 약 870㎢로 서울면적의 1.4배나 되는 면적을 지니고 있으며, 그 역사적인 기원은 12세기 말경으로 거슬러 올라간다. 도시는 중심부(Mitte)로 불리는 지역 내의 수프레강 양 편의 두 상인 주거지역인 베를린과 쾰른지역의 통합으로 초기에 형성되었으며, 15세기에는 브란덴부르크 제국의 수도, 18세기에는 프로이센 왕국, 19세기에는 비스마르크의 제3제국의 수도이었다. 도시화와 병행한 산업화는 도시의 눈부신 성장을 가져와 독일제국 최대의 전기회사인 AEG가 1882년 설립되었고, 1847년 설립된 전신회사 지멘스는 세계적인 회사로 성장했다. 그러나 이러한 번영 이전에 베를린은 역사의 소용돌이 속에서 많은 변화를 겪어야만 했다. 1906년 프로이센은 나폴레옹과의 전투에서 패배하였으며, 그 후 프랑스에 대한 반발로 프로이센의 지도자 프리드리히 3세는 농업, 군사, 교육 등 모든 분야의 부흥에 주력했다. 프로이센의 국가 부흥프로젝트로 건립된 알테스 뮤제움을 당시 왕정 건축가였던 프리드리히 쉰켈은 이오니아식 기둥으로 치장된 웅장한 박물관으로 설계하였다. 제1차 세계대전과 좌 · 우파 격동의 시간을 겪으면서 민생은 피폐해져 피터 베렌스 등 많은 건축가들이 도시의 재건을 주장했으나 큰 성과를 거두지 못했다. 제2차 세계대전 패배 후 베를린은 연합군 사령부 통치 하에 놓이게 되고 1949년 결국 동 · 서로 분단되었다. 베를린에 서민을 위한 주거단지 등을 건설하여 도시의 건축문화를 풍요롭게 하려는 시도는 1920년대부터 있었으나, 제2차 세계대전 이후 이데올로기의 대립지가 되었다. 전쟁은 주택의 3/4을 파괴하여 도시 전체는 폐허가 되었으며, 1950년 프러시아제국의 화려한 왕궁은 공산주의자들에 의해 철거되었다. 1961년부터 만들어진 장벽에 의해 서베를린은 공산국가 안의 자본주의 지역으로 육지의 섬으로 불리게 되었다. 이 시기에 동베를린은 신고전주의적인 건축이 정치 선전을 위한 도시 재건의 표현방법으로 채택된 반면, 서베를린은 자유주의적 건축이 대조를 이루며 세워졌다. 서베를린은 1957년 국제 건축전인 인터바우를 개최하여 도시 재건에 박차를 가했으며, 르 꼬르뷔제가 설계한 집합주거란 의미의 위니떼 따비따시옹도 건축전의 일부로 계획, 1959년에 완공되었다. 그러나 이 건축전의 경직된 기능주의 건축은 비판의 대상되었다. 문화도시를 재건하고자 한 한스 샤로운은 1960년대에 서베를린의 캠퍼광장에 필하모닉 홀과 국립도서관을, 미스 반 데어 로에는 국립미술관을 완공하면서 도시 내의 문화광장을 구축하였다. 1980년대에 들어선 베를린은 선행되었던 건축전을 교훈삼아 역사와 도시의 정체성을 확장하는 의미로 새로운 건축전을 준비했는데, 그것이 1987년 베를린 국제건축전람회인 IBA건축전이다. 요셉 폴 클레이흐스의 주도하에 2,000호 이상의 주호가 건설된 IBA건축전은 과거의 건축전들과 달리 신중한 재건이란 명제로 도시의 역사적 구조를 분석하면서 진행한 것이 특징이다. 1989년 동 · 서의 왕래가 자유로워졌고 1990년 장벽이 무너지면서 통일 독일이 출범하게 되었다. 새롭게 활성화된 도시는 운터 덴 린덴과 프레드리히 거리가 직교하는 미테지구를 중심으로 번영의 기틀을 삼았다. 도시의 표상인 브란덴부르크 문의 파리저광장은 이전 모습으로 복원되었으며 포츠담광장은 거대 자본을 투입하여 재건축하였다. 도심은 플란붸르크 인넨슈타트란 도심 발전계획에 의거하여 주거, 교통, 광장과 녹지 등을 균형있게 발전시켰다. 새로운 통일 독일연방의회는 과거 제국의사당이었던 라이스탁을 노만 포스터의 설계로 리노베이션하였다. 그 주변을 흐르는 수프레강을 가로 질러 파울 뢰베 하우스를 비롯한 연방의 업무용 건축물이 대열을 이루고 있으며 악셀 슐테스가 설계한 수상청도 인근에 위치하는 등 넓은 공원을 이루었다. 이 공원은 마인하르트 폰 게르칸이 설계한 중앙역까지 이어져 행정과 교통의 중심을 이루었다. 베를린이 실질적인 수도가 다시 되면서 베를린에 새로운 대사관들이 건축되기 시작하였으며 렘 콜하스의 네덜란드 대사관을 비롯하여 티어가르텐공원 남단의 외교관 지역에 많은 대사관들이 건축되었다. 이외에도 건축적으로는 파리저광장 근처에 위치한 프랭크 게리의 DZ 뱅크, 베니쉬 아키텍츠의 예술아카데미, 마이클 윌포드의 영국대사관, 피터 아이젠만의 전쟁으로 희생된 유태인을 추모하는 홀로코스트 기념비, 다니엘 리베스킨트의 유태인 박물관 등과 함께 렌조 피아노 등에 의한 포츠담광장 재개발도 놓칠 수 없는 프로젝트이다. 알테스 뮤제움이 있는 박물관 섬에 위치한 2012년 개관을 준비하고 있는 데이비드 치퍼필드의 제임스 시몬 갤러리도 기대되는 프로젝트이다. 역사의 소용돌이 속에서 변화를 겪은 베를린은 변화의 흔적만큼 다양한 건축물들이 존재하는 곳으로서 도시 전체가 건축 전람회장 같은 분위기의 도시이기에 시간을 갖고 감상할 것을 권한다.

Berlin

BL - 01

Reichstag

국회의사당

노만 포스터, 1999

Scheidemannstraße, 10557 Berlin
www.fosterandpartners.com

1990년대 독일 정부는 2차 대전 당시 베를린 폭격 등에 의해 폐허가 된 비스마르크 시대의 석조건물을 통독 후 새로운 국회의사당으로 결정, 현상설계에 의해 노만 포스터를 건축가로 선정하였다. 건축가는 외벽은 옛 모습으로 복원하고 내부는 과감하게 전체적 개축을 제안, 19세기 건립 당시의 돔을 유리로 개축하면서 석조건물과의 대비를 통한 상승효과를 노리고 있다. 엘리베이터로 옥상에 진입한 후, 접근이 가능한 유리돔은 투명한 정치를 상징하는 장치인 동시에 개폐식 자연통풍 시스템과 채광을 위한 친환경적인 장치로서 나선형 경사로를 따라 이동하면서 전망을 즐길 수 있도록 계획된 건축적 산책로이다. 이 돔 하부에는 360개의 반사유리로 구성된 역원추형의 빛의 조각이 매달려 있으며, 이 조각에는 자동태양추적장치에 의해 회전하는 루버로 태양열을 막는 등 첨단시설이 부착되어 있다. 건축가는 건축물에 과거 러시아 군의 낙서 등을 벽에 그대로 남겨 역사적 흔적을 건축화 하였다. 브란덴부르크 문 옆에 위치한 이 건축물은 1995년 크리스토의 설치미술을 위한 대상이 되기도 했으며, 주변에는 수프레강을 따라 연방정부 행정청사들과 함께 공원이 조성되어 있다.

BL - 02

DZ Bank

베를린 DZ 뱅크

프랭크 게리, 2000

Pariser Platz 3 Berlin www.foga.com

과거 동서 베를린의 경계였던 브란덴부르크 문의 동측면에 위치한 DZ 뱅크는 중요한 건축 프로젝트라는 특성으로 인해 국제현상공모에 의해 프랭크 게리가 건축가로 선정되었다. 20,000㎡ 규모로서 5개 층으로 구성된 건축물의 브란덴부르크 문 방향의 정면은 회의실 기능이 부여되었으며, 반대쪽은 10층 규모의 물결 형태의 외벽을 한 사무공간을 배치하였다. 이들 높이가 다른 두 개의 벽 사이에 삼차원 곡선의 천장으로 만들어진 아트리움이 있다. 15,000장에 달하는 서로 다른 삼각형들이 모여 만들어내는 천창 아래는 티타늄소재로 덮여 있는 역동적 형태의 대회의실이 오브제와 같이 놓여있다. 라임스톤으로 치장된 외관은 프랭크 게리의 다른 프로젝트와 비교하면 다소 단순하고 정돈된 형태이나, 입구를 들어서면 강한 대비를 이룬 아트리움을 볼 수 있다. 바로 옆에 베니쉬 아키텍츠의 베를린 예술아카데미가 나란히 서 있으며, 가까운 거리에 마이클 윌포드의 영국 대사관, 후면에는 피터 아이젠만의 홀로코스트 기념비 등이 위치하고 있다.

BL - 03

Akadamie der Künste

베를린 예술아카데미

브란덴부르크 문의 앞마당과 같은 파리저광장 남면에 위치해 있는 베를린 예술 아카데미는 설계를 담당한 베니쉬 아키텍츠의 특징인 투명성이 강조된 입면으로 구성되어 있다. 프랭크 게리의 DZ 뱅크와 독일의 유서 깊은 호텔인 애드론의 사이에 끼워진 듯 서있는 건축물의 북쪽 파사드는 주변 건물의 높이, 비례 등에 있어서는 동일한 맥락으로 계획되었으나 소재는 유리라는 이질적 재료를 사용하였다. 건축물은 크게 세부분으로 나눠지며 남쪽은 구 예술아카데미 건물, 중앙은 전시기능과 통행로의 기능을 담당하고 있는 아트리움, 북쪽은 사무공간 등 주요 기능들이 배치되어 있으며 투명한 창호를 통해 파리저광장을 조망하도록 되어 있다. 건물의 1층은 남북으로 연결되는 개방된 통로와 카페테리아로 사용되며 넓은 천창을 통해 충분한 자연채광을 받아들인다. 2층 중앙부 또한 다리형태의 통로이며 북쪽 건물로 연결되어 피라네시의 회화를 연상시키는 뒤얽힌 계단과 경사로로 이어져 있다. 구 건물이

베니쉬 아키텍츠, 2005

Pariser Platz 4, 10117 Berlin
www.adk.de

남아 있는 남쪽의 파사드는 붓으로 그림을 그린 것 같은 대담한 그래픽으로 처리되었다. 북쪽 건물의 최상층은 나뭇잎이 인쇄된 천창으로 디자인되었으나 일반인의 접근은 허용되지 않는다. 자우부르흐 허튼의 GSW 본사와 함께 주변과 너무나 강한 대비를 이루는 건축물로서 논란이 일기도 했다.

BL - 04

British Embassy

베를린 주재 영국 대사관

마이클 윌포드, 2000

Wilhelmstraße 70, 10117 Berlin
www.britischebotschaft.de
www.artium-berlin.de

영국은 양대 세계대전 이전인 1880년대부터 베를린의 중심부인 브란덴부르크 문의 정면이자 당시 독일 외무부 건물과 인접했던 지금의 자리에 대사관을 위치시키고 있었다. 독일의 분단으로 인해 본으로 이전했던 대사관은 통독 이후 베를린의 옛 대사관부지로 돌아올 것을 결정했다. 전쟁에 의해 파괴된 대사관 건물의 개축은 영국의 건축가 마이클 윌포드에 의해 설계되었다. 파스텔 색조의 다각형 형태들이 돌출되어 있는 입면은 주변의 고전 건물들 사이에 다소 독특한 분위기로 대조를 이루고 있다. 전반적인 디자인은 건물의 위엄과 웅장함 강조하기 보다는 도시의 전통, 맥락 그리고 소재 등을 하나로 통합하는 작업으로서 동료 건축가인 제임스 스털링의 영향이 강하다. 실내공간의 특징은 중앙에 구성된 두 개의 큰 중정 공간이다. 그중 한 곳은 영국을 상징하는 참나무가 심어져 있는 아트리움, 다른 한쪽은 전시회, 연회 등의 기능을 수용하는 이벤트 홀로 디자인되었다. 이벤트 홀의 실내 요소들은 과감한 색상과 기하학적 형태들로 생동감 있게 디자인 되었으며 예술작품과 거대한 계단이 인상적이다. 대다수의 대사관 건물들이 보안상 실내를 개방하지 않고 있어 외부에서만 보아야 하는 아쉬움이 있다.

BL - 05

Holocaust Mahnmal

홀로코스트 기념비

피터 아이젠만, 2005

Cora-Berliner-Straße,
10117 Berlin
www.holocaust-mahnmal.de

베를린의 심장부인 브란덴부르크 문과 노만 포스터가 설계한 국회의사당 가까이에 위치한 기념비로 전쟁으로 희생당한 유태인을 추모하는 기능의 조형물이다. 정식명칭은 Memorial to the Murdered Jews of Europe이나 홀로코스트 기념비로 더 잘 알려진 조형물은 제2차 세계대전 종전 60주년을 기념하기 위해 2005년 5월에 공식 개관했다. 미국의 건축가 피터 아이젠만은 일반적인 기념비의 형태가 수직성을 강조하고 있는 것과 달리 대지 위에 수평으로 펼쳐진 다양한 높이의 거대한 콘크리트 블록들로 기념비를 설계했다. 19,000㎡의 물결치듯 굽은 대지 위에 그리드를 형성하고 있는 2,711개의 회색 블록들은 유태인을 기리는 묘비를 연상시킨다. 죽음의 길을 상징하는 듯한 블록들 사이의 좁은 통로를 따라 걷다보면 당시 혼란스러웠던 유태인들의 느낌을 공감시키는 장치로 디자인된 것을 알 수 있으며, 통로는 지하 전시시설과 만나도록 구성되어 있다. 지하의 전시시설은 제2차 세계대전 당시 독일군의 지하벙커에 대한 은유적 표현이다. 기념비가 들어선 대지 북면에 프랭크 게리의 DZ 뱅크와 베니쉬 아키텍츠의 베를린 예술아카데미가 나란히 서 있으며 남쪽으로는 소니센터, 포츠담광장 등으로 연결된다.

BL - 06

IBA The International Building Exhibition Berlin 1987

베를린 국제건축전

요셉 폴 크레이흐스 외, 1987
남티어가르덴지구, 테겔지구 외

IBA 즉, 베를린 국제건축 전람회(The International Building Exhibition Berlin 1987, IBA)는 베를린 시정 750주년을 기념하기 위한 행사로서 전시뿐만 아니라 도시 전체에서 건축물이 계획되고 시공되는 모습 그대로를 보여주는 대규모 건축전시계획으로 이미 1927년의 바이젠호프 지들룽 등 역사적 선례가 있었다. 1979년 전람회 기구가 구성되었고 요셉 폴 크레이흐스, 하르트-발터 헤머 등의 건축가들이 책임자로 임명되었다. 주제는「이너시티 The Inner City as a Place to Live」로서 과거 도시의 중심이었으나 분단에 의해 파괴된 4개 지구를 재개발, 과거의 베를린보다 예술성 넘치는 건축의 모델을 만들어 내는 계획이다. 세계 각국의 많은 건축가들이 건축전 또는 초청으로 참여하여 옛 도시구조를 존중하는 가운데 2,000호 이상의 주호와 편의시설 그리고 가로 등을 계획했다. 건축을 담당한 요셉 폴 크레이흐스를 비롯한 상당수의 건축가들이 당시 강세였던 역사주의적 포스트모던 경향으로 디자인 하였으나 렘 콜하스, 자하 하디드, 피터 아이젠만 같은 해체적 성향의 건축가들 그리고 헤르만 헬츠베르허 등의 구조주의적 건축가들도 상당수 함께 참여했다. 특히 상기한 건축가들의 작품과 함께 로브 크리에 등의 작품을 눈여겨 볼만하고, 테겔 하버지역에는 찰스 무어의 작품도 있으니 시간이 있다면, 방문해보기를 권한다. 개발지역은 베를린의 중심이란 의미를 갖고 있는 미테지구의 남쪽에 동서로 길게 형성된 집합주거 단지들과 테겔지구 그리고 프라거 프라츠지구이다.

BL - 07

Berliner Philhamonie

베를린 필하모닉 홀

한스 샤로운, 1963

Matthäikirchplatz 1,
10785 Berlin
www.berliner-philharmoniker.de

통일 후의 도시를 염두에 두었던 표현주의 성향의 건축가 한스 샤로운은 당시 서베를린의 끝자락이었던 캠퍼 광장에 필하모닉 홀 부지를 선정했다. 오늘날 이 광장은 도시의 중심부로서 국립미술관과 도서관 그리고 포츠담 광장 등과 함께 베를린의 문화중심지의 역할을 하고 있다. 다소 기괴한 형태의 외관은 독일의 표현주의 건축가인 부르노 타우트에게 사사받은 건축가의 개인적 성향이 강하게 나타나 있다. 실내공간은 오케스트라와 객석이 서로 대면한 전형적인 연주공간의 배치를 무시하고 무대를 건물의 중심에 배치하고 16개 블록의 객석이 사방에 배치된 아레나스타일로 구성하였다. 이런 구성은 당시 상임지휘자였던 헤르베르트 폰 카라얀이 지휘를 하는 동안 전면에서도 그의 모습을 관객들이 볼 수 있도록 해달라는 요구에서 시작되었다는 이야기도 있으며, 국내의 예술의 전당도 이런 개념을 일부 도입하였다. 실내공간에서 주목 할 부분은 디자인 개념의 은유로 연주회장을 하나의 조경으로 생각한 것이었다. 경사진 객석은 포도밭의 언덕, 관중은 그 위의 나무, 그리고 천정의 조명과 음향판은 하늘의 구름으로 은유된 공간으로 파주출판단지에도 작품이 있는 플로리안 베이겔에게 랜드스페이스라는 개념을 도출하게 한 원천이다. 이러한 표현방법은 외관으로도 연결되어 역동적인 지붕선은 산 그리고 빛이 투과하는 채색 유리블록은 다양한 태양광의 이미지를 보여주고 있다. 오늘날 '카라얀 서커스' 란 애칭을 갖고 있는 건물은 계획당시 설계안에 대해 반대의 여론도 강했으나 카라얀의 적극적인 관심과 지지로 완성될 수 있었다고 한다. 인접하여 위치한 세계적인 건축물과 함께 길옆에 설치되어 있는 리차드 세라의 조각품도 감상할 수 있다.

BL - 08

Sony Center Berlin

소니센터

헬무트 얀, 2000

Kemperplatz 1, 10785 Berlin
www.sonycenter.de

베를린의 중심부인 포츠담광장과 포츠다머 거리, 그리고 베를린 필하모닉 홀에 의해 형성되는 삼각형의 대지에 조성된 업무, 판매, 문화의 복합시설이다. 유럽 시장공략을 위해 전략적으로 뛰어든 소니센터의 디자인은 헬무트 얀에게 맡겨졌고 중앙의 포럼을 중심으로 8개의 건물인 업무, 주거, 상업공간 그리고 IMAX 영화관 등이 모여 있다. 특히 4,000㎡의 원형 지붕을 가진 경기장 형태의 포럼은 천창을 통한 자연스러운 채광과 함께 중앙의 수공간을 중심으로 구성되어 있다. 포럼의 돌출된 천창의 구조는 인접한 한스 샤로운의 필하모닉 홀 지붕을 의식하여 디자인한 것으로, 야간에는 시민의 일상생활에 활기를 부여하기 위하여 조명을 이용하여 축제적 분위기를 연출하고 있다. 건물의 외피는 정교한 유리 기술과 경량 강철기술을 이용한 커튼월과 금속패널이 적용되었다. 전반적으로 회색과 은색을 사용하고 있으나, 포럼 공간은 붉은 색을 적용하여 다른 공간과 차별화하고 있다. 포럼에 형성된 노천카페에서 잠시 휴식을 취하는 것도 좋을 것이다.

GERMANY > BERLIN

BL - 09

Neue Nationalgalerie

베를린 국립미술관

미스 반 데어 로에, 1968

Potsdamer Straße 50,
10785 Berlin
www.neue-nationalgalerie.de

베를린 필하모닉 홀과 마주하고 서 있는 20세기 근대 건축의 거장, 미스 반 데어 로에의 작품이다. 여러 곳에 흩어져 있는 독일 국립미술관 중의 하나로서 입체파, 표현주의, 바우하우스 그리고 초현실주의 작품들이 전시되고 있다. 대부분의 상설전시는 지하전시장에서 이루어지고 있으며 기획전시는 넓은 석조기단 위에 세워진 정방형의 수평지붕 밑 공간에서 담당하고 있다. 8개의 가는 철골기둥 위로 떠 있는 18m 길이의 지붕과 기단부 사이의 투명 유리벽은 시각적으로 두 개의 수평면만을 강조하면서 무중력의 공간을 만들어내고 있다. 이 공간은 근대 건축의 특징적 공간개념인 유니버설 스페이스(Universal Space)로서 어떠한 기능과 전시도 수용할 수 있도록 계획되었으나, 전시공간이라는 기능적 측면에서는 사방에서 들어오는 빛이 문제점으로 지적될 수 있기도 하다. 외부에서도 조망이 가능한 선큰가든과 주변의 조각 작품들 그리고 디테일에 신이 살아있다고 말한 건축가의 정교한 디테일 등도 시간을 갖고 감상 할 것을 권한다. 바로 인접하여 위치한 색채감 있는 외관을 한 베를린 과학센터는 제임스 스털링이 증축한 작품이다.

BL - 10

IBA : Stresemannstraße107

스트레제만 거리의 집합주택

자하 하디드, 1994

Stresemannstraße 107, 10963 Berlin

포츠담광장 동남쪽에 형성된 IBA주택단지에 위치한 예각의 대지조건에 대응하는 선형의 저층부와 날렵한 타워형태로 구성된 자하 하디드가 설계한 집합주택이다. 초기 OMA의 파트너이기도 했던 하디드는 건축의 아이디어를 회화적으로 표현하는 뛰어난 렌더링과 해체적 형태로 그녀만의 독특한 건축세계를 구축하고 있다. 그러나 IBA건축전 작품은 베를린의 엄격한 도시계획 규제로 인해 초기 설계안은 상당부분 변경 될 수밖에 없었으며, 그 결과 그녀는 스스로 자신의 작품으로 인정하지 않게 되었다. 도로를 따라 3층으로 구성된 수평 매스는 1층 상업공간, 2~3층은 주거공간, 옥상은 어린이들의 위한 놀이공간으로 구성된 8층 타워의 집합주택이다. 초기 계획은 날렵한 파편의 매스들이 서로 중첩된 형태였으나, 결과는 다소 단순한 형태로 구현되었다. 초기 작품들은 과감한 계획으로 인해 실제로 건축되지 못한 프로젝트가 많았으나 2004년 프리츠커상을 수상한 최초의 여성건축가가 되면서 세계적인 건축가의 대열에 들어섰다. 최근 그녀가 디자인한 동대문역사문화공원도 실현되어 국내에서도 그녀의 건축을 체험할 수 있다.

GERMANY > BERLIN

BL - 11

Potsdamer Platz Reconstuction

포츠담광장 재개발계획

브란덴부르크 문의 남쪽에 위치한 포츠담광장은 뮌헨의 건축가 힐머 앤 세틀러의 도시계획안을 기초로 하여 계획된 도시 재개발 사업이다. 다임러-벤츠는 국내외의 세계적인 건축가를 초대하여 국제공모를 시행하여 이탈리아 출신의 건축가인 렌조 피아노의 마스터플랜이 당선되었다. 약 100,000㎡ 면적의 대지 위에 렌조 피아노와 함께 한스 콜호프, 라파엘 모네오, 리차드 로저스, 이소자키 아라타 등 세계적 건축가들이 설계한 19개 동의 건축물들이 작은 도시를 만들어 내고 있다. 각각의 건물들은 업무공간, 주거공간, 극장, 호텔, 카지노, 쇼핑몰 등의 기능들을 제공하고 있으며 그 중앙에 수공간이 도입된 광장이 중심 역할을 담당한다. 렌조 피아노는 이 재개발의 역사적인 맥락의 흐름을 인접한 한스 샤로운의 베를린 국립도서관에서 취하여 재료도 그 흐름을 반영한 테라코타 벽돌과 유리를 사용, 표현하고 있다. 도서관에 인접한 뮤지컬 극장과 카지노에서 같은 높이와 재료를 취한 것은 그런 이유라고 할 수 있다. 국제공모에 입상권에 들었던 한스 콜호프는 고층타워, 라파엘 모네오는 그랜드 하얏트 호텔,

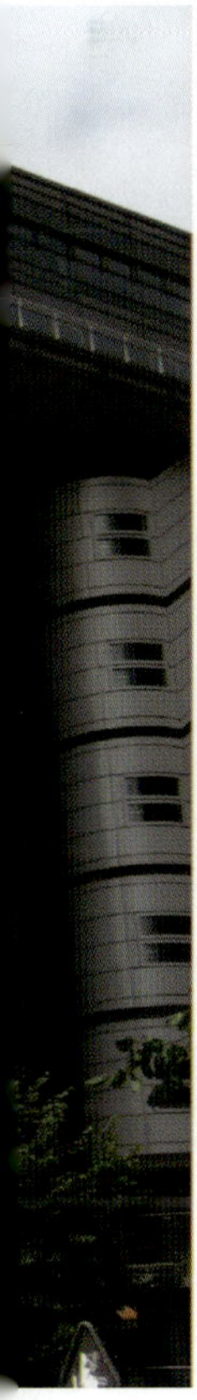

렌조 피아노, 2000

Potsdamer Platz, Berlin www.potsdamerplatz.de

리차드 로저스는 집합주택과 업무공간, 이소자키 아라타는 폴크스뱅크 본사의 설계를 맡아 완성하였다. 라파엘 모네오가 디자인한 그랜드 하얏트 호텔의 실내공간이 인상적이니 방문해보기 바란다. 이 프로젝트 바로 옆에 있는 인공적인 동산 사이에 위치한 거대한 오브제형의 씨소를 보는 것도 하나의 즐거움이라고 할 수 있으며, 동산 옆에는 이탈리아 건축가인 조르지오 그라씨가 디자인한 A+T프로젝트가 위치하고 있다.

BL - 12

IBA : Kochstraße 1-5

빌헬름 거리의 집합주택

알도 로시, 1987

Kochstraße 1-5, 10969 Berlin

마이클 윌포드의 영국대사관이 위치한 빌헬름 거리를 따라 1km 정도 남쪽, 코흐 거리와 만나는 모퉁이에 거대한 원형기둥이 상징적인 집합 주거단지가 계획되었다. 건축가는 10층 이하의 집합주거들이 밀집한 남 프리드리히 슈타트지구의 중앙부인 대상지에 가로를 따라 성벽과 같은 'ㄴ' 자의 집합주거를 계획했다. 전체적인 입면계획에 있어서, 각 주거의 창호는 외부 입면에 연속적인 그리드를 형성하고 아래 기단부로 이어져 주랑의 형태를 만들고 있다. 또한 각 주거동 사이에 구성된 계단실의 지붕은 박공형태로 구성되어 고전건축에서 볼 수 있는 '머리, 몸, 기단' 의 구성이 뚜렷하게 드러난다. 외부의 그리드는 내부 중정의 입면까지 연장되고 주거단지 전체로 이어져 맥락을 중요시하는 포스트모던 경향의 신합리주의 건축가의 설계개념이 명확하게 보여 진다. 또한 모퉁이의 거대한 기둥은 주출입구를 상징하는 역할과 함께 주민들이 자신의 위치를 인식할 수 있는 랜드마크적인 기호로서 작용하고 있다. 동쪽에는 OMA, 피터 아이젠만의 집합주거, 1997년에 완공된 알도 로시의 새로운 주거프로젝트, 그리고 자우부르흐 허튼의 GSW 본사 등이 위치해 있다.

BL - 13

IBA : Friedrichstraße 43

체크포인트 찰리 집합주택

OMA(엘리아 젱겔리스+마티아스 자우부르흐), 1989

Friedrichstraße 43, 10969 Berlin
www.oma.nl

건축 당시는 분단 독일의 유일한 통행로였던 체크포인트 찰리검문소가 위치한 장소에 세워진 IBA 국제건축전을 위한 집합주택으로 OMA는 과거 18세기 도시인 베를린의 도시맥락에 반동하면서 검문소와 장벽의 삼엄함을 정의하는 건축물을 삽입하는 전략으로 접근하였다. 이 집합주택의 프로그램은 독특하게 저층부는 버스정류장과 냉전 종료까지 찰리 검문소에서 감시를 계속하던 미군의 업무공간, 중간층은 터키인 노동자를 위한 주거, 최상층의 펜트하우스는 독일인을 위한 주거이었다. 따라서 OMA는 도로와 접한 1층은 다양한 기능들을 수용할 수 있는 필로티 공간으로 남겨두고, 2층은 주변의 어지러운 상황과 이격된 떠있는 대지로 계획했다. 이 공중대지 위에 근대의 거장 미스의 건축물을 생각나게 하는 집합주거를 3개층으로 구성하고 최상층의 비스듬한 날개 형태의 구조물 밑에 옥탑층을 계획했다. 떠있는 판상형 콘크리트 슬래브는 오늘날 OMA의 작품에서 볼 수 있는 인공대지의 개념을 읽을 수 있는 부분이다. 현재 1층은 계획 당시와는 달리 커피숍 같은 상업시설, 주거는 터키인이 아닌 동독인들이 입주하고 있어 집합주택은 베를린의 현재 상황을 표현하는 은유적인 건축물이 되었다. 건축물 앞에는 과거의 검문소가 남아 있어 관광객의 기념사진 촬영장소가 되어 있다. 건너 블록의 피터 아이젠만의 집합주거는 벽 박물관(Haus am Chekpoint Charlie)의 용도로 사용되고 있다.

BL - 14

GSW Gemeinnutzige siedlungs - und Wohnungsbau Gesellschaft Berlin mbh

GSW 관리 본사

자우부르흐 허튼 아키텍츠, 1999

Kochstraße 22, 10969 Berlin
www.sauerbruchhutton.com
www.gsw.de

동서 베를린을 가로지르는 장벽의 통과지점인 체크 포인트 찰리 검문소로부터 수백 미터 떨어진 위치에 서있는 GSW 관리 본사는 도시주택 정비공단의 빌딩이다. 멀리서 보기에도 색채감 있는 블라인드에 의해 만들어진 22층 높이의 타워 서측면의 파사드는 인상적인 모습을 하고 서있으며, 타워는 3층 높이의 기단부에 의해 후면의 원형 오피스동과 연결되어 있다. 타워의 16층까지는 GSW사를 위한 공간이고 17층부터가 임대용 업무공간, 저층부는 상점이나 의사 및 변호사 사무실로 임대되었다. 이 혁신적인 외관을 한 GSW사 본사는 증축을 통하여 기존 건물 관리자의 입장에서 고객에게 봉사하며, 경쟁력이 있는 서비스를 제공하는 회사로 변신하여 증축은 업무 내용의 변화에도 영향을 주었다. 타워의 서측면의 곡면 커튼월은 혁신적인 온도 및 에너지 개념이 숨겨져 있는 장치인 1m 폭을 가진 이중벽으로, 이 사이에 적, 황, 핑크, 베이지 같이 따뜻한 색채감이 있는 선형의 가동 블라인드가 장착되어 있어 매일 외관의 표정이 변하게 된다. 이 장치는 업무공간 내에 자연 환기와 통풍을 가능하게 하면서 저에너지와 열 재획득, 높은 주광 이용률과 완벽한 차광 등에 의한 친환경적인 기능을 수행하고 있다. 또한 일반적인 고층건물들과는 달리 창문과 차양은 개별적으로 여닫을 수 있으며, 그에 따라 쾌적한 실내기후를 개별적으로 제공해 줄 수 있다.

BL - 15

Galeries Lafayette Berlin

라파이에트 백화점

장 누벨, 1996

Friedrichstrasse 78, 10117 Berlin
www.galeries-lafayette.de

베를린 중심 미테지구를 남북으로 가로지는 주요 도로인 프리드리히 거리에 위치한 프랑스계 백화점으로 현상공모에 의해 장 누벨이 당선, 설계를 담당했다. 깊이감과 투명성이란 디자인 개념으로 접근한 건축가는 파리 라파이에트 백화점의 아트리움공간을 베를린에 중심에 구현하는 방법으로 실내의 중앙에 거대한 원추형 공간을 만들었다. 투명소재를 적용, 물성이 사라진 외피는 내부의 빛과 다양한 이미지들의 진동이 여과없이 거리로 전달되도록 하고 있다. 1층을 기준으로 최상층으로 솟아오른 원추와 지하로 침투한 작은 역원추형 공간은 실내에 강한 중심성을 만드는 동시에 실내공간에 일루전도 만들고 있으며, 원추형의 유리 표면에는 홀로그라피 필름을 부착하여 공간을 자연광과 인공조명을 통한 빛의 샤워를 연출하고 있다. 중심공간 주변의 작은 원추와 천창들은 상층부에 위치한 사무 영역과 백화점 영역의 역동적인 관계를 만들어내고 있다. 실내외를 비추는 자연채광과 인공조명 그리고 광고용 이미지들은 끊임없이 변화하는 기하학과 빛의 변주로 쇼핑의 거리에 거대한 램프로서 이벤트를 창출한다. 남측면에 위치한 건축물은 페이 콥 프리드의 작품이며 프리드리히 거리를 따라 요셉 폴 크레이흐스나 O.M. 웅거스의 건축물도 발견할 수 있다.

BL - 16

Jewish Museum Berlin

베를린 유태인 박물관

유태인 박물관은 베를린 장벽의 남측에 위치한 입지에 바로크 양식의 구관과 다니엘 리베스킨트에 의해 설계된 신관으로 구성되어 있다. 구관에서 지하통로를 통해 접근할 수 있는 신관은 음악을 전공했던 건축가답게 유태인의 별과 베를린 장벽의 선을 중첩시켜 만든 개념적, 상징적인 부정형적 매스에 파편 같은 선형의 창호로 구성된 외관으로 디자인, 마치 불협화음적인 음악처럼 주변과 강한 대조를 이루고 있다. 이 박물관은 독일 내에서 최초로 유태인의 학살의 역사에 대한 반향을 공식적으로 주제화한 장소로서 그 의미가 크다. 공간을 구성하고 있는 세 개의 큰 축은 연속의 계단, 유태인의 탈출과 이주를 상징화 한 정원, 그리고 죽음의 끝인 대학살의 공간이다. 공간을 살펴보면, 일직선으로 연결된 계단실 공간의 상부에 관통하는 보의 구조물들이 건축가의 초기 드로잉에서 보였던 부유하는 구조물의 이미지를 보여 주고 있으며, 사선으로 처리된 선형의 창호는 공간에서 불안정한 유태인의 감정을 상호 교감하게 하는 장치로 기능하고 있다. 전시공간은 베를린의 역사와 유태인 역사를 통합하여 보

다니엘 리베스킨트, 2001

Lindenstraße 9-14, 10969 Berlin
www.juedisches-museum-berlin.de

여주는 공간으로 구성되어 있다. 전시시설이 갖추어지기 전에 방문했을 당시, 어두움 속에 한 줄기의 가느다란 빛이 비치는 타워에서 쉿 하고 들렸던 독가스의 효과음이 아직도 귀에 진하게 남아서 건축가의 특이한 이력을 연상시켰던 기억이 있다. 최근 구관의 중정부분에 건축가에 의해 설계된 파빌리온이 새롭게 문을 열었다.

BL - 17

Netherlands Embassy

베를린 주재 네덜란드 대사관

렘 콜하스, 2003

Klosterstraße 50, 10179 Berlin
www.oma.nl

통일 독일이 수도를 베를린으로 결정하면서 네덜란드는 베를린의 수프레 강변의 로날드 우퍼에 새로운 청사 부지를 마련하였다. 건축주인 네덜란드 대사관은 보안을 위한 폐쇄적인 형식과 함께 주거 등의 기능을 위한 개방적인 공간이라는 상반된 측면을 모두 포함하는 독립건물을 요구하였다. 설계를 담당한 렘 콜하스는 각각 27m의 길이를 갖는 육면체의 형태의 업무동과 주변을 감싸고 있는 벽 형태의 주거동을 계획하였다. 그는 제약이 많은 베를린의 도시계획 지침을 문제해결의 방법으로 선택하였고, 그것은 도시계획 지침의 준수(블록의 한계를 채우고 있는)와 위반(단독적인 큐브)이라는 이원적 방법의 적용이었다. 대사관 건물의 실내는 8개 층의 내부적인 커뮤니케이션을 연결하는 나선형 통로의 궤적이 연속적으로 이어지고 있다. 이 궤적은 입구를 기점으로 도서관, 회의실, 체육시설, 그리고 식당 등을 경유하여 옥상으로 연결되며, 베를린의 도시경관을 전망할 수 있는 곳에 외부를 향한 전망창을 내어 영화의 몽타쥬 기법과 같이 도시의 여러 장면들을 감상 할 수 있도록 한 것이 특징이다.

BL - 18

Berlin Hauptbahnhof

중앙역

마인하르트 폰 게르칸, 2006
Europaplatz 1, 10557 Berlin
www.hbf-berlin.de

역사로서는 유럽 최대 규모를 자랑하는 레아터 반호프 역은 '이체(ICE)'로 알려진 독일 고속철도의 동서, 남북 지선이 교차하는 역으로 교외선과 지하철 노선까지 연결되어 있다. 중앙역의 디자인 원칙은 도시 경관 안에 자리를 잡고 있는 기존 철도를 웅장하게 강조해서 표현해내는데 있으며, 대칭적으로 보이는 업무공간의 타워를 대형유리 지붕과 다리로 연결한 구성은 이러한 원칙을 건축적으로 잘 구현하고 있다. 십자형 역사의 중앙부는 하나의 건축용 지지대 위에 버티고 서 있으며, 유리로 된 천장은 어느 층이나 햇볕이 충분히 들어와서 지하승강장까지 비춘다. 유리로 구성된 아치는 역사 로비의 상징이며, 이 아치형 유리천정을 떠받드는 기둥들은 모두 중앙 집중형으로 선로 사이사이마다 각각 승강장으로 뻗어 있다. 남북 지선 승강장에 있는 십자형 아치 천장의 격식은 위쪽 층까지 계속되어 있다. 동서 지선 로비의 321m에 달하는 기다란 유리지붕은 격자형으로 둘러싸도록 만들어졌으며, 격자는 다양한 부피감을 가진 사각 그물망 모양과 강철와이어로 보강이 되었다. 남쪽으로는 지붕 표면에 광전지 이동 설비가 부착되었다. 역사의 내부는 에스컬레이터와 유리로 된 누드 엘리베이터의 움직임으로 역사다운 역동적 분위기가 연출된다.

BL - 19

Diplomatenviertel

외교관 구역

멕시코 대사관 : 테오도로 곤살세스 세라노, 2000
북구제국 대사관 : 베르거, 파르키넨 외, 1999

Tiergartenstraße, Klingelhöferstraße, Berlin

전통적으로 관청도시의 성격이 강한 베를린은 그 중심이며 상징적 역할을 하고 있는 브란덴부르크 문과 파리저광장 주변에 정부청사, 외국 대표부 등이 밀집해 있었다. 빌헬름 거리 북쪽의 끝의 영국 대사관은 1880년, 파리저광장을 마주한 프랑스 대사관은 1860년, 그리고 미국 대사관은 1939년 가까이에 들어서면서 국력을 과시했던 전례가 있다. 18세기부터 도심부 공원인 티어가르텐의 남쪽 가장자리 부분에는 수려한 경관과 도심으로의 뛰어난 접근성 등에 의해 저택들이 들어서게 되었다. 그러나 제1차 세계대전 이후 이 저택들은 기업들이 소유하게 되었고 그 후 외국 공관들이 그 자리에 들어서게 되었다. 1937년에 이르러 사회주의 정권은 티어가르텐 구역을 외교관 구역으로 확장 할 것을 결정하였고, 이집트, 그리스, 이탈리아를 비롯한 많은 외국 공관들이 위치하게 되었다. 독일의 분단으로 인해 많은 대사관들이 베를린을 떠나거나 위치를 변경하게 되었고, 1991년 통일 독일의 수도이전 결정 이후, 또 다시 많은 국가들이 베를린으로 대사관을 이전하게 되었다. 이 결과 베를린은 외교 대표부들의 박람회를 방불케 하는 보기 드문 도시가 되었다. 많은 대사관 건축 중 클링엘회퍼 거리에 면한 부지에 40개의 기둥으로 전면을 처리한 멕시코 대사관과 멕시코 대사관의 그 북쪽에 면한 북구 5개국 공동 대사관 건물이 특히 인상적이다. 멕시코의 건축가 테오도로 곤살세스 세라노는 11개의 기둥과 보는 방향에 따라 역동적인 이미지를 만들어내는 29개의 기울어진 기둥들의 나열로 인상적인 전면을 갖고 있는 대사관을 만들어 냈다. 18m 높이의 장막과 같은 기둥들 사이 갈라진 틈에 주출입구를 계획하고 실내는 마야의 천문대에서 영감을 얻은 원형의 중정으로 계획하였다. 중정 부분 기하학적 형태들로 계획된 실내 정원 등은 멕시코의 오랜 문화 유적을 은유하고 있다. 멕시코 대사관과 라우흐 거리를 사이에 두고 청동재질의 곡선 울타리가 띠를 두른 듯이 계획된 대사관이 북구 제국 대사관이다. 이 건물은 핀란드, 스웨덴, 노르웨이, 아이슬란드, 그리고 덴마크 등 북유럽 5개국이 정치적, 경제적 공동체를 이루는 감성 속에서 개별 국가들의 정체성을 적절히 드러낸 건축물로 평가받고 있다. 북구 5개국은 프로젝트를 위해 위원회를 결성하고 공모를 통해 오스트리아와 핀란드 출신의 건축가 알프렛 베르거와 티나 파르키넨의 안을 당선작으로 선정하였다. 이 밖에도 2003년에는 외교관 구역과는 떨어진 곳이지만 수프레강변 로날드 우퍼에 렘 콜하스가 계획한 네덜란드 대사관이 개관하여 주목을 받고 있다.

BL - 20

Ludwid Erhard Haus

증권거래소

니콜라스 그림쇼, 1998

Fasanenstraße 85, 10623
Berlin
www.leh-berlin.de

1994년 베를린 시는 새로운 증권거래소를 기존 거래소 측면에 계획하여, 설계를 영국의 건축가 니콜라스 그림쇼에게 의뢰하였다. '아르마딜로' 라는 유기적인 동물을 연상시키는 외관으로 디자인된 증권거래소는 이형적인 대지조건에 따라 각각 다른 크기를 갖는 6.9m 간격으로 세워진 15개의 아치로 거대한 공간을 구현하였다. 늑골 형태의 아치들로 만들어진 형태로 입지에 대응하는 구성은 건축가의 다른 작품인 에덴 프로젝트에서 유기적으로 발전된다. 3층부터의 상부 사무실 층은 케이블에 의한 현수구조로 되어있어 구조적으로 하부의 증권거래소, 전시장, 회의장을 무주공간으로 디자인하는 것을 가능하게 하였다. 건축가는 회색도시로 간주했던 베를린이란 도시 속의 건축물을 아트리움 부분을 유리로 처리한 밝은 실내공간의 연출과 움직이는 엘리베이터의 역동성으로 순화시키고 있으며, 거대한 아트리움은 실내온도 조절기능을 담당한다. 남측에는 저층에 원통 매스를 부가하여 주출입구를 상징적으로 암시하고 있다. 인접하여 요셉 폴 크레이흐스가 설계한 칸트드라이에크 빌딩 외에도 비사자 쇼룸 등이 위치하고 있다.

GERMANY > BERLIN

BL - 21

Swissotel Berlin

베를린 스위소텔

원통 형상의 상부층의 구성에 하부에 유기적인 형상이 돌출되어 있는 호텔은 베를린의 쿠담 지역에 위치한 5성급의 호텔로 부지 경계선을 따라 구성되면서 미끈하게 뻗어 나오거나 들어간 형태에 의해 다양한 처마 높이를 자랑하고 있는 지역의 건물들 사이에서 부드럽게 융화된 구성이다. 호텔이 위치한 베를린의 쿠담 지역은 카이저 빌헬름 교회와 오이로파 센터를 중심으로 뻗은 대로로 호텔이나 백화점, 자동차 전시장, 레스토랑, 영화관 등의 시설이 밀집해 있으며, 주변이 모두 초고층 빌딩들이기 때문에 유기적인 구성의 호텔은 체적감이 반감되게 디자인되어있다. 유기적인 벽면에 돌출된 알루미늄 루버형의 구조물은 리듬감을 부여하여 전면부의 디자인에 핵심적인 특징으로 부각되고 있다. 이 구성은 다양한 내부 용도를 지닌 건축물에 일체감을 부여하고 벽면에 부착된 대형 비디오 화면은 지나가는 사람들의 발걸음을 붙잡고 있다. 이 호텔이 다른 호텔과 다른 점은 1층에서 엘리베이터로 2층의 프

마인하르트 폰 게르칸, 2001

Augsburger Straße 44, 10789 Berlin
www.berlin.swissotel.com

론트데스크가 있는 로비로 진입하게 구성된 점이라고 할 수 있으며, 중이층으로 구성된 로비에 설치된 유리로 된 천창에 의해 밝고 아늑한 분위기의 공간이 연출된다. 중이층 공간을 연결하는 나선형 계단은 연결동선이면서 하나의 오브제로 작용하고 있다. 점포들은 1층에 위치하고 있으며 2, 3층에는 부속 회의실과 식당, 4층과 11층에는 미술 전시관이 있다.

Frankfurt

FF - 01 조형예술미술관 The Museum of Applied Art / FF - 02 연방 우편박물관 German Postal Museum / FF - 03 독일 건축박물관 Deutsches Architektur museum / FF - 04 슈테델 예술학원 증축 Stadel Art Institute Extention / FF - 05 쿤스트할레 포티쿠스 Kunsthalle Portikus / FF - 06 근대미술관 Museum Fr Moderne Kunst / FF - 07 프랑크푸르트 쉬른 쿤스트할레 Schirn Kunsthalle Frankfurt / FF - 08 선사원시박물관 The Museum for Pre-and Early History / FF - 09 코메르츠뱅크 타워 Commerzbank Tower / FF - 10 코메르츠뱅크 플라자 Commerzbank Plaza / FF - 11 자일 쇼핑 아케이드 Zeil Shopping Arcade / FF - 12 DZ 뱅크 DZ Bank in Frankfurt / FF - 13 마이 자일 My Zeil / FF - 14 프랑크푸르트 공항 Frankfurt Airport / FF - 15 오발과 바젤러 아카덴 빌딩 Oval & Baseler Arkaden am Baseler Platz / FF - 16 베스트하펜 타워 Westhafen Tower / FF - 17 메세타워 Messe Tower / FF - 18 프랑크푸르트 무역전시장 홀 3 Frankfurt Trade Fair Hall 3 / FF - 19 토르 하우스 Messe Torhaus

FF -20 프랑크푸르트 무역전시장 홀10 Frankfurt Trade Fair Hall 10 / FF -21 프랑크푸르트 무역전시장 홀1 Frankfurt Trade Fair Hall 1 / FF -22 라디슨SAS호텔 Radisson SAS Hotel / FF -23 디자인호텔 더 퓨어 Design Hotel The Pure / FF -24 유태인 박물관 Judisches Museum / FF -25 스위스 국립보험회사 Schweizer National / FF -26 리빅 하우스 Liebieghaus / FF -27 영화 박물관 German Film Museum / FF -28 카페 바 Caf Bar / FF -29 민족학 박물관 Museum fur Volkerkunde / FF -30 독일기사 수도회 아이콘 미술관 Deutschordenskirche & Ikonenmuseum / FF -31 잘가세 하우징 Saalgasse Housing / FF -32 스타트베르크 Stadwerke-Kundenzentrum

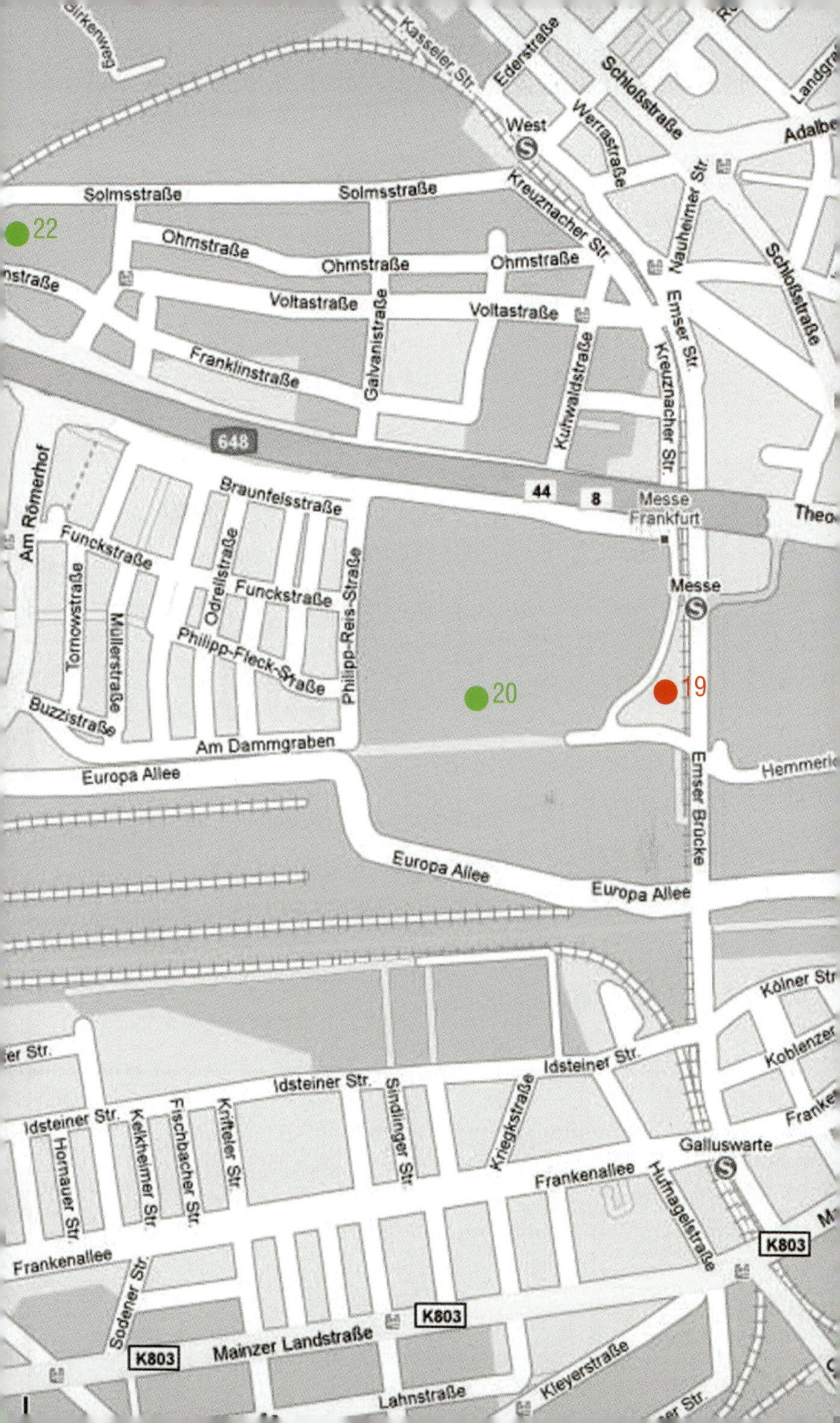
Birkenweg
Kasseler Str.
Ederstraße
Schloßstraße
Landgraf
West
Werrastraße
Adalbe
Solmsstraße
Solmsstraße
Kreuznacher Str.
Nauheimer Str.
22
Ohmstraße
Ohmstraße
Ohmstraße
nstraße
Schloßstraße
Voltastraße
Voltastraße
Galvanistraße
Emser Str.
Franklinstraße
Kuhwaldstraße
Kreuznacher Str.
648
Am Römerhof
Braunfelsstraße
44
8
Messe Frankfurt
Theo
Funckstraße
Odrellstraße
Funckstraße
Messe
Tornowstraße
Müllerstraße
Philipp-Fleck-Straße
Philipp-Reis-Straße
20
19
Buzzistraße
Am Dammgraben
Europa Allee
Emser Brücke
Hemmeric
Europa Allee
Europa Allee
Kölner Str
Koblenzer
er Str.
Idsteiner Str.
Idsteiner Str.
Idsteiner Str.
Kriegkstraße
Franke
Hornauer Str.
Kelkheimer Str.
Fischbacher Str.
Kriftleler Str.
Sindlinger Str.
Galluswarte
Frankenallee
Hufnagelstraße
K803
Frankenallee
Sodener Str.
K803
Mainzer Landstraße
K803
Kleyerstraße
Lahnstraße
er Str.

Bockenheimer Warte
Bockenheimer Landstraße
Westend
Westend-Süd
Universität Frankfurt
Schwindstraße
Schubertstraße
Kiesstraße
Gräfstraße
Senckenberganlage
Kettenhofweg
Beethovenstraße
Arndtstraße
Lindenstraße
Feuerbachstraße
Barckhausstraße
Liebigstraße
Wiesenau
Kronberger
Niedenau
Westendstraße
Mendelssohnstraße
Georg-Voigt-Straße
Hamburger Allee
Ludwig-Erhard-Anlage
Schumannstraße
Savignystraße
Guiollettstraße
Klüberstraße
Rüsterstraße
Zimmerweg
Friedrich-Ebert-Anlage
Bettinastraße
Festhalle / Messe
무역전시장
Brüsseler Str.
Erlenstraße
Mainzer Landstraße
Osloer Str.
Ludwigstraße
Düsseldorfer Str.
Karlstraße
Moselstraße
Elbestraße
Europa Allee
Ottostraße
Poststraße
Niddastraße
Kölner Str.
Frankenallee
K803
Rudolfstraße
중앙역
Frankfurt Hauptbahnhof
Frankfurt (Main) Hbf
Speyerer Str.
Hafentunnel
Karlsruher Str.
Gutleutstraße
Mannheimer Str.
Baseler Str.
Hafenstraße
Unter der Friedensbrücke
Gutleutviertel
K818
17
21
12
18
23
14
16
44
8
40

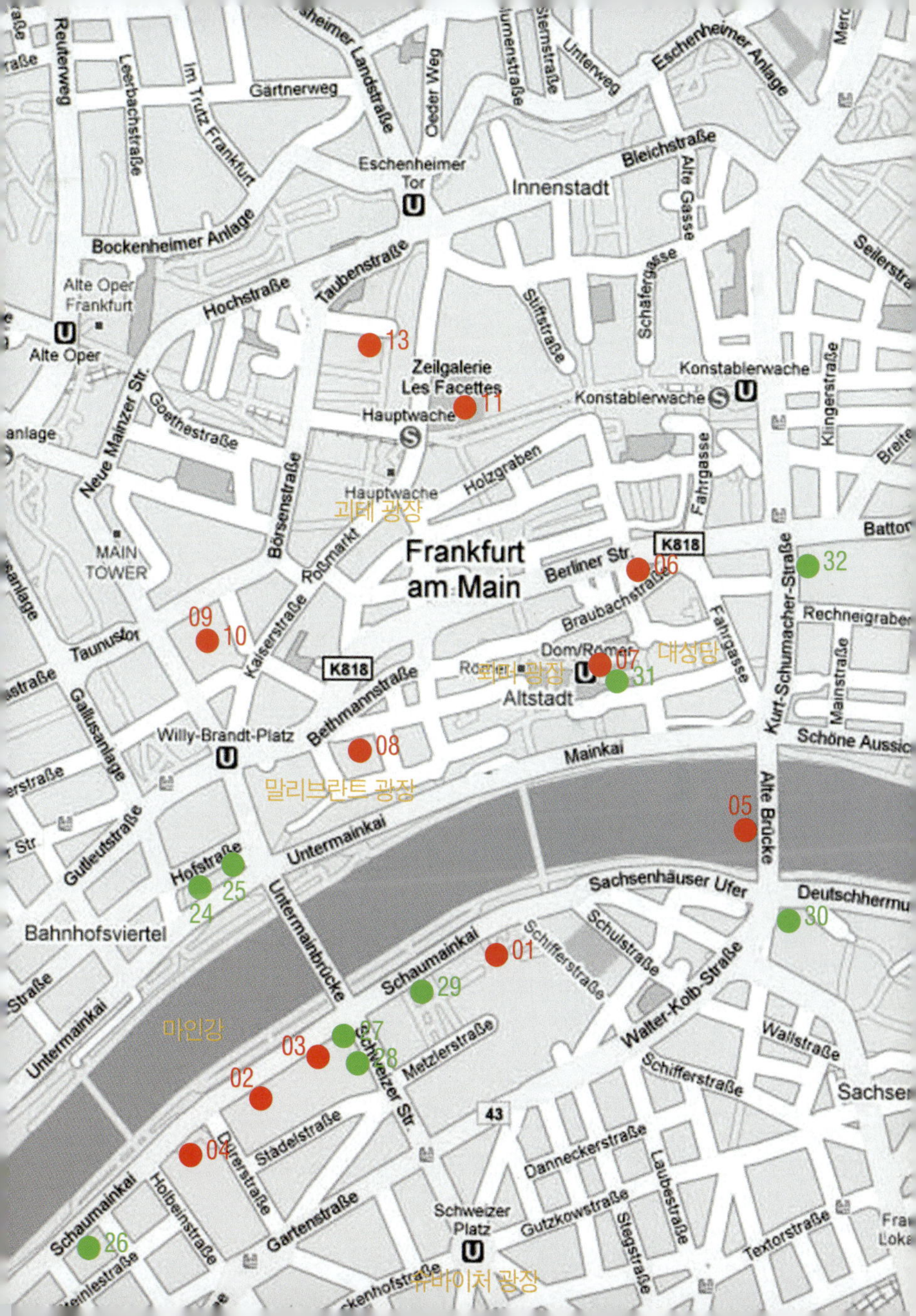

Frankfurt am Main
Innenstadt
Altstadt
Bahnhofsviertel
Eschenheimer Tor
Alte Oper Frankfurt
Alte Oper
Zeilgalerie Les Facettes
Hauptwache
Konstablerwache
MAIN TOWER
Willy-Brandt-Platz
Dom/Römer
Römer
Schweizer Platz
Gärtnerweg
Bockenheimer Anlage
Hochstraße
Taubenstraße
Goethestraße
Neue Mainzer Str.
Börsenstraße
Roßmarkt
Holzgraben
Stiftstraße
Schäfergasse
Alte Gasse
Bleichstraße
Eschenheimer Anlage
Seilerstraße
Klingerstraße
Fahrgasse
Berliner Str.
Braubachstraße
Kaiserstraße
Taunustor
Gallusanlage
Gutleutstraße
Bethmannstraße
Mainkai
Untermainkai
Untermainbrücke
Hofstraße
Kurt-Schumacher-Straße
Rechneigraben
Mainstraße
Schöne Aussicht
Alte Brücke
Sachsenhäuser Ufer
Deutschherrnufer
Schaumainkai
Schifferstraße
Schulstraße
Walter-Kolb-Straße
Wallstraße
Metzlerstraße
Schweizer Str.
Stadelstraße
Dürerstraße
Holbeinstraße
Gartenstraße
Danneckerstraße
Gutzkowstraße
Laubestraße
Stegstraße
Textorstraße
K818
43
괴테 광장
대성당
뢰머 광장
말리브란트 광장
마인강
슈바이처 광장
01
02
03
04
05
06
07
08
09
10
11
13
24
25
26
27
28
29
30
31
32

프랑크푸르트

인구 67만으로 독일 중부 헤센 주에 위치한 프랑크푸르트는 마인 강 연안에 있는 프랑크의 항구라는 의미를 지니고 있으며 동부의 같은 지명 도시와 구분하기 위하여 프랑크푸르트 암마인으로 부르고 있다. 독일의 경제수도라고도 할 수 있는 프랑크푸르트는 괴테의 출생지로도 알려져 있으며, 옛날부터 라인 강의 하곡평야와 북부 독일의 평원을 이어주는 교통의 요충지로서 신성로마제국 시기에는 정치적인 중심지이었다. 이처럼 유럽 정치의 중심도시였던 프랑크푸르트는 종교전쟁의 발발로 인해 영국, 네덜란드, 프랑스 등의 종교 망명자들이 몰려들면서 금융업과 상공업이 발달, 현재는 유럽 금융의 중심지인 동시에 세계 금융의 중심지가 되었다. 특히 1998년 이후 유럽중앙은행이 들어서면서 유럽 제1의 금융도시라는 면모를 돋보이게 하는 계기가 되어 도시에서 코메르츠 뱅크, DZ 뱅크 같은 고층의 은행 건축물을 볼 수 있다. 교통의 요충지이기도 하여 프랑크푸르트 국제공항을 통해 유럽 모든 도시에 2시간 이내에 도달할 수 있으며 이는 도심의 중앙역과 연결되어있다. 프랑크푸르트는 역사적, 문화적 배경인 도시의 맥락을 파괴하지 않도록 도시계획을 하여 구시가지 중앙에 위치한, 15~18세기의 건물들이 몰려 있는 뢰머와 마르크트 광장을 중심으로 초고층 건축을 배치하여 도시의 역동성을 나타내도록 하였다. 이 역동성의 주역은 무역박람회 지역의 고층 건축물들로 O.M. 웅거스의 프랑크푸르트 견본시 회장 타워, 헬무트 얀의 메세 타워, 노만 포스터의 코메르츠 뱅크 타워, KPF의 DZ 뱅크 등으로 견본시 회장 내에 위치한 니콜라스 그림쇼와 O.M. 웅거스의 신구 컨벤션센터도 역동적인 도시 풍경에 일조를 하고 있다. 프랑크푸르트 시는 특히 박물관의 도시로도 잘 알려져 있다. 그것은 시 당국이 중앙역 앞의 마약중독자나 매춘 거리 때문에 추락한 도시의 이미지 회복과 함께 시민들에게는 문화적 긍지를 심어줄 수 있는 도시를 만들기 위하여 전문화된 박물관이 있는 거리를 만들었다. 이를 위하여 2차 세계대전의 피해가 가장 적었던 오래된 고급 빌라가 산재한 마인 강변 일대의 샤우마인카이 53번지 도로 주변의 대지를 도시 문화정책의 일환으로 매입하여 유명 건축가들에게 전문박물관의 설계를 의뢰하여 완성하였다. 그 결과 조형, 영화, 건축, 우편 등 20여개의 박물관들이 줄지어 있는 박물관 거리가 되었다. 이 박물관 거리에는 공원 속에 배치된 리차드 마이어의 조형미술관, 헬케 보힝거의 영화박물관, O.M. 웅거스의 건축박물관, 군터 베니쉬의 우편박물관, 구스타프 파이힐의 슈테델 예술학원과 미술관 등이 있으며, 2006년에는 크리스토프 맥클러가 설계한 쿤스트할레 포티쿠스가 알테 다리 중간에 세워졌다. 박물관은 강 건너 지역에도 BJSS의 쉬린 쿤스트할레, 한스 홀라인의 근대미술관을 비롯하여 요셉 폴 클레이흐스의 선사원시박물관 등이 있어 명실상부한 박물관의 도시라고 할 수 있다. 최근에는 중앙역 남측에 위치한 마인 강변의 베스트하펜 지역 재개발도 활성화 되어 슈나이더+슈마허의 베스트하펜 타워를 비롯한 업무공간, 그리고 상가와 집합주택, 마리나 등이 들어서면서 베스트하펜 지역의 수변 공간이 새로운 명소로 부각되고 있다.

rankfurt

GERMANY > FRANKFURT

FF - 01

The Museum of Applied Art

조형예술미술관

리차드 마이어, 1985

Schaumainkai 17, 60594
Sachsenhausen-Nord Frankfurt
www.imm.hu

마인 강변의 박물관 거리에서 가장 환경이 훌륭한 공원 안에 위치한, 개관 당시 장식미술관으로 사용되었던 조형예술박물관은 19세기 건축된 빌라 메츨러와 연결하여 증축된 건축물로 시의 장식미술품을 보관하고 있는 곳이다. 건축가인 리차드 마이어는 기존 빌라 메츨러라는 과거 건축물과 새로운 건축물과의 관계, 건축물과 마인 강을 포함한 주변공간과의 관계 설정의 아이디어를 통해서 홈그라운드의 하인츠 몰이나 한스 홀라인 같은 유럽세를 제치고 지명현상공모에 당선, 유럽 진출의 발판을 마련하였다. 건축적인 아이디어는 크게 3가지로 네오 꼬르뷔지안 건축가답게 건축적 산책로인 경사로를 통하여 마인 강과 주변경관의 시퀀스를 감상할 수 있게 한 점과 기존 빌라의 파사드에서 도출한 격자 시스템을 증축 건축물의 격자 시스템에 채용하여 맥락을 유지시킨 점이다. 그리고 배치에 있어 거대한 정방형을 4등분하여 북동측에 빌라를 위치시키고 3.5°로 축을 변화시킨 다른 3개의 정방형으로 둘러싸면서 공중 브릿지로 연결, 신구건축물의 대비를 통한 균형감의 성취라고 할 수 있다. 또한 우회진입에 의한 기대감 부여와 천창과 측창을 전면 개방에 의한 밝은 실내공간, 경사로를 통한 연속적이면서 선택적 관람이 가능하도록 동선, 액자 같은 레이어를 통하여 보이는 실내공간이 또 다른 전시품처럼 보이게 한 연출 등이 이 박물관의 또 다른 장점이다. 개인적으로는 공원 안에 서있는 건축가가 디자인한 구조물 역시 건축물의 단편처럼 녹색의 공원과 대비되면서 하나의 오브제로 서있는 모습이 아름답게 느껴졌기에 외부의 카페에서 커피를 한잔 하면서 공간을 느껴보기 바란다.

FF - 02

German Postal Museum

연방 우편박물관

군터 베니쉬, 1990

Schaumainkai 53, 60596 Frankfurt
www.museumsstiftung.de

마인 강에 면하여 건축박물관 바로 옆에 자리 잡고 있는 우편박물관은 다른 소형박물관과 같이 박물관 거리에 위치하고 있다. 다른 박물관과는 달리 우편박물관은 잔디밭을 사이에 두고 오래된 건물과 사선의 유리 실린더 구조물이 부착된 신축 건축물을 대비시킨 형상으로 강한 인상을 부여하고 있다. 이런 형태적인 구성은 기존 주택의 수목 보존과 장소의 협소함이라는 제한적 상황으로 인해 정원을 그대로 살리면서 지하에 전시실을 설치, 기존 주택을 도서관 및 행정실 등으로 리노베이션하면서 지하를 통해 신축 건축물과 연결시키는 동시에 지하공간에 최대한 많은 채광을 확보하기 위한 장치로 디자인한 것이다. 전체적인 공간의 기능을 살펴보면, 입구층에는 안내데스크, 카페테리아, 기념품 숍 등, 지상 2층과 3층은 우편수집 및 전시공간, 지하 1층은 대전시공간으로 리노베이션하여 주택과 연결시키고 있다. 기둥의 규칙적인 리듬과 유리 클래딩 등은 근대적인 기둥과 슬래브 구조물의 전형적인 모습을 보이고 있으며, 실내에 들어가면 안내데스크 좌측에 사선의 투명한 커튼월 실린더가 전 층을 관통하면서 지하 전시실을 하나의 공간처럼 보이게 하고 어두워지기 쉬운 지하공간을 밝은 분위기로 만들고 있다. 또한 실내공간을 보다 넓어 보이도록 하는 효과도 가져오면서 실린더형의 보이드된 공간을 통하여 다양한 동선의 변화까지도 느끼게 한다. 이 박물관에서는 천정 슬래브를 가볍게 느끼게 하는 수법이나 커튼월의 연결방법, 계단의 디자인적 요소 등과 함께 입구에 있는 비디오 아티스트 백남준 작품인 '돈키호테' 라는 조각상도 놓치지 않고 감상하길 바란다.

FF - 03

Deutsches Architektur museum

독일 건축박물관

O.M. 웅거스, 1984

Schaumainkai 43, 60596 Frankfrut
dam.inm.de

독일 건축박물관은 1912년에 세워진 평범한 2세대용 4층 주택을 개수하여 만든 박물관이다. 이 건축을 위한 박물관은 과거의 평범한 주택을 시민들의 기억과 관계되는 역사적인 장소로 인정, 외형은 그대로 두면서 집 속의 집이라는 컨셉으로 디자인한 건축물이다. 평면구성은 정사각형에 기초한 형태로 기존 빌라의 직사각형 형태를 중심으로 외부에 회랑을 계획하고 내부에는 중정의 전시공간으로 이루어진, 사각형의 확장과 분할에 의하여 원형과 변형이라는 이중적 의미를 부여하고 있다. 건축가는 실내공간에 건축의 순수 구조라는 의미의 보이드된 구조물을 삽입하여 시각적으로 볼륨 안의 매스를 강하게 인지시키면서 외부와 내부, 내부와 외부 공간이라는 공간적 흐름을 관람자로 하여금 경험시키려는 의도로 디자인하였다. 이런 공간 구성은 열림과 닫힘이라는 주제를 반복, 중첩시키면서 기존 빌라의 외관에서 읽혀졌던 폐쇄적인 내부공간을 천창으로 유입되는 빛을 통해 개방적인 공간으로 변화시켜 관람자에게 공간을 새롭게 인식시키려고 하는 것이다. 안내데스크 옆에 위치한 카페에서 커피를 마시면서 마인 강변을 감상하거나 건축이나 디자인에 관련된 책도 구매하는 시간을 가져보기를 바란다.

FF - 04

Stadel Art Institute Extention

슈테델 예술학원 증축

구스타브 파이힐, 1990

Schaumainkai 63, 60596 Frankfurt
www.staedelmuseum.de

슈테델은 공식적으로 슈테델 예술학원과 박물관을 지칭하는 것으로, 슈테델 박물관은 독일에서 가장 중요한 수집품을 소장하고 있다. 슈테델 예술학원의 설립 의도가 역사적인 예술품과 함께 현대적인 예술품을 수집하려는 목적으로 설립되어 20세기가 되면서 급속하게 현대 예술품의 증가로 증축이 요구되었다. 빈의 건축가인 구스타브 파이힐은 1807년에 세워진 슈테델 예술학원과 박물관의 일부를 증축하였으며, 그의 특징적인 디자인답게 최소한 개구부를 갖춘 표현을 억제한 미니멀한 건축으로 디자인하였다. 비앙코 사반나 대리석으로 마감한 60여 m의 벽을 가진 건축물은 남측 부는 주전시홀이 2개 층, 북측 부는 주출입구와 소 갤러리, 계단실들이 3개 층으로 구성되어 있다. 폐쇄된 외관을 하고 있으나 실내공간은 천창을 통해서 들어오는 빛에 의해 밝은 공간을 연출하고 있다. 스테델 박물관은 14세기 초에서 20세기에 걸친 예술품을 전시하고 있기에 건축공간을 본 사람들은 예술품도 같이 감상하기 바라며 알테 다리 중간에 위치한 쿤스트할레 포티쿠스는 슈테델 예술학원의 실험적인 전시공간이기도 하다.

FF - 05

Kunsthalle Portikus

쿤스트할레 포티쿠스

크리스토프 맥클러, 2006

Alte Brücke 2, 60311 Frankfrut
www.chm.de

도르트문트 대학의 교수이면서 프랑크푸르트 공항 A 터미널을 설계한 크리스토프 맥클러가 프랑크푸르트의 알테 다리 중간에 위치한 섬에 쿤스트할레 포티쿠스라는 현대예술을 위한 전시공간을 완성하였다. 일반적이지 않은 장소에 지어진 전시공간은 마치 붉은 색으로 마감된 거대한 집처럼 생긴 건축물로서 건축가는 프랑크푸르트라는 도시의 중세 주택이라는 건축적인 유형을 디자인의 모티브로 하여 설계하였다. 박공의 지붕을 한 건축물의 줄무늬를 한 붉은 색 외벽에 돌출된 계단이 마치 오브제처럼 디자인된 전시공간은 역사적인 도시의 맥락을 고려하면서도 최소한 디자인적인 장치를 지닌 미니멀한 오브제 같은 존재라고 할 수 있다. 실내공간도 상부를 유리블록이 있는 천창을 설치하여 순화된 빛이 전시공간을 은은하게 비치는 특이한 공간으로 디자인하였으며, 건축가는 건축물을 하나의 원초적 오두막으로 설정하여 디자인하였음을 알 수 있다. 또한 같은 건축가에 의해 알테 다리의 개수가 2009년에 완공을 하는 것을 목표로 진행되고 있다.

FF - 06

Museum Für Moderne Kunst

근대미술관

프랑크푸르트 시의 베르리너 거리와 브라우바흐 거리 사이에 위치한 근대미술관은 부지의 모양 그대로 건축물 전체가 삼각형의 형태를 지닌 케이크 조각이라고 불리우는 건축물이다. 1983년 새로운 문화공간을 만들려는 시의 현상공모과정을 거쳐 오스트리아 건축가 한스 홀라인이 당선, 설계하여 1991년에 개관하였다. 외관은 역사와 전통이 공존하는 주변 환경과 조화를 이루기 위해 연한 색의 소석고와 붉은 색 사암으로 장식되었으며, 사암과 소석고, 알루미늄 재료의 적절한 사용은 전면부가 단조로워지는 것을 방지한다. 한쪽은 돌출된 부드러운 곡선, 아래 부분은 아치형, 위에는 수직 창문들로 디자인되어 단순한 것 같으면서도 다양하고 복잡한 외관을 보여준다. 특히 앞머리 부분의 커다란 평면 윈도우와 기하학적인 알루미늄 모양은 혁신적이고 특이하기까지 하다. 입구의 기둥은 독일에서 흔한 붉은 색의 사암이며, 전면부의 아래 부분은 대부분 사암으로 구성하였다. 선형의 전면부를 커다란 리본모양의 입구로 변화를 주었는데 주변 건물의 형태와 지형을 잘 이해한 세련된 수법이다.

한스 홀라인, 1991

Domstr. 10, 60311 Frankfurt　www.mmk-frankfurt

FF - 07

Schirn Kunsthalle Frankfurt

프랑크푸르트 쉬른 쿤스트할레

반 게르트, 얀센, 숄츠, 숄테스(BJSS) 1986

Schirn Kunsthalle Römerberg, 60311 Frankfurt
www.schirn-kunsthalle.de

프랑크푸르트 쉬른 쿤스트할레는 구 시청사인 뢰머와 대성당 사이의 로마 유적이 있는 역사적 장소인 뢰머베르크에 위치한 미술관을 중심으로 한 다목적 문화센터이다. 13세기 이후 로마와 카로린 왕조양식의 건물을 기초로 발전된 역사적 중요성이 프랑크푸르트의 관념적 중심지로 인식되면서 대성당 앞의 로마시대 유적과 광장을 중심으로 전시공간, 집회공간과 로툰다, 다목적 동으로 이루어진 미술관과 연결된 집합주택군, 재건된 역사적 건물을 포함한 대규모 재개발이 진행되었다. 전체적인 구성은 동서로 긴 갤러리 동을 배치하면서 그 중앙에 로툰다 동을 배치하고, 로툰다의 북측에는 반원형 평면의 집회소 동을 갤러리 동과 평행하게 배치하고 있다. 건축가 팀은 내외부가 오픈된 로툰다 동으로 시각적, 공간적 중심을 만드는 동시에 광장과 길을 분절시켜 과거와 현대라는 역사성의 대립과 공존을 추구하였다. 이 건축물과 함께 바로 후면에 위치한 잘가세 집합주택은 예술가들을 위한 스튜디오와 주거공간으로 찰스 무어, 아돌프 나탈리니, BJSS 등이 설계하였기에 필히 보기를 바란다.

FF - 08

The Museum for Pre-and Early History

선사원시박물관

요셉 폴 클레이흐스, 1998

Alte Mainzer Gasse 37, 60311 Frankfurt

프랑크푸르트의 중심부에 위치한 선사원시박물관은 후기 고딕기의 수도원을 개수 및 증축한 건축물로서 교회 공간의 실내를 주 전시공간으로 사용하고 있다. 외관에서 사암의 스트라이프 입면이 특징적인 박물관 중 입구와 전시공간, 업무공간, 도서관, 지하의 보존창고 등 기능을 하고 있는 신관은 거리 측으로는 폐쇄적이나 잔디정원이 있는 중정 측으로는 개방적인 구성을 취하고 있다. O.M. 웅거스가 추구하는 독일 신합리주의 건축을 계승하는 요셉 폴 클레이흐스는 박물관에서 프랑크푸르트의 구 도심이 지닌 중세적인 맥락을 반영하는 동시에 역사와 문화, 프로그램을 고려한 유기적인 디자인을 전개하였다. 또한 그는 사암으로 마감된 외 벽면을 금속으로 볼팅하는 방법이나 실내공간에서 빈의 우편저금국을 연상시키는 전시 케이스와 조명의 디자인으로 빈의 건축가인 오토 바그너의 디자인에 대한 오마주를 보이고 있다.

FF - 09

Commerzbank Tower

코메르츠뱅크 타워

노만 포스터, 1997

Kaiserstraße 16, 60311 Innenstadt
Frankfurt
www.commerzbank.de

상업은행이란 의미의 코메르츠뱅크는 프랑크푸르트 시의 스케일과 조화를 이루면서 생태학적 측면 고려라는 설계지침을 잘 해석한 초고층 업무용 건축물로 시의 랜드마크이기도 하다. 도시의 스카이라인에 있어 가장 눈에 띄는 타워는 3개의 모서리에 코어가 배치된 삼각형 평면을 한 259m 높이, 56층 규모의 건축물로서 코어에 연결된 구조에 의한 무주공간으로 디자인되었다. 외관에서 12층씩 분절시켜 8개 층의 업무공간과 4개 층의 생태적인 하늘정원으로 구성하는 단위로 형성한 것은 생태학적인 요구를 해결하기 위한 디자인적인 장치이다. 업무공간에 대응하는 4층마다 하늘 정원을 나선상으로 배치하고, 건축물 중앙에 설치된 오픈 아트리움을 통하여 외부에서 유입한 신선한 공기를 각 업무공간에 공급하게 디자인한 것이다. 설비적 측면에서 에너지 절감은 이중 외피로 구성한 커튼월을 통해 유입된 외기를 개폐 가능한 내측 개구부를 통해 사용자가 조절해 받아들일 수 있도록 하는 개별 시스템과 외부공기는 천정의 냉각판을 통해 온도를 낮추어서 실내에 주입하는 냉열복사 방식으로 해결하였다. 이외에도 자연채광을 이용해 환경에 따라 달리 식재된 녹지공간 확보와 냉각수를 변기 용수로 이용하는 물의 재활용으로 초고층 건축물로는 드물게 자연친화적이면서 혁신적인 개념을 담고 있는 친환경 건축물로 디자인하였다.

FF - 10

Commerzbank Plaza

코메르츠뱅크 플라자

코메르츠뱅크 타워 1층에 위치한 플라자는 은행을 이용하는 고객들과 직원들의 식사장소로 사용되는 공간이다. 스페인의 건축가 겸 디자이너인 알프레도 아리바스는 쾌적하게 식사하면서 휴식을 취할 수 있는 공간으로 디자인하기 위하여 공간에서 여러 가지 디자인적인 장치를 고안하였다. 플라자 상부 천정은 높은 천정에서 느낄 수 있는 거대한 스케일이 주는 위압감을 휴먼스케일로 바꿔주기 위한 원형 모빌이 달려있으며 천정 상부에 굵게 지나가는 바는 설비와 전기 등이 들어가 있는 시스템을 위한 장치이다. 식당 공간의 벽 쪽으로는 각각의 주방들이 위치하여 한 코너씩 다양한 메뉴를 선보이고 있으며, 주방과 중앙 플라자 사이의 벽은 회전식 파티션으로 공간의 사용 용도에 따라 가변적으로 대응하는 것이 가능하게 하였다. 식사공간에 있는 긴 나무 의자들은 바닥과 등받이가 일체화된 랜드스케이프적인 장치로 디자인하였으며, 양쪽 등받이가 있는 사이공간에는 여유 테이블이 숨겨져 있어 많은 손님이 왔을 때에 끌어내어 사용할 수 있도록 하였다. 긴 나무 의자 등받이 후면의 상부 구조물 디테

알프레도 아리바스, 1997

Kaiserstraße 16, 60311 Innenstadt Frankfurt
www.commerzbank.de
www.alfredoarribas.com

일을 보면, 조명이 아래로 비추는 것처럼 보이나 실제로는 반사판을 이용하여 조명이 아래에서 위로 비추는 디테일을 숨기고 있는 등 다양한 디자인적인 장치가 있기에 식사를 하면서 퍼즐 같은 공간의 재미를 음미하기 바란다. 알프레도 아리바스는 코메르츠뱅크 플라자에서도 멀지 않은 장소인 빌리브란트 플라자에 위치한 유로타워의 유로넷이라는 식음공간도 디자인하였으니, 혹시 시간이 있다면 이 공간과 비교해 보기 바란다.

GERMANY > FRANKFURT

FF - 11

Zeilgalerie

자일 쇼핑 아케이드

뤼디가 크람, 1992

Zeil 112, 60313 Frankfurt
www.zeilgalerie.com

프랑크푸르트 중심가에 위치한 자일 쇼핑 아케이드는 유리와 금속으로 마감된 하이테크한 분위기의 외관과 함께 또 다른 공간적 체험을 제공하는 판매공간이다. 일반적인 판매공간에서 상품을 구매하면서 회유하는 즐거움을 누드 엘리베이터와 에스컬레이터를 중심으로 구성된 긴 경사로가 있는 중앙 홀을 통하여 느낄 수 있기 때문이다. 마치 인사동의 쌈지길처럼 서서히 각 매장에 있는 상품들을 보면서 경사로를 따라 걸으면 자신도 모르게 상층까지 도달하는 구성을 취하고 있으며, 엘리베이터와 에스컬레이터는 지름길과 횡단로 역할을 하는 장치이다. 회유와 쇼핑, 레크리에이션, 문화가 이 활동적인 판매공간에서 합쳐지면서 파사드에 표현되도록 디자인되었으며 외피의 유리를 통하여 공간의 내 · 외부를 시각적으로 연결시킨다. 야간이 되면, 파사드는 컴퓨터로 제어되는 조명 등에 의해 현란하게 변화하는 장치로 변모한다. 경사로를 따라 최상층에 오르면, 카페 등과 함께 계단을 통해 옆 건물의 옥상에서 프랑크푸르트의 전경을 만끽할 수 있다.

FF - 12

DZ Bank im Frankfurt

DZ 뱅크

KPF(콘 피더센 폭스), 1993

Platz der Republik, 60325 Frankfurt
www.dzbank.com

독일의 다른 도시에 비해 유난히 고층건축물이 많은 프랑크푸르트의 스카이라인에서 DZ 뱅크는 상층부가 왕관 형태를 한 인상적인 외관으로 특히 눈에 띄는 모습을 하고 있다. 거대한 코니스 같은 왕관 형태는 역대 독일 황제의 대관식이 프랑크푸르트에서 거행된 역사적인 사실에 근거하여 디자인이 되었다. 53층에 208m의 높이를 한 고층의 은행 건축물은 미국의 건축설계사무소인 KPF가 디자인하였으며, KPF는 고층용 건축물의 디자인에 한 획을 그은 설계사무소로서 국내의 삼성 본사뿐만 아니라 프랑크푸르트의 컨벤션센터 근처의 빌딩 등 세계 여러 나라에서 많은 작품들을 설계하였다. 은행은 디자인적인 측면에서 아르데코적인 특성을 도입한 전통적인 서양건축의 3부 구성형식을 취하면서 솔리드와 보이드의 적절한 배분과 함께 시선 높이에서 적절하게 매스를 분절하여 디자인한 건축물이다. 기단부인 저층부에는 시민을 위한 아트리움이 있는 윈터가든이 있으며, 아트리움 상부의 태양열 집열판을 이용한 저탄소에너지 생성 장치를 이용하여 야간에는 조명에너지로 사용하면서 주간에는 그늘 막을 만들고 있다. 윈터가든은 실외에 사용된 마감재를 실내에 그대로 사용하여 자연스럽게 실내외의 경계를 느끼지 못하도록 디자인하였으며 실내공간에서는 열주를 활용하여 소리의 울림 현상이 방지되도록 설계하였다. 왕관 모양의 형태로 인해 겨울철에 고드름이 생겨 보행인에게 떨어지는 것을 방지하기 위하여 열선처리를 하였다고 하니 겨울철에 방문하실 분들은 관심을 가지고 보기를 바라며, 광장에 설치된 클레이스 올덴버그가 디자인한 넥타이 조형물도 감상하기 바란다.

GERMANY > FRANKFURT

FF - 13

My Zeil

마이 자일

프랑크푸르트 중심가인 자일 거리에 세워진 마이 자일은 백화점과 레스토랑, 키즈월드, 호텔, 업무공간, 멀티플렉스 등이 복합된 쇼핑몰과 엔터테인먼트센터를 위한 공간으로 저층부의 쇼핑공간, 키즈월드, 피트니스 시설 등을 이탈리아의 건축가인 마씨밀리아노 & 도리아나 훅사스가 디자인하였다. 상부의 고층의 타워들은 KSP 엥겔 & 짐머만에서 하였으며, 훅사스는 그가 디자인한 밀라노의 컨벤션센터에서와 같이 저층부를 유기적인 형태의 유리로 된 피막으로 지붕과 벽을 구성하면서 초현실적인 분위기의 쇼핑공간으로 디자인하였다. 공간의 전체적인 디자인 컨셉은 계곡으로 저드 파트너십의 솔리드한 미로 같은 분위기를 커튼월로 투명하면서 반사로 왜곡된 공간의 이미지를 표현한 현대적인 계곡으로 디자인하였다. 지붕의 유기적인 삼각형 유리 구조물은 쇼핑 공간의 중간 중간에 설치된 보이드 공간을 연결, 관통하면서 채광과 함께 공간에 호기심을 불러일으키는 공간적인 장치로 활용하고 있다. 지하 1층, 지상 5층의 복합적인 기능의 공간을 위하여 건축가는 지상 레벨과 지상 4층에 위치

마씨밀리아노 훅사스 & 도리아나 훅사스, 2009

Schillerstraße 20, 60313, Frankfurt
www.myzeil.de

한 영화관과 스포츠, 레스토랑을 위한 레벨이라는 2개의 레벨 조성과 스트레이트로 연결된 에스컬레이터로 해결하고자 하였다. 이렇게 포스트모던한 분위기의 박물관 거리를 기조로 하여 진행되던 프랑크푸르트의 도시 개발은 최근 마이 자일을 비롯하여 2011년에 완공되는 코프 힘멜블라우의 은행 프로젝트 같은 해체적인 디자인에 의해 새롭게 변모하려는 시도를 하고 있다.

FF -14

Oval & Baseler Arkaden am Baseler Platz

오발과 바젤러 아카덴 빌딩

프랑크푸르트에서 활발한 건축활동을 전개하고 있는 알베르트 스피어 & 파트너 건축사무소는 중앙역과 프리덴 다리 사이에 위치한 바젤러 광장에 오발과 바젤러 아카덴이라는 두 동의 건축물을 완성하였다. 타원형을 한 오발과 ㄱ자형의 바젤러 아카덴이란 두 개의 건축물로 구성된 프로젝트는 상가, 레스토랑, 카페, 업무공간과 주거공간의 기능을 하고 있다. 타원형의 매스에 랜덤하게 배치된 커튼월의 개구부가 특징인 오발은 6층까지는 업무공간, 상부 3층이 주거공간으로 내부에 아트리움이 있는 중정으로 쾌적한 환경을 제공하고 있다. ㄱ자형의 바젤러 아카덴은 주 기능이 업무공간으로 에너지 절약형으로 디자인되었다. 타원형의 릴랙스한 분위기의 오발과 ㄱ자형의 합리적인 분위기의 바젤러 아카덴은 한 건축사무소에서 디자인하였으나 대비되는 구성으로 도시공간에 활력을 부여하고 있다.

AS & P(알베르트 스피어 & 파트너), 2004

Oval at the Baseler Platz, Frankfurt am Main
Baseler Platz, 60329 Frankfurt
www.as-p.de

FF - 15

Frankfurt Airport

프랑크푸르트 공항

크리스토프 매클러
(터미널 A 개수), 1997,
브라운 & 숄커만 파트너
(역과 이동통로), 2002

Frankfurt Airport-Center 60549,
Frankfurt
www.bsp-architecten.de
www.chm.de

프랑크푸르트 공항은 1994년 총 이용객수가 3510만을 기록, 유럽에서는 히드로 공항에 이어 2번째, 세계에서는 6번째이었던 공항으로 여행객의 증가에 의해 1972년 오픈한 제 1터미널에 이어 1994년 오픈한 제 2터미널, 1997년 터미널 A의 개수로 이어지고 있다. 이 공항의 모토는 모든 서비스를 하나의 지붕 밑에서 해결한다는 것으로 터미널 1, 2와 공항 센터, 쉐라톤 호텔과 콩그레스 센터 등 각 시설이 옥외로 나갈 필요가 없는 용이한 접근을 제공하는 것이며 신설된 스카이라인이라고 불리우는 터미널셔틀은 양 터미널을 수 분만에 이동하는 것이 가능하다. 두개의 터미널 내에는 150개 이상의 리테일 숍과 40개의 레스토랑과 바, 비스트로가 있어 쾌적한 쇼핑과 휴식을 즐길 수 있으며, 터미널 1 지하의 독일국철과 공항역 주변의 쇼핑센터와 아케이드나 호텔과 콩그레스 센터의 식음공간이나 어뮤즈먼트 시설 등 여행객들의 다양한 요구에 부응하는 상업 환경을 구비하고 있다. 1997년 크리스토프 매클러에 의한 터미널 A의 개수에 이어 2002년의 브라운 & 숄커만 파트너에 의해 터미널 1에 타원형의 튜브로 미래지향적인 분위기의 이동통로 시설과 역을 증축하면서 공항의 분위기를 쇄신하였다. 터미널 2의 푸드플라자에서 비행기가 나는 풍경을 바라보면서 식사와 휴식을 즐기게 디자인한 것이 공항의 큰 장점 중의 하나라는 생각이 든다.

GERMANY > FRANKFURT

FF - 16

Westhafen Tower

베스트하펜 타워

슈나이더 & 슈마허, 2003

Westhafenplatz 1, 60327 Frankfurt
www.schneider-schumacher.de

프랑크푸르트의 마인 강변 베스트하펜 독이 위치했던 곳에 세워진 베스트하펜 타워라는 원통형의 업무용 건축물이 시의 새로운 랜드마크로 부각되고 있다. 마인 강의 프리덴 다리를 건너다보면, 한 눈에 들어오는 108.9m 높이의 녹색 커튼월로 마감된 원통형의 타워와 볼트형 지붕을 한 장방형의 저층부가 대비되는 구성을 취하고 있는 건축물은 현대적인 기술과 설비를 갖춘 것으로도 유명하다. 녹색의 삼각형 유리패널로 구성된 원통형 외관과 함께 강변이 바라다 보이는 조망, 업무공간의 가변성과 자연적인 에어컨 시스템을 채용한 설비가 건축물의 큰 장점이라고 할 수 있다. 과거 베를린의 인포박스를 설계하여 유명해졌던 건축가 팀인 슈나이더+슈마허(Schneider + Schumacher) 중 슈마허가 노만 포스터 사무소에 근무했던 경력을 최대한 살려 디자인에 하이테크와 친환경의 장점을 접목시켰으며, 2007년에는 베스트하펜 마리나도 완성하였다.

FF - 17

Messe Tower

메세타워

헬무트 얀, 1991

Friedrich-Ebert-Anlage 49, 60327
Westend-Süd Frankfurt
www.messeturm-frankfurt.com

프랑크푸르트의 무역박람회 지역에 위치한 메세 타워는 257m 높이에 63층의 업무용 빌딩이다. 메세의 프로그램은 전시장 20,000㎡, 임대 업무공간과 900대를 수용하는 주차장 85,000㎡, 옥외전시공간을 최대한으로 하는 것을 요구하여, 건축가는 140m×90m의 주전시장에 대하여 수직성이 강한 타워를 통하여 균형감을 갖추도록 디자인하였다. 미국에서 활동하고 있는 독일 출신의 건축가인 헬무트 얀은 미국 마천루에서 표현된 아르데코의 전통을 현대적으로 해석한 타워를 통하여 정사각형의 기단부와 십자형의 중간부, 그리고 원통형과 피라미드라는 상층부를 3부 구성으로 디자인하였다. 랜드마크적인 존재의 타워는 메세 전체를 상징하는 게이트 같은 역할을 하는 건축물로서 도시의 다른 고층빌딩에 비해 고전적인 분위기를 강하게 표현하고 있다. 이 타워 앞에 설치된 조나단 보로프스키의 햄머링 맨은 움직이는 조각으로 서울 신문로의 흥국생명 빌딩 앞에 있는 것과 같은 것이다.

FF - 18

Frankfurt Trade Fair Hall 3

프랑크푸르트 무역전시장 홀 3

니콜라스 그림쇼, 2001

Ludwig-Erhard-Anlage 1, 60327
Frankfurt
www.grimshaw-architects.com

프랑크푸르트 무역전시장은 세계에서 3번째 규모로 여러 개의 전시홀로 구성되어 있으며, 2001년 홀 3이 영국 건축가인 니콜라스 그림쇼에 의해 완공되었다. 홀 3은 38,000㎡의 전시면적과 43m 높이의 규모로 건축비가 한화로 약 1,620억원이 소요된 건축물로서 혁신적인 기술설비를 갖춘 컨벤션센터이다. 최상층부는 기둥이 없는 무주공간으로 디자인하여 전시공간으로 사용하는데 어려움이 없게 하였으며, 천정에는 전시장의 조명과 공기를 제어하는 분권형 시스템의 설비를 갖추고 있어 상부로 올라온 더워진 공기를 물로 냉각하면서 실내공기를 순환시키는 에어콘 시스템을 채용하였다. 식빵 같은 모양의 유기적인 외관을 한 금속재 마감의 컨벤션센터의 지붕은 첨단의 하이테크한 기능을 가진 건축물을 상징하는 표상이면서 동시에 무주공간의 구조와 기술적인 장치를 위한 형태적인 결과이기도 하다. 방문객들은 여러 방향에서 진입이 가능하며 전시품의 반입은 8개의 리프트로 수월하게 이루어질 수 있고, 홀 3의 메자닌 층과 다른 전시홀은 움직이는 보행로로 연결이 되어 있다. 4개의 비스트로와 2개의 레스토랑, 그리고 바에서 방문객들은 휴식을 취할 수 있다. 홀 3이 완공된 해에 전시장 단지에 프랑크푸르트에서 활동하는 케이에스피 엥겔 & 짐머만(KSP Engel & Zimmermann)건축사무소의 타원형 단면을 한 포름이 완성되어 단지 내에서 다양한 건축물을 감상할 수 있게 되었다.

FF - 19

Messe Torhaus

토르하우스

O.M. 웅거스, 1985

Messe-Torhaus, 60326 Frankfurt
www.messefrankfurt.com

과거 제펠린 비행선 시대의 비행장 지역에 세워진 프랑크푸르트 무역전시장은 도시적 맥락에서 전통과 현대를 연결하는 역할과 함께 다양한 이벤트와 무역전시장의 기능을 보조하는 시설을 갖춘 건축물이다. 무역전시장의 고층 건축물은 프랑크푸르트의 경제발전을 대표하는 상징탑과 같은 타워로서 토르하우스(Torhaus)로 불리 우고 있다. 문이란 의미의 토르(tor)가 붙여진 것처럼 시의 관문과 같은 역할을 하는 토르하우스는 30층에 117m 높이로 이루어졌으며, 외관은 크게 상층부의 커튼월과 중층부의 석재로 마감된 몸체, 그리고 기단부에서의 솔리드와 보이드 대비에 의한 명쾌한 구성을 취하고 있다. 격자 모듈에 의해 이루어진 신합리주의의 전형적인 건축물인 토르하우스는 무역전시장을 보조하는 기능으로 업무공간 외에 우체국, 여행사, 상점, 프레스센터 등이 들어서 있다. 건축가는 타워 외에도 무역전시장의 보울트 형을 한 갤러리아와 홀 9라는 전시공간의 건축물도 디자인하였다.

FRANKFURT

77

Hamburg

HB - 01 하펜시티 Hafencity / **HB - 02** BTC 베를리너 토르 센터 Berliner Tor Center / **HB - 03** 뷰 포인트 View Point / **HB - 04** 로얄 메르디안 호텔 Le Royal Meridien / **HB - 05** 사이드 호텔 SIDE Hotel / **HB - 06** ZOB 센트럴 버스 터미널 Zentraler Omnibusbahnhof / **HB - 07** 이스트 호텔 East Hotel / **HB - 08** 알스터하우스 Alsterhaus / **HB - 09** 준지스 호텔 Junges Hotel / **HB - 10** 융페른스티그 Jungfernstieg / **HB - 11** 하펜시티 정보센터 HafenCity Infocenter / **HB - 12** 함부르크 크루즈 센터 HCC Hambrurg Cruise Center / **HB - 13** 키벨스테크 다리 Kibbelsteg Brücke

HB - 14 노이에 메쎄 함부르크 Neue Messe Hamburg / **HB - 15** 독랜드 Dockland / **HB - 16** 스타트라거하우스 Stadtlagerhaus an der Elbe / **HB - 17** 스타츠아키브 데르 프라이엔 운트 한세스타트 함부르크 Staatsarchiv der Freien und Hansestadt Hamburg / **HB - 18** 에로틱 아트 뮤제움 Erotic Art Museum / **HB - 19** 엘버그 캠퍼스 Elbberg Campus / **HB - 20** 엘부카이하우스 Elbkaihaus / **HB - 21** 예술과 공예박물관 Ärzte- und Geschäftshaus Alsterdorfer Market / **HB - 22** 토비아스 그라우 조명회사 Tobias Grau / **HB - 23** 헤르츠브러트 바 Herzblut

22
20
15
Von-Sauer-Straße
Bahrenfelder Chaussee
Stresemannstraße
Bahrenfelder Steindamm
Gasstraße
Bahrenfeld
B&B Hotel Hamburg-Altona
Gastwerk Hotel Hamburg
Gaststätte Altamira
Bahrenfelder Str.
Gaußstraße
Friedensallee
Barnerstraße
Fabrik
Julius-Leber-Straße
Max-Brauer-Allee
Behringstraße
Ottensen
zeise kinos
Schanzenstern GmbH
Mercado
Bahnhof Hamburg-Altona
InterCityHotel Hamburg Altona
Asklepios Klinik Altona
UCI Kinowelt Othmarschen Park
Hamburger Morgenpost
Ottenser Hauptstraße
Bleickenallee
Eulenstraße
Friedhof Bernadottestraße
Bernadottestraße
Hohenzollernring
Altonaer Museum
Altonaer Theater
Altonaer Rathaus
Königstraße
Holländische Reihe
Elbchaussee
Klopstockstraße
Palmaille
Museumshafen Oevelgönne
Neumühlen
Große Elbstraße
Kaistraße
Altonaer Fischmarkt
Lago Bay
Ausrüstungskai
Restaurant Tafelhaus
Restaurant Indochine
Strandperle
Parkhafen
Neuer Elbtunnel
E45
7
431

14
05
07
18
16
01
Abaton-Kino
Staats- und Universitätsbibliothek Hamburg
Johnsallee
Curio
Margaretenstraße
Kleiner Schäferkamp
Schröderstiftstraße
Amandastraße
Altonaer Str.
Sternschanze
Bahnhof Hamburg Sternschanze
Mövenpick Hotel Hamburg
An der Verbindungsbahn
Tiergartenstraße
Logo
Hamburg Messe und Congress
Theater Neue Flora
Max-Brauer-Allee
Rote Flora
Schanzenstern GmbH
Lagerstraße
Congress Center Hamburg
Marseiller Str.
Sternbrücken Apotheke
Stresemannstraße
Heiligengeistfeld
Hatari
Ludwigstraße
Beckstraße
Grabenstraße
Vorwerkstraße
Karolinenstraße
Marktstraße
Uebel & Gefährlich
Stephansplatz (Oper/CC)
Messehallen
St. Pauli
Feldstraße (Heiligengeistfeld)
Feldstraße
Gorch-Fock-Wall
Dammtorwall
SIDE Hotel
Gänsemarkt
Valentinskamp
Friedhof Norderreihe
Thadenstraße
Grüner Jäger Musikclub
Hanseatisches Oberlandesgericht
Hamburger Dom
Millerntor-Stadion
Laeiszhalle
Otzenstraße
Gilbertstraße
Budapester Str.
ABC-Straße
Hanse-Viertel
Paul-Roosen-Straße
Handwerkskammer Hamburg
Grünspan-Saltomobil
Neustadt
Museum für Hamburgische Geschichte
Simon-von-Utrecht-Straße
Star-Club
Imperial Theater
Bleichenhof
Hans Albers Große Freiheit 7
Seilerstraße
St. Pauli
Deutscher Ring
Stadthausbrücke
Königstraße
Reeperbahn
Ludwig-Erhard-Straße
Panoptikum Hamburg
St.-Michaelis-Kirche
Hafenkrankenhaus
Rödingsmarkt
Krameramtsstuben
Willy-Brandt-Str.
St. Trinitatis
Erichstraße
Seewartenstraße
Hotel Hafen Hamburg
Venusberg
Pinnasberg
St. Pauli Hafenstraße
Davidstraße
Landungsbrücken
Golden Pudel Club
Alter Elbtunnel
Stella Maris
Rickmer Rickmers
Baumwall
Vorsetzen
Miniatur-Wunderland
Trockendock Elbe 17
Speicherstadt
Am Sandtorkai
Am Kaiserkai
Elbphilharmonie Hamburg
Am Elbtunnel
Am Fährkanal
Hermann-Blohm-Straße
Norderelbstraße
Rohrweg
Reiherstraße
Arningstraße

Außenalster
Binnenalster
Alte Rabenstraße
Badestraße
Fontenay
Alsterufer
Kennedybrücke
Lombardsbrücke
Ferdinandstor
An der Alster
Hotel-Pension Schwanenwik
Mundsburger Damm
Armgartstraße
Hartwicusstraße
St. Gertrud
Uhlandstraße
Crowne Plaza Hamburg
Schwanenwik
Sechslingspforte
Ekhofstraße
Alsterschwimmhalle
Lübecker Straße
Wandsbeker Stieg
Hohenfelde
Angerstraße
Asklepios Klinik St. Georg
Café Gnosa
Kempinski Hotel Atlantic Hamburg
Domkirche St. Marien
Lohmühlenstraße
Verwaltungsgericht Hamburg
HAW Hamburg
Brenner-Hof
Bar Hamburg
Hauptbahnhof Nord
Lange Reihe
Koppel
Kirchenweg
Rostocker Str.
Brennerstraße
Centrum Moschee Hamburg
Hamburger Kunsthalle
Deutsches Schauspielhaus
Hauptbahnhof
Hauptbahnhof Süd
Berliner Tor
Hotel Berlin
Borgfelder Str.
Bürgerweide
Adenauerallee
St. Georg
Steintordamm
Museum für Kunst und Gewerbe
Hotel Polo GmbH
Junges Hotel Hamburg
Jungfernstieg
Europa Passage
Mönckebergstraße
Rathaus
Altstadt
Park Hyatt Hamburg
St. Jacobi Kirche
Speersort
Schauenburgerstraße
Altstädter Str.
Steinstraße
Burchardstraße
Schopenstehl
Meßberg
Chilehaus
Willy-Brandt-Straße
Deichtortunnel
Amsinckstraße
Arcadia Hamburg City
Spaldingstraße
Nordkanalstraße
Superbude Hotel Hostel Lounge GmbH
Quality Hotel Ambassador Hamburg
Hammerbrook (City Süd)
A&O Hostel Hamburg Hauptbahnhof
Högerdamm
Gröninger Braukeller
Deutsches Zollmuseum
Dialog im Dunkeln
Deichtorhallen
Oberhafenkantine
Klostertor
Brooktorkai
Bei den Mühren
Internationales Maritimes Museum Hamburg
HafenCity
Überseeallee
Versmannstraße
Oberhafen
Stadtdeich
Baakenhafen
Auf der Brandshofer Schleuse
Billhorner Röhrendamm
Billhafen
Hamburg-Hamm
Süderstraße
Hammerbrookstraße
04
02
06
09
10
13
11
12
03
21
17
3

함부르크

독일 북부의 최대 항구도시인 함부르크는 엘베강 하구의 양안에 걸쳐 있어 항구와 더불어 국제공항인 풀스뷔텔 공항도 있는 교통의 요지이다. 정식 명칭이 함부르크 자유 한자시인 도시는 811년 카를 대제가 알스터와 엘베강이 합류하는 지점에 하마부르크성을 쌓은 것이 그 기원이다. 이 도시는 근대기에 함부르크는 1차 세계대전으로 국제무역이 붕괴하고 전후 연합국이 독일에게 배상의 대가로 거의 모든 상선을 요구하는 등 모든 잠재력을 소진하여 발전할 수가 없었다. 1937년 1월 26일 대 함부르크 법령은 당시까지 프로이센에 속했던 알토나, 반츠베크, 하어부르크 등 인접도시를 합병하여 이러한 상황을 바꾸어놓았으나, 다시 2차 세계대전이 상황을 악화시켜 주거지역 50%, 항구설비의 60%가 파괴되었다. 그러나 대전 후의 급속한 재건으로 1960년대에 새롭게 건설된 광대한 업무지역과 함께 전후 상업적으로 번성하여 현재와 같은 독일의 제 2도시가 되었다. 하나의 도시이면서 한 주를 이루는 독일 유일의 도시국가로 아직도 중세의 자치 도시적 면모를 간직하고 있는 함부르크는 여러 나라와 관계를 맺고 있어 뉴욕 다음으로 많은 영사관이 설치된 도시이다. 지역 특성상 조선과 무역이 수세기 동안 경제의 원천이었던 항구도시인 함부르크는 암스테르담을 연상시키는 운하망, 호수, 공원과 함께 주택으로 가득한 교외, 격조있는 쇼핑 아케이드, 소장품이 풍부한 박물관 등으로 관광산업이 발전하였다. 도시의 중심부는 중세의 거주지인 구도시인 알트슈타트로 옛 요새를 따라 나 있는 도로와 항구로 경계를 이루고 있으며, 중심부에 위치한 5개의 교회만이 방문객들에게 천년 역사의 도시를 회상시켜 준다.

함부르크의 관문인 항구에는 매년 100개국 이상의 15,000척 배가 드나들어 발터쇼프 컨테이너 터미널은 유럽에서 최대 규모이다. 항구와 도시는 독일의 철도망과 체계적으로 연결, 도시 내부 교통은 버스와 지하철망으로 정비되어 있으며, 1977년에는 스톡홀름-리스본 고속도로의 일부 구간인 엘베강 밑을 지나는 터널이 개통되었다. 시가 점차 내륙으로 확장하면서 엘베강을 중심으로 도시가 단절되기 때문에 신도시 개발을 통해 도심을 강변으로 옮겨오는 프로젝트가 국내에서도 건축이나 도시계획적인 측면에서 회자되고 있는 하펜시티이다. 건축적 측면으로만 본다면, 함부르크 출신의 얀 스토머가 지배하는 도시라고 해도 과언이 아니다. 과거 런던을 중심으로 활동했던 알솝 & 스토머의 파트너였던 그는 최근 항구의 랜드마크인 스타트라거하우스(Stadtlagerhaus an der Elbe)를 비롯하여 BTC 베를리너 토르 센터, 스타츠아카이브, 에로틱 아트 무제움, 예술과 공예박물관의 증축, 그리고 실내디자이너인 마테오 튠과 협력한 사이드 호텔 같은 빅 프로젝트를 도시 곳곳에 세우고 있기 때문이다. 이외에도 국제적으로 명성이 있는 독일의 게르칸 & 막의 엘브카이하우스(Elbkaihaus), 크리스토프 인겐호프의 노이에 메세 함부르크(Neue Messe Hamburg)와 BRT 아키텍텐 보테 리히터 테헤라니의 토비아스 그라우 조명회사, 엘버그 캠퍼스, 독랜드 같은 건축물을 만날 수 있다. 경제와 함께 국제적인 교류가 활성화 되면서 상업적인 프로젝트들도 늘어나 상기한 사이드 호텔 외에 미국의 실내디자이너인 조단 모저의 이스트 호텔이나 헤르츠브러트 바 같은 실내디자인 프로젝트를 만날 수 있는 곳도 함부르크이다.

amburg

HB - 01

HafenCity

하펜시티

www.hafencity.com

2009년 완공 예정인 헤르조그 & 드 므론의 엘브필하모니로 상징되는 하펜시티는 옛 부두와 창고가 있던 내항지역을 2025년까지 재개발하여 요트나 모터보트 등의 정박소인 마리나와 크루즈의 개발, 랜드마크인 문화시설의 건축 등을 통해 함부르크를 경쟁력 있는 국제도시로 변모시키려는 프로젝트이다. 국제적인 건축가들의 각축장과 같은 이 프로젝트에는 렘 콜하스+OMA의 수족관이 있는 사이언스센터, 마씨밀리아노 훅사스의 크루즈터미널과 호텔, 베니쉬 아키텍츠의 유니레버 본사와 마르코 폴로 타워, 헤닝 라센의 스피겔 그룹 빌딩, 볼레스 윌슨과 에릭 판 에허라아트의 복합 상업빌딩, 그리고 공원과 조경은 스페인의 엔릭 미랄레스와 베네데타 타글리아브 설계사무소 등이 참가하고 있어 완공 후의 모습이 기대되고 있다. 이 프로젝트는 구도심인 인넨스타트 남쪽의 슈파이허슈타트와 북엘베강 사이에 위치한 항구의 부지를 신도시로 변모시키는 도시개발 프로젝트이다. 부지의 서쪽 부분은 슈파이허슈타트의 남쪽 부분, 동쪽 부분은 오베르하펜 운하가 가로지르는 그로쓰막트 도매시장의 남쪽 부분에 접해 있는 지역의 개발로 인해 함부르크 시 도심의 40% 정도가 엘베강과 항구 쪽으로 확장될 예정이다. 하펜시티는 시청사, 중앙역, 주요 쇼핑센터 지역과 박물관, 극장 등이 멀지않은 거리에 있는 입지적인 장점과 항구와 엘베강에 가까운 수변 지역이라는 특징 때문에 개발되었으며, 이러한 입지 조건은 유사한 도시의 수변 재개발 프로젝트와 차별화되는 요인이다. 하펜시티를 살펴보면, 자유 한자도시 함부르크의 역사적인 기념비로 등록될 정도의 문화유산적인 가치가 있는 슈파이허슈타트 지역, 그리고 잔트토르 항구, 그라스부르크 항구, 닥데부르거 항구는 가장 오래 역사적인 가치가 있다. 또한 카이저슈파이허 A와 B, 엘베 강변지역, 항만 청사, 오버하펜의 요새 그리고 슈파이허슈타트에서 함부르크 중심부를 연결하는 에리쿠스 브리지 외에 각 다리들도 중요한 역사적인 의미를 가진다.

HB - 02

Berliner Tor Center

BTC 베를리너 토르 센터

얀 스토머 파트너, 2004
Beim Strohhause 27, 20097 Hamburg
www.stoermer-partner.de

BTC 빌딩은 기존 건물을 리모델링한 건축물로 함부르크 역 동북쪽 외곽에 도보로 15분 정도의 거리에 위치하고 있다. 과거의 경찰본부로 사용되었던 건축물은 기존 건물의 높이와 유사한 크기의 두 개 유리타워로 증축, 75,000㎡의 공간으로 확장하였다. 베를린 게이트센터라는 의미의 랜드마크적인 건축물은 함부르크 출신의 건축가인 얀 스토머가 현상공모에서 당선, 2004년에 완공하였다. 건축물은 그 일대의 먼 거리에서도 육안으로 거대한 매스가 부각되어 나타난다. 디자인적 특징은 커튼월의 외피에 적, 청, 황색을 띤 가는 선들이 투명한 유리 건축물의 매스감을 인식시키고 불규칙한 선들의 반복은 외관에 경쾌한 리듬감을 부여한다. 이 선은 수직과 수평이 강조된 외피를 다양한 느낌으로 연출하면서 도시적인 스케일로 건축물을 부각시키는 역할을 한다. 건축물들 중 하나는 IBM이 주로 임대를 하고 있으며 건축물의 필로티 하부에 오브제처럼 설치된 색채감이 있는 레스토랑의 매스가 보이드 한 느낌의 커튼월과 대비를 이루고 있다.

HB - 03

View Point

뷰 포인트

르너 하인케 비르츠 아키텐튼
+ 빈델스 팀 모건(WTM), 2004

Kibbelsteg HafenCity
www.Hafencity.com

캔틸레버 구조의 오렌지색 외관이 인상적인 전망대는 성장하는 도시인 함부르크를 한 눈에 바라 볼 수 있게 하는 구조물로서 그 자체가 매우 매력적인 조형물이다. 마치 가면을 쓴 사람이 서 있는 것 같은 의인화된 형태를 한 13미터 높이의 전망대는 12톤 무게의 금속패널로 만들어졌으며, 정상에서 25명 정도의 방문객들이 하펜시티의 전경을 바라보는 것이 가능하다. 몇 개의 오픈된 창으로는 샌드토카이와 달만카이의 건축물들을 볼 수 있으며, 커다란 비정형화된 창 아래 부분에서는 사진과 글을 통하여 방문자가 하펜시티의 구조를 이해하는데 도움을 줄 뿐 아니라 엘베 강 너머 까지 볼 수 있는 망원경도 있어 도시의 면모를 한 눈에 알 수 있게 한다.
건축가는 항구에 세워져 있는 오리처럼 생긴 크레인에서 디자인적 영감을 얻었다고 하며, 금속제의 전망대는 몇 년 후에 상황에 따라 새로운 지역으로 옮겨질 수 있는 가변적인 구조물로 디자인 되었다.

HB - 04

Le Royal Meridien

로얄 메르디안 호텔

Kleffel Könholdt Papay
Warncke Architekten, 2003

An der Alster 52-56 St. Georg
www.lemeridien.com
www.kkpw.de
www.realstudios.co.uk

2003년 5월에 오픈한 르 로얄 메르디안 호텔은 예술과 기술이라는 디자인 컨셉으로 오픈한 메르디안의 두번째 호텔로 같은 컨셉으로 디자인된 호텔은 메르디안 비엔나, 링고토, 토리노 등이 있다. 외 알스터 호수 근처에 위치한 호텔은 항구와 함부르크 중앙역과 4분 거리에 위치하고 있다. 실내디자인은 런던에서 주로 활동하고 있는 리얼 스튜디오의 이본 골드(Yvonne Golds)가 객실을 디자인하였으며, 그녀는 비엔나 메르디안 호텔도 디자인하였다. 객실에는 치료 기능을 가진 침대와 매입된 PDP, 고속 인터넷 등 기술을 요하는 설비들이 실내공간과 잘 조화를 이루고 있다. 호수에 면하여 건축된 호텔의 특징을 살리기 위하여 알스터 호수를 향한 유선형의 발코니와 난간은 각 층마다 곡선이 연속되어 마치 물결치는 파도를 보는 것 같은 모습을 취하고 있다. 실내의 1층 로비와 라운지에는 빨간 색 소파가 주 칼라인 다크블루와 어우러져 실내공간에 강한 인상을 부여하고 있다. 지붕 층에 위치한 레스토랑과 스위트룸에서 호수의 파노라마 같은 전경을 경험할 수 있으며, 호텔 1층 프론트에 위치한 별도의 노출 엘리베이터를 통해 접근할 수 있다.

GERMANY > HAMBURG

HB - 05

SIDE Hotel

사이드 호텔

얀 스토머 파트너(건축)
+ 마테오 튠(실내), 2001

Drehbahn 49 Innenstadt
www.side-hotel.de

빈넨 알스터 호수와 쇼핑가 사이 국립 오페라하우스 근처의 중심가에 위치한 부틱호텔로 지상 11층, 지하 4층의 건축물이다. 유리와 석재로 마감된 두 개 매스가 겹쳐진 구성을 한 호텔은 168개의 객실과 10개의 스위트룸이 있다. 건축은 함부르크 출신의 건축가인 얀 스토머, 실내디자인은 멤피스 출신의 이탈리아 디자이너인 마테오 튠, 조명은 뉴욕의 아티스트 로버트 윌슨이 디자인하였다. 건축과 실내디자인은 디자인 개념을 잡는 초기부터 완성까지 긴밀한 유대관계를 가지고 진행되었으며, 실내공간의 포인트는 중앙 홀로서 30m 높이로 오픈된 천창이 있는 미니멀한 보이드 공간으로, 보이드 공간의 한쪽을 갓 유리로 처리한 벽면에 로버트 윌슨이 디자인한 사선의 조명 오브제는 미래적이고 환상적인 분위기를 제공하고 있다. 8층 라운지에 놓인 이 호텔만을 위한 오리지널한 색채감 있는 소파는 공간에 기능적인 가구인 동시에 오브제이다. 실내공간은 아프리카산의 다크한 목재 마감과 광택있는 백색 락카 도장의 집기, 조용하면서 따뜻한 분위기에 색채감 있는 액센트를 이용하여 세련된 공간으로 연출하고 있다. 유로 아시안 요리의 레스토랑과 바는 함브르크의 명소의 하나로 실내공간과 함께 한 잔의 커피를 즐길 만한 공간이다.

HB - 06

Zentraler Omnibusbahnhof

ZOB 센트럴 버스터미널

아키텍튼 실서 베르너
(ASW) + 리단테, 2003

Adenaueralle 78 St.
Georg Hamburg

함부르크 역에서 동쪽으로 7분 정도 거리에 위치한 버스터미널은 건축회사인 ASW와 리단테에 의해 설계되었다. 공공적인 성격의 랜드마크적인 역할을 하는 버스터미널의 특징은 높이 11m, 2,800㎡ 크기의 반원형 구조를 한 날개 같은 거대한 유리지붕의 존재이다. 이 거대한 캐노피 같이 날렵하면서 경쾌한 이미지를 부여하는 유리지붕은 가는 열주랑 같은 기둥들과 함께 승하차를 기다리는 승객들에게 강한 햇빛이나 비를 피하게 하는 쉘터의 역할을 하게 하면서 마치 달리는 버스의 속도감을 느낄 수 있는 상징적인 장치로 디자인되어 있다. 터미널은 유리 지붕 아래 반원의 호 부분을 따라 버스들이 정차하여 승객을 탑승할 수 있도록 하였으며, 지붕과 격리된 별도의 구조물에 여행자들을 위한 여행사 대리점과 두 개의 레스토랑, 무인정보단말기가 설치되어있다. 지하철이나 열차 등의 이용객에 비해 상대적으로 버스터미널은 한산해 보였지만, 유리로 마감된 지붕에 의해 만들어진 실내와 버스가 정류하는 공간은 주변의 오래된 건물들과 대비되는 경쾌한 기계미학을 느끼게 하는 분위기로 디자인 되었다.

HB - 07

East Hotel

이스트 호텔

조단 모저 앤 어소시에이츠, 2004

Simon-von-Utrecht-Stra·,e 31
St. Pauli
www.east-hamburg.de

오래된 주물공장을 리모델링한 부틱호텔은 비틀즈가 연주활동을 시작한 장소로도 알려진 함부르크의 세인트 폴리 지구에 위치하고 있다. 호텔은 크게 두 부분으로 구성되어 있다. 주물공장이었던 옛 건물은 12개의 특별한 객실과 250석의 아시아 퓨전 레스토랑, 신축한 건축물은 65개의 객실과 옥상 스파, 주차장으로 중정을 중심으로 연결되어 있다. 시카고 출신의 실내디자이너 조단 모저는 디자인의 컨셉에 이스트라는 호텔의 이름답게 아시아 여행의 이미지의 단편, 동서양 문화의 현대적 혼합, 자연에 대한 동양적인 인식의 존중, 오래된 주물공장의 형태를 반영하고 있다. 입구 홀을 통해 들어가면, 처음으로 보이는 인상적인 공간인 레스토랑은 천정고 10.7m 높이의 중이층 공간으로 마치 필립 스탁이 디자인한 아사히 수퍼드라이 홀처럼 실크커튼을 연상시키는 오버스케일의 유기적인 형태의 기둥으로 아시아적이면서 초현실적인 분위기를 연출하였다. 기존 공장의 적벽돌의 벽체와 대조를 이루는 회벽 마감의 유기적인 형태의 구조물들이 오브제처럼 작용하는 공간에 조명이 어우러져 환상적인 분위기를 연출하고 있다. 또한 유기적이면서 유머러스하게 디자인된 의자나 벽면의 오브제들이 공간에 액센트로 작용하고 있다.

조단 모저는 리퍼반(Reeper ban 50) 지역에도 헤르츠브러트라는 바(bar)도 디자인하였으니 시간이 있으면 방문해 보기 바란다.

HB - 08

Alsterhaus

알스터하우스

크리스티안 F. 하이네 +
WTM, 2005

Jungfernstieg 16-20, HH-innenstadt
www.alsterhaus.de
www.heine-architekten.de
www.wtm-ingenieure.de

함부르크 시에서 가장 붐비는 번화가에 면하여 위치한 알스터하우스 백화점은 인공호인 비넨 알스터호를 바라보고 서 있다. 따라서 건축물 5층 레스토랑 창가에 면한 좌석에서는 호수와 분수의 전경을 즐기며 식사를 할 수 있다. 이 지역 일대의 많은 건물들이 그렇듯이 알스터하우스도 거의 1세기 정도의 역사를 간직한 건축물로서 준공 당시의 아름다움을 어려운 리노베이션 작업을 통해 복원하였다. 유명브랜드를 취급하는 백화점답게 1층 내부의 구성은 고급자재로 마감되어 있으며 브랜드 상품들이 디스플레이 되어 있고, 1층은 다소 높은 천장에 중2층의 형식으로 이루어져 있다. 일반 백화점과 달리 중앙에는 그랜드 피아노가 놓여져 이색적인 분위기를 연출하고 있으며, 피아노가 놓여진 상부 천장은 타원형으로 오픈하여 1층에서 맨 상층 천정을 올려다 볼 수 있다. 1층에서 5층의 지붕 천장을 화려하게 장식한 스테인드글라스를 볼 수 있으며, 이 보이드라는 공간적인 장치 하나로 상부로의 시선을 자연스럽게 유도하면서 공간의 연계성을 갖게 한다. 5층에 위치한 레스토랑은 800종 와인 컬렉션이 거대하면서 압도적인 분위기를 연출하는 것이 특징이다.

HB - 09

Junges Hotel

준지스 호텔

아키텍튼 - BLP, 2000

Kurt-Schumacher-Allee 14
www.jungeshotel.de
www.architekten-blp.de

준지스 호텔은 중앙 버스터미널에서 서쪽으로 100m 정도 떨어진 장소에 위치한 경쾌한 외관을 한 건축물이다. 외관은 자연 석재나 플라스터를 전혀 사용하지 않으면서 주름진 알루미늄 패널과 다양한 색상의 유리에 의해 경쾌한 이미지를 연출하고 있다. 영어의 young에 해당하는 junges라는 이름의 의미처럼 준지스 호텔은 젊은이들과 자유로운 여행자들을 위한 캐주얼 호텔이다. 저층부 부분의 밝은 오렌지색은 호텔의 상징색으로 외관을 경쾌한 이미지로 보이게 하면서 로비와 1층의 레스토랑, 객실에서도 오렌지색을 배경으로 부분적인 녹색을 포인트로 한 밝고 싱그러운 분위기로 연출하고 있다. 오렌지색과 노란색을 조화시키면서 부분적인 녹색을 포인트로 한 객실 공간은 단순하고 모던한 분위기를 연출하며 일부 객실에서는 동반한 어린이를 위하여 상부 벽에 부착된 침대도 제공하고 있다. 호텔은 두 동의 9층 건축물이 4층 구성의 저층부에 의해 연결된 凹 형태로서 4층의 옥상은 두 동을 이어주는 옥상정원의 기능을 하고 있다.

HB - 10

Jungfernstieg

융페른스티그

WES & 파트너 랜드샤프츠아키텍튼 + 안드레 포이티어스 아키텍트, 2005

Jungfernstieg Innenstadt
222.lebendiger-jungfernstieg.de
www.wesup.de

함부르크에서 가장 번화한 지역인 융페른스티그가 서울의 명동과 유사한 쇼핑지역임에도 불구하고 여유로움을 느낄 수 있는 것은 근거리에 위치한 녹지공간과 함께 인공호인 알스터 호를 통해 자연을 느낄 수 있기 때문이다. 알스터 호를 따라 마치 극장의 관람석을 닮은 긴 계단 위로 놓여진 목재 패널로 마감된 벤치에 앉아서 호수 중앙에 설치된 분수를 바라보며 도시의 한가로운 오후를 만끽 할 수 있다. 매우 심플한 수평적인 구조의 옥외공간에 위치한 사각형의 파빌리온은 눈에 띄는 지역적 거점이 되면서 동시에 유람선의 선착장으로 이용되고 있다. 환경디자인을 하는 WES 파트너에 의해 디자인된 광장의 공간은 미니멀하게 디자인하면서도 수목이나 벤치, 계단이라는 요소를 조형적으로 처리한 것이 특징이다.

HB - 11

HafenCity InfoCenter

하펜시티 정보센터

안드레아스 헬러 스튜디오
+ 게르칸, 막 & 파트너, 2000
Am Sandtorkai 30 HafenCity
www.hafencity.com
www.studio-andreas-heller.de

함부르크 시 중앙부 남쪽 하단의 항만 하펜시티에 위치한 프로젝트들을 소개하는 정보센터는 이 지역에서 활동하는 안드레아스 헬러 스튜디오에서 전시의 전반적인 계획과 디자인을 하였다. 오래된 보일러하우스를 리모델링하여 유럽에서 가장 야심찬 도시개발 프로젝트 중 하나인 하펜시티라는 항만의 개발을 위한 정보센터로 사용한 공간의 전시계획은 하펜시티 전체의 모형을 거대한 크기로 중앙에, 그리고 양옆에 지구별 단독건축물 모형을 배치하면서 스크린 패널을 통해 프로젝트에 대한 세부적인 보충설명이 이루어지도록 구성하였다. 전시는 진행중인 도시개발의 상황에 따라 계속해서 최신 정보가 제공되도록 하였으며, 전시공간 뿐 아니라 카페도 겸한 모든 사람들에게 개방된 공간으로 디자인하였다. 천장에 사선으로 매달린 역동적인 구성의 전시패널과 적색의 카페 메뉴판 벽체와 바 테이블, 그리고 의자가 매우 강렬한 인상을 부여하고 있다. 또한 전시기자재를 수납하는 적색의 금속 구조물을 조합하여 카페 후면의 디스플레이 선반으로 사용한 가변적인 시스템도 인상적이다. 전시공간과 바로 접해있는 외부 데크에서는 콘서트 등의 문화행사도 이루어져 자연스럽게 관광객들이나 주민들에게 하펜시티에 대한 홍보가 되도록 하고 있다.

HB - 12

Hambrurg Cruise Center

함부르크 크루즈 센터 HCC

뷰포인트와 인접해 있는 크루즈 센터는 하펜시티 항만에 위치한 건축물로서 뷰포인트를 설계한 르너 하인케가 설계하였다. 가건물로 지어진 쿠르즈 선착장은 다양한 색상의 외관을 한 건축물로서 주변과 강한 대비를 통하여 존재감을 드러내고 있다. 단순한 부재를 사용한 선착장의 터미널 옆 벽체는 컨테이너 박스가 차곡차곡 쌓여진 형태로 구성되어 있으며 전면부는 유리로 마감되어 있다. 사선으로 돌출된 지붕은 컨테이너 박스가 쌓인 형태 위에 그대로 올려놓은 방식으로 디자인이 되어있다.

르너 하인케 비르츠 아키텍튼
+ 베르너 소벡, 2004

Am Grasbrookhafen 11 HafenCity
www.gmp-architekten.com

GERMANY > HAMBURG

HB - 13

Kibbelsteg Brücke

키벨스테크 다리

게르칸, 막 & 파트너, 2002

Kibbelsteg HafenCity
www.gmp-architekten.com

함부르크 시와 미래의 하펜시티를 연결하는 상징적인 의미를 지닌 키벨스테크 다리는 총 220m 길이에 3개의 활 모양 아치구조로 연결되어 있다. 디자인은 게르칸, 막 & 파트너에 의해 1884년에 세워진 다리와의 역사적인 맥락성을 고려하여 유사한 형태로 디자인되었다. 역사적인 의미 부여와 함께 전체적인 조화를 고려하여 스틸 격자와 아치로 구성하면서 바닥은 목제 패널로 마감하였다. 선박의 난간과 유사하게 디자인된 난간을 지닌 다리는 야간에는 건축화 조명으로 다리 전체를 비추도록 디자인하였다. 키벨스테크 다리의 특징은 2개 층으로 구성된 교량이라는 점이다. 2.5m 폭의 하부 다리는 보행자와 자전거를 이용한 시민들이 비를 맞지 않고 다닐 수 있도록 하였으며, 상부의 4.34m 폭을 가진 교량은 평상시에는 청소차들이 사용하면서 홍수 등 비상시에도 사용할 수 있도록 디자인되었다.

HAMBURG

97

Wolfsburg

WB - 01 볼프스부르크 시립미술관Kunst Museum

WB - 02 볼프스부르크 문화센터Kulturhaus

WB - 03 파에노 과학센터Phaeno Science Center

WB - 04 아우토 스타트Auto Stadt

WB - 05 볼프스부르크 리츠칼튼호텔Ritz Calton Wolfsburg Hotel

WB - 06 폭스바겐 아레나VOLKSWAGEN ARENA_헨드리히-페츠닉 & 파트너

WB - 07 극장Theater_한스 샤로운

WB - 08 성령 커뮤니티센터Heiling-Geist-Kirche_알바 알토

WB - 09 모바일라이프 캠퍼스Autouni, MobileLifeCampus_헨 아키텍츠

VW-Straße 16
VW-Straße 37
VW-Straße 36
VW-Straße 35
VW-Straße 18
VW-Mittelstraße
VW-Weststraße
VW-Straße 15
Kleiberweg
Eulenweg
Kippenweg
Stelzenring
Bach
Stellfelder Str.
Sandkamp
Stellfelder Str.
Oststraße
An den Boldwiesen
Holzpfad
Appelhausee
Stellfelder Str.
L321
Major-Hirst-Straße
Heinrich-Nordhoff-Straße
L321
Beethoven
Händelstraße
Königsberger Str.
Königsberger Str.
Königsberger Str.
Memeler Str.
Tilsiter Str.
Stettiner Ring
Hohensteinstraße
L321
09
Moorweg
Bohlweg
Erikaweg
Hagebergstraße
Kolberger Ring
Wohltbergstraße
Martin-Luther-Straße
Danziger Str.
Grauhorststraße
Posener Str.
Laagbergstraße
Herrenwiese
Haselweg
Ginsterweg
Steinbreite
Kurzer Hagen
Breslauer Str.
Stadtwaldstraße
Reichenberger Ring
Oppelner Str.
Beuthener Str.
Görlitzer Ring
Föhrenhorst
Martin-Luther-Straße
Kölner Ring
Laagberg
Kölner Ring
Bielefelder Str.
Mindener Ring
Hagebuttenweg
Breslauer Str.
Schlehenweg
Duisburger Str.
Bottroper Ring
Essener Str.
Hochring
Düsseldorfer Str.
Schlesierweg
Samlandweg
Siebenbürger Weg
Breslauer Str.
Hochring
Klinikum der Stadt Wolfsburg
Hochring
Kölner Ring
Schlesierweg
Mecklenburger Str.
Sudetenstraße
Frankfurter Str.
Chemnitzer Str.
Rostocker Str.
Eichelkamp
Hochring
Eckernweg
Eichelkamp
Dunantplatz
Liebigweg
Breslauer Str.
Thüringer Weg
Sachsenring
Vogtlandweg
Breslauer Str.
Planckstraße
Behringstraße
Dresdener Ring
Frankfurter Str.
Cottbuser Str.
Gaußstraße

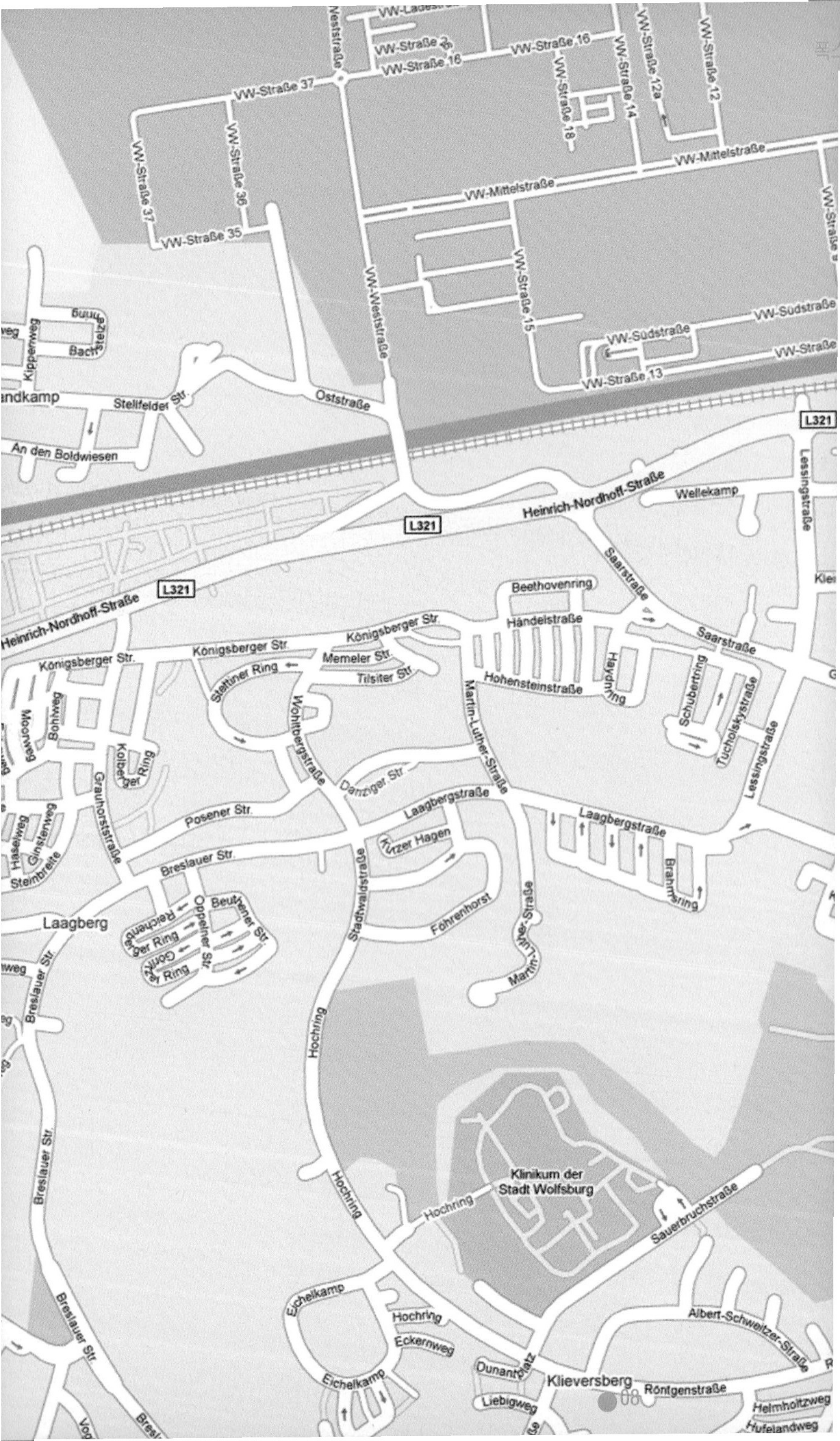

VW-Straße 2
VW-Straße 16
VW-Straße 16
VW-Straße 37
VW-Straße 18
VW-Straße 14
VW-Straße 12a
VW-Straße 12
VW-Straße 37
VW-Straße 36
VW-Straße 35
VW-Mittelstraße
VW-Mittelstraße
VW-Weststraße
VW-Straße 15
VW-Südstraße
VW-Südstraße
VW-Straße
VW-Straße 13
Kippenweg
Bach
Stellfelder Str.
Oststraße
An den Boldwiesen
L321
L321
L321
Heinrich-Nordhoff-Straße
Heinrich-Nordhoff-Straße
Wellekamp
Lessingstraße
Saarstraße
Saarstraße
Beethovenring
Händelstraße
Königsberger Str.
Königsberger Str.
Königsberger Str.
Memeler Str.
Tilsiter Str.
Stettiner Ring
Hohensteinstraße
Haydnring
Schubertring
Tucholskystraße
Lessingstraße
Moorweg
Bohlweg
Kolberger Ring
Wohltbergstraße
Martin-Luther-Straße
Danziger Str.
Grauhorststraße
Posener Str.
Laagbergstraße
Laagbergstraße
Haselweg
Ginsterweg
Steinbreite
Breslauer Str.
Kurzer Hagen
Brahmsring
Stadtwaldstraße
Laagberg
Oppelner Str.
Beuthener Str.
Föhrenhorst
Martin-Luther-Straße
Breslauer Str.
Hochring
Breslauer Str.
Klinikum der Stadt Wolfsburg
Hochring
Hochring
Sauerbruchstraße
Breslauer Str.
Eichelkamp
Hochring
Eckernweg
Albert-Schweitzer-Straße
Dunantplatz
Kleversberg
Eichelkamp
Röntgenstraße
Liebigweg
Helmholtzweg
Hufelandweg

자동차공장
VW-Mittelstraße
VW-Straße 7
VW-Straße 5
VW-Südstraße
VW-Straße 13
05
04
Autostadt Wolfsburg
06
L321
In den Allerwiesen
Berliner Brücke
Wolfsburg Hbf
볼프스부르크 중앙역
03
Phæno
An der Vorburg
Heßlinger Str.
Maybachweg
Daimlerstraße
Nordhoff-Straße
Schlosserstraße
Poststraße
Schachtweg
L322
Dieselstraße
Rothenfelder Markt
Zollhausstraße
Alessandro-Volta-Straße
Porschestraße
Kleiststraße
Kantallee
Rothenfelder Str.
Meckauerweg
Schillerstraße
Suhlgarten
Friedrich-Ebert-Straße
Kiebitzweg
Pirolweg
K2
Goethestraße
Wolfsburg
City-Galerie Wolfsburg
Pestalozziallee
Tulpenweg
Dahlienweg
Rosenweg
Berliner Ring
Lönsstraße
Eichendorffstraße
Schillerpassage
Rilkehof
Heinrich-Heine-Straße
02
01
Rathausstraße
Großer Schillerteich
K92
Walter-Flex-Weg
Steimkerberg
Bebelstraße
Uhlandweg
Braunschweiger Str.
Siemensstraße
07
Am Wiesengrund
Königswiese
Köhlerbergstraße
Auf der Rönnecke
Frauenteichstraße
Am Rotheberg

볼프스부르크

독일 중북부의 니더작센 주에 위치한 볼프스부르크는 베를린에서 고속철도로 서쪽으로 1시간 남짓 가면 도착하는 미텔란트 운하에 면하여 있는 도시로 철도와 아우토반, 운하 등이 통하는 교통의 요지이다. 볼프스부르크는 1937년까지도 자그마한 촌락에 불과하였지만, 1938년 폭스바겐 자동차의 본사와 공장이 들어서면서 급성장하였기에 폭스바겐의 도시라고 해도 과언이 아니다. 폭스바겐은 1937년 히틀러의 명령에 따라 설립된 독일국민차 준비회사가 전신으로 1938년 폭스바겐 유한회사로 개칭하였으며, 히틀러에게 국민차의 가능성을 제안한 것은 유명한 자동차 설계자인 페르디난트 포르쉐이었다. 그는 이미 1936년에 딱정벌레라는 별명으로 알려진 폭스바겐의 원형을 발표하였다. 이렇게 만들어진 폭스바겐 공장은 제2차 세계대전 때 파괴되었으나 1945년 재건하여 생산을 재개하였으며, 이 도시 근로자 대다수가 이 공장에서 일하고 있다. 전후 서독의 자동차산업은 폭스바겐을 중심으로 부흥했고 10년이 채 안되어 서독 자동차의 50%를 이 회사가 생산하게 되었다. 이렇게 폭스바겐의 도시이기에 자동차 테마파크인 아우토스타트 단지로도 유명하다. 아우토 스타트는 세계 최대의 자동차 전시판매장으로 이곳에서만 하루 평균 550대의 새 차들이 판매되고 있다고 한다. 이런 자동차 도시인 볼프스부르크는 초기에 젊은 건축가인 페터 콜러가 도시의 마스터플랜을 하였으며 1945년 경제성장의 신화가 된 폭스바겐 공장의 급격한 확장에 따른 인구증가로 인하여 도시의 문화적 정체성의 확립이 필요하게 되었다. 이런 요구에 따라 세워진 건축물이 알바 알토 설계의 문화센터인 알바 알토 문화센터와 성령 커뮤니티센터, 베를린 필하모닉 홀도 설계한 독일의 표현주의 경향 건축가 한스 샤로운의 극장(1973)이다. 1957년 시는 알바 알토에게 도서관, 청소년센터, 성인교육센터가 복합된 문화센터를 디자인하는 것을 결정하였으며, 그는 포르쉐 거리에 1962년에 점층적인 형태 구성이 특징인 문화센터를 완성하였으며 현재는 바로 정면에 슈베거 & 파트너가 설계한 시립미술관이 위치하고 있다. 문화센터의 평면은 동측에 주출입구를 배치하고 북측에 특징적인 원형의 천창이 있는 도서관, 남측에 레스토랑과 점포로 구성되어 있으며, 2001년 과거 청소년 클럽이 있던 공간을 레스토랑으로 개조하였다. 문화센터를 방문하였을 때, 슈투트가르트에 위치한 슈타임 청소년클럽(1989)을 설계한 페터 휴브너 교수를 우연히 만났는데 그 역시 이 문화센터의 디자인에 대하여 극찬을 하였다. 알토는 그 해에 뢴트겐 거리에 성령 커뮤니티센터도 완성하였으며, 거대한 종탑이 인상적인 커뮤니티센터는 교회, 지역교구, 유치원과 사제관으로 구성되어 있다. 70년대에 세워진 한스 샤로운의 극장은 문화센터와는 큰 길 건너편의 클리버하겐 지역의 경사지에 위치한, 베를린 필하모닉 홀과 같은 박스 형태에 실내는 표현주의적인 형상의 공연장으로 이루어진 건축물이다. 이 극장은 한스 샤로운이 그 당시 요른 웃쫀과 알바 알토 등과 경합, 현상설계에 당선하여 실현된 것으로 오페라, 뮤지컬, 발레나 드라마와 콘서트를 위한 용도로 사용되고 있으며, 그의 디자인 철학인 어반 랜드스케이프라는 개념을 실현한 건축물이다. 샤로운의 극장 이후 괄목할만한 건축적 프로젝트가 없다가 슈베거 & 파트너가 설계한 시립미술관이 1993년에 완성되어 바로 인접한 알바 알토의 문화센터와 함께 구 도시의 문화적 중심지를 만들고 있다. 볼프스부르크 시는 시립미술관이 완성된 1993년 이후 한동안 지독한 경제위기에 시달렸다. 세계 자동차 시장은 한국과 일본차의 진출이 확대되면서 경쟁이 격화되었으며 1990년대 초에 일었던 독일 통일 특수까지 사라지면서 이 지역에 자리잡고 있던 폭스바겐에도 불황이 닥쳐왔기 때문이다. 폭스바겐의 경영 악화가 지역사회의 위기로 이어진 상황에서 1990년대 후반부터 시와 폭스바겐은 지역사회 위기 타파를 위한 방안을 찾는 작업에 함께 착수했다고 하여 그 결과로 탄생한 것이 아우토 스타트 프로젝트였다. 시 전체가 지속가능한 경제구조를 갖추어 삶의 질을 높이려고 한 것으로 일자리 창출 등을 위해 진행하고 있는 사업 중 하나는 상업지구와 관광시설 확충이다. 경험세계라고 불리는 이 사업은 제조업에 편중된 지역 경제구조를 다변화시키면서 문화적으로도 매력적인 도시를 만들기 위하여 중앙역을 중심으로 왼쪽에는 자하 하디드의 과학박물관인 파에노 과학센터(2005), 그 후면에 폭스바겐의 자동차 공원인 아우토 스타트(2000)가 들어서서 2000년대 이후에 부각되는 새로운 문화적인 중심지로 부각되었다. 아우토 스타트는 뮌헨을 중심으로 활동하는 헨 아키텍츠가 설계한 자동차 공원으로 알프레도 아리바스가 디자인한 전시관을 비롯하여 앙드레 퓨트망이 실내를 디자인한 리츠칼튼 볼프스부르크 호텔이 있는 등 디자이너나 건축가들이 한번 방문할 만한 장소이다. 이외에도 아우토 스타트 단지의 건너편에 위치한 헨드리히-페츠닉 & 파트너의 폭스바겐 아레나(2002), 그리고 시의 서측인 하게베르그 지역에 2006년 1단계 공사가 마무리된 헨 아키텍츠 설계의 모바일라이프 캠퍼스 프로젝트 등이 있다.

’olfsburg

WB - 01

Kunst Museum

볼프스부르크 시립미술관

페터 슈베거, 1994

Hollerplatz 1, 38440 Wolfsburg
www.kunstmuseum-wolfsburg.de

시 중심부의 1962년에 세워진 알바 알토 문화센터 건너편에 위치한 시립미술관은 근현대미술의 전시를 위한 역동적인 센터로 계획, 개관하였다. 금속과 유리로 된 캔틸레버 지붕 아래 커튼월의 박스를 설치한 것 같은 하이테크한 외관이 인상적인 미술관은 전시공간이면서 동시에 사회문화적 교육기관으로서 정보 제공과 함께 시각적 교육의 임무를 수행하고 있는 시설로 폭스바겐 재단에 의해 지원되고 있다. 함부르크 출신의 건축가인 페터 슈베거는 3개의 전시공간과 대 강당이 있는 미술관을 '타운 로지아' 라는 개념으로 지붕이 돌출된 열주가 있는 개방적인 공간, 그리고 모듈화된 격자공간에 동적인 성격의 경사로, 에스컬레이터나 계단을 비스듬하게 사선으로 배치하여 변화를 주는 구성으로 디자인하였다. 미술관은 많은 시민들에게 근현대의 예술을 접하게 할 수 있는 친근한 공간으로 갤러리 투어나 세미나, 워크샵을 제공하고 있다. 큰 길 건너의 클리버하겐에는 한스 샤로운이 설계한 극장도 있어 시간이 있으면 알바 알토가 설계한 알바 알토 문화센터와 함께 방문해보기 바란다.

WB - 02

Kulturhaus

볼프스부르크 문화센터

알바 알토, 1962

Porschestraße 51, 38440 Wolfsburg
www.alvaraalto.fi

1957년 볼프스부르크 시에서는 알바 알토와 파울 바움가르텐에게 도서관, 청소년센터, 성인교육센터 기능이 복합된 건축물의 설계를 공모하여 알바 알토가 당선, 1962년 문화센터를 완성하였다. 북측에 도서관, 남측에 식당과 점포, 동측에 주출입구와 서측에 부채꼴 평면을 한 집회공간이 배치된 구성을 취하고 있는 문화센터는 서측 2층 부분에 위치한 부채꼴 평면의 공연장과 집회공간에 의해 건축가 특유의 점층적인 형태적 구성을 취하고 있다. 카라라산 대리석과 화강석을 조합하여 만들어낸 건축물의 점층적인 형태의 외관과 루버형의 개구부, 실내에서 강의실의 벽과 천정으로 연결되는 점층적 구조나 계단의 난간 등은 형태와 공간에서 리듬감을 고조시키는 장치이면서 역동감을 부여하는 요소이다. 원형의 천창이나 벽과 지붕 사이에 설치된 고창 등에 의해 북구의 건축가다운 다양한 채광 방법에 대한 연구와 함께 천창 구조물을 옥상정원에서 조형적인 요소로 사용하는 등 건축가의 다양한 건축어휘를 감상할 수 있는 건축물이라고 할 수 있다. 2001년 클라이네베르그와 폴에 의해 개수가 이루어졌다. 볼프스부르크에는 알바 알토가 설계한 교회당인 성령 커뮤니티센터도 뢴트겐 거리에 위치하고 있으니 시간이 있으면 방문해 보기 바란다.

WB - 03

Phaeno Science Center

파에노 과학센터

자하 하디드, 2005

Willy-Brandt-Platz 1, 38440 Wolfsburg
www.phaeno.com

볼프스부르크의 중심에 위치한 과학관은 부드러운 표면과 함께 역동적인 구성을 한 건축물로 주변 건물들과 사이에서 독특한 관계성을 창출하고 있다. 거꾸로 세워진 여러 개의 대형 콘크리트 콘이 넓은 각도로 잘려 창호를 이루면서 상부를 받치고 있는 필로티의 기둥역할을 하고 있다. 미술관 입구 같은 기능의 공간, 방문자를 메인홀로 데려다주는 에스컬레이터, 서점, 그리고 극장이 하부 콘크리트 콘 내에 위치하고 있다. 보행자와 차량을 위한 여러 개의 통로는 인공적인 경관을 가지며 건축물 내부로의 이동 경로와 다양한 인터페이스를 구성한다. 방문객은 어느 정도의 복잡함과 낯설음에 직면하는데, 이러한 복잡함과 낯설음은 매우 상세한 구조의 구성 시스템에 의해 통제된다. 건축가는 메인 갤러리 공간에서 여러 각도에서 볼 수 있도록 분화구 형태의 볼륨과 돌출, 바닥의 높낮이 차이, 기타 기능을 수용하는 전시공간을 실내에 구성하였다. 중앙의 분화구 형태는 역동적인 외관과 함께 신비하고 동적인 내부를 연결하고 있다. 현재 유럽에서 'self-compacting concrete'(SCC) 공법으로 지어진 가장 큰 건축물인 파에노 과학센터는 이 새로운 공법으로 거대하고 독특한 형태를 구현하였다.

GERMANY > WOLFSBURG

WB - 04

Auto Stadt

아우토 스타트

아우토 스타트는 독일의 자동차 도시인 볼프스부르크에서 폭스바겐이 체험이란 주제로 실현한 세계에서 유례가 없는 자동차를 위한 테마파크이다. 자동차를 위한 박물관과 전시장, 출고센터가 모여 있는 아우토 스타트는 주 전시장 콘체른포룸, 자동차박물관 차이트하우스, 출고센터인 쿤덴센터, 타워마다 400여 대의 새 차를 보관하고 있는 아우토투룸, 브랜드 별 전시장인 파빌리온으로 구성되었다. 개방한다는 의미로 투명한 대형 강화유리를 사용하여 건축물을 둘러싸면서 여닫이처럼 양쪽 벽을 열 수 있는 콘체른포룸에는 지름 13m의 초대형 지구본이 눈길을 모으며, 차이트하우스에서는 자동차 역사에 남는 명차들이 즐비하게 서 있다. 20층 높이의 유리타워인 아우토투룸은 아우토 스타트에서 고객에게 차를 인도하기 직전 보관하는 장소다. 지하에 설치된 에스컬레이터를 통해 아우토투룸으로 옮겨지고 타워 위로 새 차를 올려두었다가 고객이 차를 찾으러 오면 다시 빼내는 구조로서 1개 타워마다 400대를 보관할 수 있다. 아우토 스타트의 전체 마스터플랜과 건축은 군터 헨의 헨 아키텍츠가 하였으며, 브랜드 별 전시장은 벤틀리, 스코다, 람보르기니, 아우디, 폭스바겐 등이 있다. 특히 시트 전시장은 스페인 출신의 디자이너 겸 건축가인 알프레도 아리바스가 디자인한 공간으로, 가우디의 영향을 받은 디자이너의 유기적인 공간이 자동차 전시장과 잘 어울리기에 방문을 추천한다.

군터 헨, 2000

Stadtbrücke, 38440 Wolfsburg   www.autostadt.de

WB - 05

Ritz Carlton Wolfsburg Hotel

볼프스부르크 리츠칼튼 호텔

군터 헨(건축),
앙드레 퓨트망(실내), 2000

StadtBrücke 38440 Wolfsburg
www.ritzcarlton.com

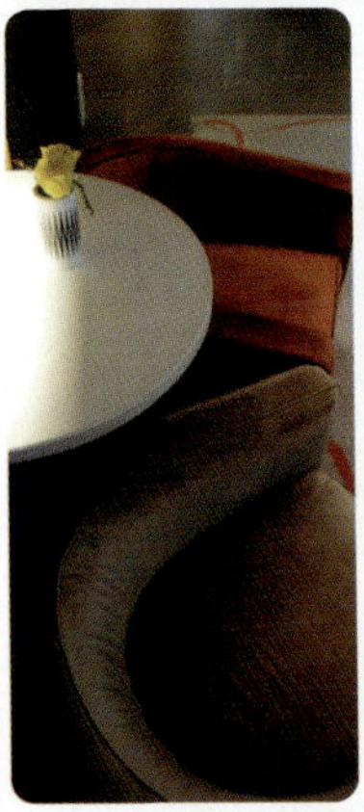

아우토 스타트 테마파크의 주요한 시설 중 하나인 리츠칼튼 호텔은 손님을 향한 포옹과 환영을 상징하는 의미로 열려진 원의 형태로 디자인되었다. 군터 헨의 설계로 지어진 호텔은 원형의 평면 중에 열려진 부분에 입구를 배치하여 안정감을 높이고 있으며 실내디자인은 건축에 호응하여 곡선을 강조한 우아한 공간으로 전개하고 있다. 실내공간은 유럽적인 우아함으로 차있는 분위기로 다양하게 공간을 연출하면서 때로는 상반되는 이질적인 소재와 색채를 결합시킨 것이 특징이다. 시가라운지에서 뉘앙스가 다른 타바코 색을 조화시킨 것 같이 고가의 소재와 흔한 소재, 광택 있는 실크와 거친 마감의 대비를 통한 분위기를 조성한 것이 그것이다. 호텔의 바 뉴만즈는 아놀드 뉴만의 사진에 헌정된 공간으로 피카소와 스트라빈스키 등 예술가의 모노크롬한 인물사진을 위하여 의도적으로 분위기를 가라앉게 공간을 연출하였으며, 호텔에서는 수집한 모던 아트들을 공간에 맞게 전시하고 있다. 이런 분위기를 고려하여 앙드레 퓨트망은 객실에서도 기기를 수납하는 타워형의 집기와 라이팅데스크를 곡선의 조형으로 우아하게 디자인하였다.

Dresden

DD - 01 UFA 시네마센터 UFA Kristallpalast

DD - 02 젬퍼 오페라하우스 Semperoper

DD - 03 츠빙거궁전 Der Zwinger

DD - 04 유태인교회당 Dresden Synagogue_원델 호파 로치+하슈

DD - 05 중앙역 Dresden Hauptbahnhof_노만 포스터

Dresden
01
02
03
04
05
Semperoper
Zwinger
구시가지
Fürstenzug
Frauenkirche
Brühische Terrasse
포스트프라츠
Postplatz
Altmarkt
Innere Altstadt
Altmarkt-Galerie Dresden
Prager Straße
Walpurgisstraße
Dresden Hbf
드레스덴 중앙역
Carolabrücke
Terrassenufer
Pirnaische Vorstadt
Wilsdruffer Vorstadt/ Seevorstadt-West
Seevorstadt-West
Seevorstadt-Ost/ Großer Garten
Gläserne Manufaktur
Krankenhaus St.Joseph-Stift
Hp. Freiberger Straße
Wilsdruffer Str.
Grunaer Str.
St. Petersburger Str.
Waisenhausstraße
Budapester Str.
Ammonstraße
Bürgerwiese
Lennéstraße
Stübelallee
Hauptallee
Wiener Str.
Parkstraße
Lingnerallee
Pillnitzer Str.
Ostra-Allee
Sophienstraße
Schweriner Str.
Freiberger Str.
Annenstraße
Marienstraße
Antonsplatz
Landhausstraße
Kreuzstraße
Ringstraße
Schulgasse
Zinzendorfstraße
Blüherstraße
Wintergartenstraße
Comeniusstraße
Canalettostraße
Dinglingerstraße
Striesener Str.
Güntzstraße
Gerokstraße
170
172
173

드레스덴

독일 남동부의 엘베강 연안에 위치한 드레스덴은 작센 주의 주도로서 베를린, 라이프치히에 버금가는 상공업과 교통, 교육, 문화의 중심지이다. 독일의 피렌체라는 별명처럼, 아름다운 이 도시는 바로크 양식의 츠빙거 궁전과 왕성, 드레스덴 미술관 등 유명 건축물과 드레스덴 교향악단, 국민극장 등으로 예술과 음악의 도시로도 알려져 있다.

그 기원을 살펴보면, 드레스덴이 슬라브어로 '숲속의 사람' 이란 의미를 가졌던 것처럼 슬라브의 취락지로 시작되었다. 즉, 이 도시는 마이센 변경백령(邊境伯領)인 슬라브인 취락지 부근에 성을 세워 13세기에 도시로 발전하면서 15세기에 재판권과 지정시장권을 얻어내는 등 활성화 시켜 당시 인구가 약 4000명 정도가 되었다고 한다. 15세기 후반 마이센 변경백의 베티나 가가 분열하였을 때, 드레스덴은 알베르트 계의 베티나 가에 속하게 되고 17세기 베티나 가가 작센 선거후(選擧侯)의 위치를 굳혀 그 수도가 되었다. 그 무렵 도시 주위에 성벽을 구축, 도시의 명소로 알려진 대공원을 만들었으며 18세기에 이르러 아우구스투스 1세와 2세가 각종 문화시설을 정비하였다. 특히 아우구스트 대왕 시절에 호화롭고 웅장한 건축물들을 많이 세우고 도자기 제조로 성공하면서 유럽 각지에서 많은 미술품들을 수집, 예술과 문화의 도시로 엘베의 피렌체라는 별명이 붙기도 하였다. 그러나 전쟁의 소용돌이에 휘말리면서 도시가 손상되어 7년 전쟁 때 작센이 오스트리아에 가담하였기 때문에 프로이센 군의 포격을 받아 파괴되었다. 나폴레옹 전쟁 때에는 나폴레옹이 도시를 작전기지로 삼아 싸웠기 때문에 적지 않은 손상을 입기도 하고, 2차 세계대전 중에는 연합군의 대공습으로 모든 것이 잿더미로 변하였다. 그러나 전후에 충실하게 재건하여 지금은 영화롭던 작센왕국 수도의 위용을 다시 찾게 되었다. 도시의 구조를 살펴보면, 엘베강 연안의 마이센과 피르나의 중간지점에 위치한 도시는 강에 의해 구시가와 신시가로 구분이 되며 7개의 교량에 의해서 연결되어 있다. 엘베강 좌안에 위치한 구시가는 네덜란드 풍으로 돌의 누벽과 구릉형의 보루로 둘러싸여 미술공예의 중심지가 되었다. 30년 전쟁 후, 바로크 문화가 100년 이상 꽃핀 황금시대에 츠빙거 궁전과 아우구스트 다리, 대공원을 비롯하여 엘베강 우측 연안의 신시가가 만들어지면서 인구도 약 5만에 이르렀었다. 네덜란드의 현대건축가인 에릭 판 에허라아트도 드레스덴의 츠빙거 궁전을 본 후에 그가 속했던 메까노오에서 탈퇴, 해체적이면서 유기적인 건축으로 전향을 한 것으로도 알 수 있듯이 드레스덴의 바로크 건축의 건축적인 충격은 대단한 것이다. 츠빙거 궁전이나 후라우엔 교회로 대표되는 드레스덴의 바로크건축들은 오더라고 불리는 고전건축에 기반을 둔 기둥과 보가 건축물 내외로 엄격하면서 장중한 형태로 중후하게 장식된 것이 특징이다. 특히 독일 후기 바로크건축의 정점이라고 할 수 있는 츠빙거 궁전은 1732년 아우구스트 1세의 여름별장용으로 건축된 축연용 궁전으로 중정을 중심으로 구성된 건축물 내부에는 미술관과 박물관이 있다. 다니엘 페펠만에 의해 설계가 이루어진 궁전은 예술적으로는 역사박물관과 라파엘의 시스티나의 마돈나가 있는 고전 거장 회화관으로 알려져 있으며 이탈리아에서 배운 조각가 발타자르 펠모저의 왕관문의 조각장식은 이탈리아를 능가하고 있다고 한다. 후라우엔 교회는 게오르그 베어가 설계한 건축물로 프로테스탄트파의 바로크교회이다. 집중식 평면에 건대한 돔이 설치된 교회는 정방형 평면의 사변에 3변이 입구, 1변에 반원형으로 돌출한 후진에 제단이 설치된 형태로 구성되어 있는 드레스덴의 상징적 존재라고 할 수 있다. 또한 바로크시대의 산물은 아니지만, 건축적으로 젬퍼 오페라하우스도 거론하지 않을 수 없다. 고트프리트 젬퍼에 의해 설계된 오페라하우스는 네오 르네상스 양식으로 아치로 연속된 외관에 반원형의 객석 형상을 그대로 정면에 표현하면서 양 측면에도 현관을 설치한 구성이 특징인 건축물로 리하르트 바그너가 직접 지휘한 방황하는 네덜란드인과 탄호이저가 초연된 곳이기도 하다. 그러나 드레스덴이 이렇게 과거의 찬란한 유물만 있는 도시는 아니어서 도시 곳곳에 현대적인 건축물도 들어서고 있다. 현대화의 상징이기도 한 코프 힘멜블라우의 UFA 시네마센터를 비롯하여 베니쉬 & 베니쉬의 세인트 벤노 가톨릭중학교, 칼 구스타브 칼스의 드레스덴 공대 의학부동과 함께 폴크스 공원 내에 위치한 군터 헨의 폭스바겐 유리공장, 구시가의 동쪽 끝에 세워진 원델 호파 로치+하슈의 유태교의 교회당인 시나고그가 그것이다. 통독 후 드레스덴 시의 관심은 광관객의 유치를 위한 대중교통의 인프라에 집중되어 있으며, 그 이유는 체코의 프라하와 4시간 반 거리라는 이점 때문에 증가하는 북구 관광객들을 위한 편리한 교통시설을 확충하기 위해서 이다. 전시 중에 파괴되었던 드레스덴 중앙역이 노만 포스터에 의해 구 건축물의 유리 돔 증설과 함께 경량 파이프에 텐트 구조를 한 유연한 분위기로 개수된 것은 이런 교통 인프라의 개선과 직접적으로 관련되어 있다. 또한 대부분의 많은 사람들이 중앙역에서 북동쪽으로 1.5km정도 떨어진 포스트플라츠를 사용하고 있어, 교차점에 터미널을 상징하는 심벌 타워와 보행자들을 위하여 거리에 동서남북으로 긴 아케이드형의 지붕을 설치하여 드레스덴의 교통 인프라를 개선하는 동시에 과거의 도시라는 이미지 탈피를 꾀하고 있다.

Dresden

DD - 01

UFA Kristallpalast

UFA 시네마센터

코프 힘멜블라우, 1998

St. Petersburger Straße 24, 01069 Dresden
www.ufa-dresden.de

해체적이면서 역동적인 분위기를 지닌 랜드마크적인 복합영화관은 드레스덴의 중심부인 프라거 광장과 세인트 페터즈브르거 거리가 만나는 지점에 위치하고 있다. 수정체 같은 보이드한 분위기의 역동적인 매스와 총 2,600석 규모의 8개관의 복합된 솔리드한 매스의 이질적 요소가 병치된 시네마 블록은 광장을 향하여 개방된 구조로 두 개의 거리를 연결하는 보행자 통로를 내재시키고 있다. 수정체 같은 커튼월의 외피는 영화관의 기능적인 입구 홀만이 아닌 도시 통로적인 성격을 지니면서 광장과 연결시키고 있다. 또한 실내공간에서 역삼각형의 거대한 콘크리트 매스를 공간 속에 삽입하여 조각적인 공간 볼륨을 형성, 각 층의 공간을 계속적으로 변화시키면서 영화의 한 장면처럼 관객에게 다양한 공간적인 시퀀스를 경험하게 한다. 영화관 내의 브릿지나 램프, 계단은 그 자체가 하나의 도시의 상징적인 표현으로서 작용하며 도시공간을 3차원적인 조형으로 전개시키고 있으며 다층 레벨에서의 사람들의 움직임을 외부로 전달하고 있다. 3층 부분에 위치한 바 공간은 구면의 유기적인 형태의 공간으로 수정체 내부의 각진 공간과 외부매스 형태의 공간에 있어 부유한 이미지로 대비를 이루고 있다.

DD - 02

Semperoper

젬퍼 오페라하우스

고트프리트 젬퍼, 1878

Theaterplatz 2, 01067 Dresden
www.semperoper.de

츠빙거 궁전 옆에 위치한 화려한 건축물로 설계자 고트프리트 젬퍼의 이름을 따서 젬퍼오퍼(Semperoper)라고 불리며 정식명칭은 작센 국립오페라극장이다. 반원형의 객석 형상을 그대로 정면에서 보여주고 있으면서 양측에 현관이 있는 오페라하우스는 1871년에서 1878년 사이에 맨프레드 젬퍼가 기초하고 그의 아버지 고트프리트 젬퍼가 디자인한 건축물로 후기 르네상스 양식으로 건축되었다. 1869년에 화재와 제2차 세계대전 때 파괴되었던 것을 이탈리아 네오 르네상스 건축물로 1985년까지 복구 작업을 했다고 한다. 실내공간은 객석의 회랑과 갤러리를 직접 연결하여 관객의 흐름을 기능적으로 처리한 평면이 특징이라고 할 수 있다. 츠빙거 궁전의 무기박물관이 있는 북쪽 문을 통해 극장 광장에 있는 기마상이 보이는데, 젬퍼오퍼 앞에 버티고 있는 동상의 주인공은 작센 왕 요한이다. 카를 마리아 폰 베버와 리하르트 바그너가 이곳에서 지휘를 했으며, 방황하는 네덜란드인과 탄호이저를 비롯한 유명한 오페라들이 초연되었다. 드레스덴 바로크스타일의 대표적인 작품이고 건축가 요하네스 쉴링에 의해 실내공간이 완성되었다. 백색을 주조 색으로 하는 공연장의 실내는 프로세니움형식의 무대와 중앙객석 그리고 4개 층의 발코니 형 객석으로 구성되어있다. 금박과 채색 천정화 그리고 거대한 샹들리에가 화려함의 절정을 보여준다.

DD - 03

Der Zwinger

츠빙거 궁전

다니엘 페펠만, 1743

Theaterplatz 1, 01067 Dresden
www.dresden.de

츠빙거 궁전은 작센지방의 바로크양식을 대표하는 건축물로 궁전 내에는 역사박물관, 미술관, 자기 수집관, 수학-물리학, 동물학 박물관 등 5개 박물관이 있다. 독일 바로크 건축의 최고 걸작으로 1711년에 착공하여 32년에 걸쳐 완성된 궁전은 18세기 아우구스트 대왕의 황금기를 느끼게 하는 장려한 건축물이다. 아우구스투스 대왕이 프랑스의 베르사이유와 이탈리아를 방문하고 돌아와서 폴란드의 왕으로 임명된 것을 기념하기 위해 만든 궁전으로 페펠만이 조각가 발타자르 펠모저와 함께 설계하여 완성하였다. 그는 이 건축물을 '로마의 관람장'이라고 명명하였으며 군사 훈련과 시민회의를 위한 장소로서 염두에 두고 설계한 것이다. 넓은 정원과 조각을 새겨 넣은 분수의 조화로운 모습과는 달리 이 궁전의 이름인 츠빙거는 좁은 방어용 통로를 의미한다. 츠빙거 궁전은 4개의 게이트가 있는데 그 중 크라운 게이트는 폴란드의 국왕 직위를 기념하기 위해 황금 왕관을 형상화해서 설계하였다.

Dessau

DS - 01 바우하우스Bauhaus

DS - 02 독일연방환경청Umweltbundesamt

DS - 03 교원용 주택Meisterhauser-발터 그로피우스 외 / DS - 04 코른하우스Kornhaus-칼 피거 / DS - 05 직업안정소Arbeitsamt-발터 그로피우스 / DS - 06 피거 저택Haus Fieger-칼 피거 / DS - 07 철골조 실험주택Stahlhaus-게오르그 무헤 외 / DS - 08 테르텐 지들룽Siedlung Torten-발터 그로피우스 / DS - 09 소비자 조합Konsumgebaude-발터 그로피우스 / DS - 10 편복도형 주택Laubenganghauser-한네스 마이어

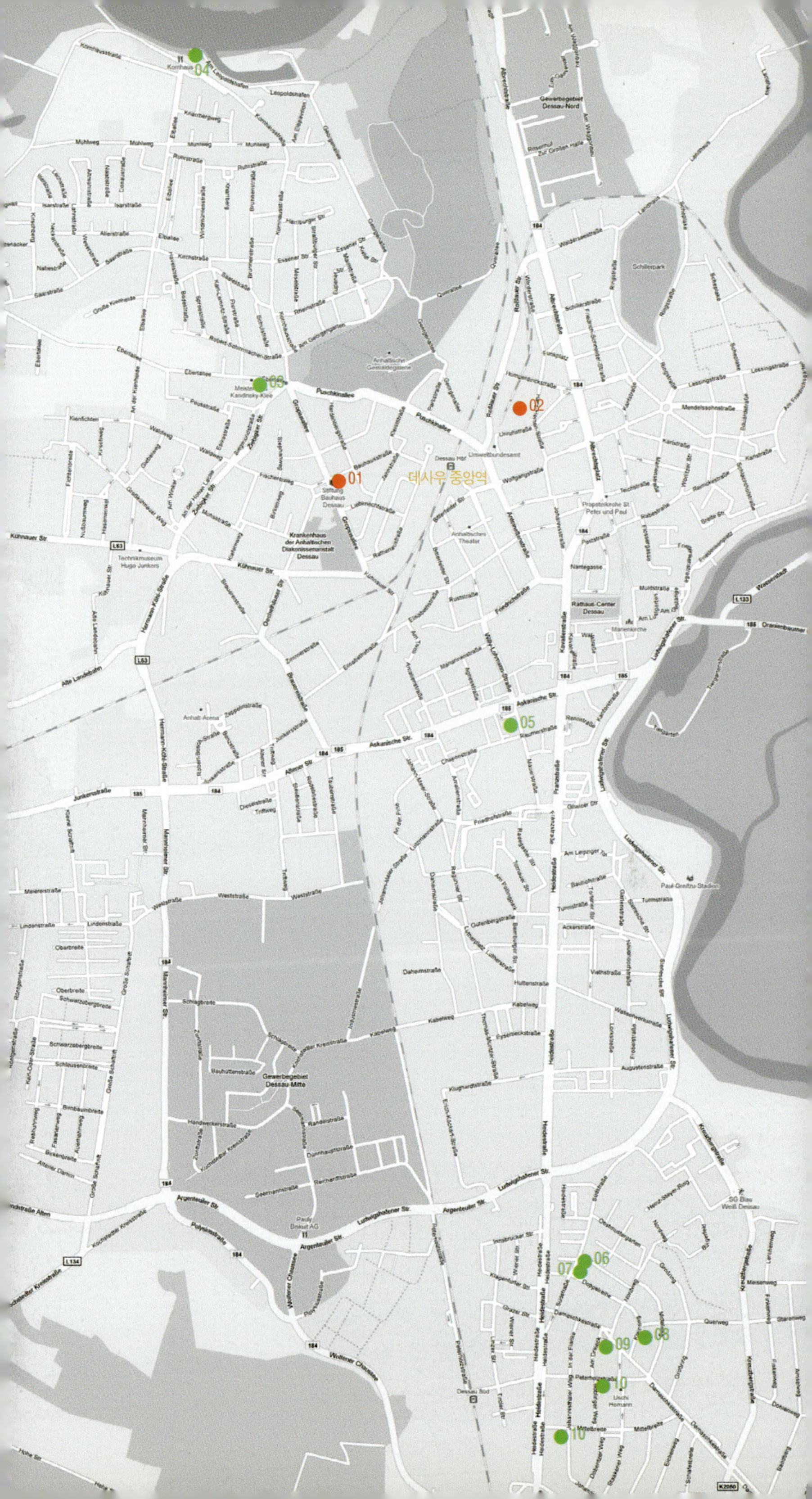

04
Kornhaus
03
Kandinsky-Klee
Puschkinallee
01
Stiftung Bauhaus Dessau
02
Umweltbundesamt
데사우 중앙역
Dessau Hbf
Anhaltisches Theater
Krankenhaus der Anhaltischen Diakonissenanstalt Dessau
Technikmuseum Hugo Junkers
Kühnauer Str.
Rathaus-Center Dessau
Schillerpark
Askanische Str.
05
Junkersstraße
Heidestraße
Franzstraße
Paul-Greifzu-Stadion
Gewerbegebiet Dessau-Mitte
Gewerbegebiet Dessau-Nord
Argenteuiler Str.
Ludwigshafener Str.
Wolfener Chaussee
06
07
08
09
10
Dessau Süd
Mittelbreite
Querweg
Kreuzbergstraße

데사우

데사우는 독일 중동부 할레 주의 북서부에 있는 도시로 물데 강이 엘베 강과 만나는 곳에 위치하고 있다. 소르브 족의 거주지로 시작해 독일의 도시로 발전한 데사우는 1213년 처음으로 문헌에 언급되었으며, 1603~1918년에 여러 백작과 공작을 거치다가 안할트 대공의 영지가 되어 1945년까지는 안할트 주의 주도였다. 18세기에 안할트 가문은 이 도시의 남서쪽에 있는 모지크카우 구에 성을 지었으며, 이 성은 로코코 시대 박물관과 뛰어난 미술품들을 보유하고 있다. 그러나 데사우가 알려지게 된 것은 무엇보다도 1925~33년에 발터 그로피우스가 세운 바우하우스의 존재 때문이었다. 반유태주의가 퍼져있던 바이마르에 있던 바우하우스는 유태인 교사들 때문에 정치적인 압력으로 데사우로 이전하였으며, 바우하우스는 번창하는 산업도시 데사우에서 예술과 기술의 새로운 통합이라는 기치를 내걸고 점차 사회에 적응해 갔다. 1928년 그로피우스의 후임으로 학교를 맡은 한네스 마이어는 사회적 관심을 바우하우스 프로그램의 전면에 부각시켰으며, 건축예술은 사치의 수요가 아닌 민중의 수요에 부응해야 한다는 것이었다. 국제주의 양식의 모범적인 사례라고 할 수 있는 바우하우스가 건립된 후에 에버트 거리의 작은 소나무숲에는 아틀리에를 갖춘 교사들의 집인 마스터하우스가 세워졌다. 여기에서 발터 그로피우스, 라이오넬 파이닝거, 파울 클레, 바실리 칸딘스키 등이 이곳에서 살면서 작업했다. 1932년 바우하우스는 나치의 압력으로 폐교가 되면서 바우하우스와 그 인연이 멀어지는 듯 했으나 1986년 바우하우스 조형예술센터의 개관으로 그 역사는 재개되었다. 바우하우스의 도시였던 데사우는 2차 세계대전을 거치면서 폭격으로 역사적인 건축물들이 많이 파괴되었으나, 그 가운데 란데스 극장, 시청 등이 복구되었다. 대전 후 동독의 산업도시였던 데사우는 통독이 되면서 바우하우스라는 근대디자인의 성지로서의 의미와 함께 독일연방환경청 같은 현대건축물도 볼 수 있기에 한번은 방문해볼만한 도시라고 할 수 있다. 최근에는 민간 개발업자들이 이집트의 피라미드를 압도할 사상 최대의 피라미드를 데사우에 건설한다는 기사로 다시 부각되고 있다.

Dessau

DS - 01

Bauhaus Dessau

바우하우스

발터 그로피우스, 1926

Gropiusallee 38, 06846 Dessau
www.bauhaus-dessau.de

바우하우스는 기념비적인 예술인 건축과 장식적 예술인 제 디자인과의 통합을 목표로 교육했던 디자인 학교로 히틀러 시대에 유태인 교사들 때문에 박해를 받아 여러 곳으로 이전을 하였다. 정치적 압박에 의해 바이마르에서 데사우로 이전, 건축한 데사우 바우하우스는 근대기의 이정표적인 건축물의 하나이다. 바람개비처럼 3부분이 원심적으로 구성된 건축물은 역동적 구성, 비대칭적 평면구성, 백색의 표면과 가동이 가능한 수직적인 창의 디테일, 평지붕 등에 의해 1920년대 국제주의 양식의 특징을 잘 표현하고 있다. 전체 구성은 동, 북, 남의 3방향으로 6층의 학생의 기숙사, 4층의 강의실동, 공방동이 각각이 뻗어 나가는 구성으로 배치되어 있다. 강의실과 공방은 도로 위의 교량에 의해서 서로 연결되어 교육 이념인 이론의 장인 강의동과 실천의 장인 공방동의 조화를 상징하고 있으며, 기숙사동 입면은 각각의 방에서 돌출된 발코니로 변화를 부여하고 있다. 3동은 크기와 외관을 달리 하며 서로 연결되어 전체적인 조화를 이루고 있다. 실내공간은 각동을 연결하는 강당과 간이식당, 주방, 체육관, 관리실과 그로피우스의 건축사무실을 배치하여 상호 유기적인 구성을 취하고 있으며, 당시 공방에서는 벽면의 색채계획과 함께 조명기구와 가구 등을 제작하였다. 폐교 이후 방치되었다가, 1960년대 말부터 당시 동독 정부에서 바우하우스교사를 복원하여 내부의 가구와 기타 비품들을 모두 복원하여 예전의 모습을 다시 볼 수 있다. 근처에는 그로피우스가 디자인한 바우하우스의 교원용 주택인 마이스터하우스, 그리고 그로피우스 사무소 출신인 칼 피거의 코른하우스 거리에 위치한 레스토랑인 코른하우스도 보존되어 있으니 시간이 있으면 방문해보기 바란다.

DS - 02

Umweltbundesamt

독일연방환경청

베를린의 GSW 본사를 디자인한 건축가 팀의 작품답게 색채감 있는 외관을 한 연방환경청은 독일연방의 자연보존 및 원자력 안전부에 소속된 학술 관청으로 옛 공장 부지를 재생하는 목표로 하여 디자인되었다. 1998년 현상공모에 의해 선정된 이 환경친화적으로 디자인된 건축물은 유리의 천창으로 구성된 중정을 중심으로 유기적 형태의 평면을 통해 공원이 건축물 속에 투입된 것 같은 구성을 취하고 있다. 만남의 장소인 녹색의 섬 같은 포름과 중정은 식물들에서 발산되는 산소로 실내공기를 정화하여 쾌적한 환경을 조성하고 있으며, 환경청의 로비로서 공적 서비스와 주 교환대, 도서관, 강당, 전시실과 세미나실 등이 주변에 위치하고 있다. 환경청의 심장이라고 할 수 있는 중정은 여러 부서로 갈 수 있는 공간으로 세 개의 다리와 네 개의 구역으로 구성되며 여름철과 환절기엔 비공식적인 업무공간으로 활용된다. 외부 입면은 수평방향의 목재 마감과 랜덤하게 구성된 컬러유리의 창에 의해 실의 유형과 용도에 따라 리듬감 있게 디자인되어 있으며, 창은 세 겹으로 차음, 차열 구조로 되어 있다. 환경청

자우부르흐 허튼 아키텍츠, 2004

Wörlitzer Platz, 06844 Dessau
www.umweltbundesamt.de

이라는 기능답게 생태학적 개념으로 접근, 최적의 차열과 태양열 조절, 에너지 효율적 통풍, 자연 공기를 이용한 냉방, 전기 사용 감소, 환경 친화적 건축 자재 사용으로 기능에 맞는 건축적 이미지를 표현하였다. 공장부지에 있던 기존의 건물은 본 건축물과 연결하여 도서관으로, 옛 엔진공장은 독립된 형태의 카페로 리모델링하여 사용 중이다.

Praha

PH - 01 조셉 호텔Josef Hotel / **PH - 02** 막시밀리안 호텔Maximilian Hotel / **PH - 03** 큐비즘 갤러리Galerie Kubista, House of black madonna / **PH - 04** 내셔널 네덜란덴The Nationale-Nederlanden, The Dancing House / **PH - 05** 유로 팰리스EURO Palace / **PH - 06** 노비 스미호프 쇼핑 센터Novy Smichov / **PH - 07** 안델스 호텔Andel's Hotel / **PH - 08** 안델 빌딩Zlaty Andel / **PH - 09** 코바죠비치 저택Kubisticka Vila, Kovarovic Villa / **PH - 10** 뮬러 주택Mullerova Vila

PH - 11 프라하 성Prazsky Hrad / **PH - 12** 오랑제리 로얄가든Orangery_에바 지리크너 / **PH - 13** 네루다 호텔Hotel Neruda / **PH - 14** 내셔널 갤러리Narodni galerie v Praze / **PH - 15** 영국문화원British Council_제스티코 & 웨일즈 / **PH - 16** 내셔널 뮤지엄Narodni Muzeum

Praha
Malá Strana
Hradčany
Nové Město
Josefov
Petřín
Praha 5
Nový Smíchov
Strahovský tunel
Tunel Mrázovka
Střelecký ostrov
Dětský ostrov
Slovanský ostrov
Jiráskův most
Palackého most
01
02
03
04
05
06
07
08
09
10
11
12
13
14
15
16

프라하

체코의 수도인 프라하는 중부 유럽의 심장부에 위치한 도시로 독일, 오스트리아, 폴란드, 슬로바키아와 국경을 접하는 장소에 위치하고 있다. 몰다우 강(블타바 강)과 엘베 강이 합류하는 지점 가까이의 일곱 개 언덕에 위치한 인구 약 120만명의 도시는 유네스코 지정 세계문화도시로서 '북방의 로마', '유럽의 심장', '백탑의 도시', '흰 탑의 황금도시', '유럽의 음악원' 등의 수식어가 붙여진 아름다운 도시이다. 문화의 도시로도 유명하여 위대한 작곡가인 베드르지흐 스메타나, 안토닌 드보르자크, 레오슈 야나체크를 위한 기념제, 프라하 심포니 오케스트라와 체코 필하모닉 오케스트라가 있으며 한편으로는 프라하 출신의 세계적인 작가로서 프란츠 카프카, 라이너 마리아 릴케, 야로슬라프 하셰크 등이 있다. 천년의 역사를 지닌 구도심은 여러 스타일의 건축물들인 로마네스크 로툰다, 고딕 첨탑, 르네상스 궁전, 유대인 회당, 바로크 교회와 수도원, 아르누보와 큐비즘, 근대적인 주택들이 자연재해와 전쟁, 50년간의 철의 장막 시대에도 거의 피해를 입지 않고 보존되어 있다. 1948년의 '2월 사건', 1968년 1월의 '프라하의 봄'으로 불리는 자유화 운동이 소련의 바르샤바 조약군의 침입으로 짓밟힌 역사적 사건을 겪은 도시는 1993년 완전한 독립과 개방을 이루었다. 1945년 이후 도시계획에 의해 옛 도심지를 보존하고 새로운 건물의 건립을 규제하였으며 1993년 개방된 이후에는 블타바 강 건너편의 옛 공업지역인 스미호프 구역 등을 개발하여 새로운 모습을 갖추기 위해 계획하고 있다. 1945년과 1989년 사이 소비에트 탱크에 바친 기념비가 있던 자리에 세운 장 누벨의 안델 빌딩은 안델 발 모스코바 행 지역 교통의 허브의 역할을 하는 메트로 스테이션 위에 세워졌으며 스타로프라멘 주조공장, 리호페 공장 등이 이전한 자리에 하이퍼마켓, 두 개의 멀티시네마, 두 개의 호텔과 다른 상업건물들로 대체하는 등 도시의 면모를 일신하였다. 또한 프라하는 건축적으로는 중세, 르네상스, 아르누보 건축이 서로 공존하고 있는 도시이다. 복잡한 조각의 코니스, 장식적인 발코니와 프리츠들이 신비하고 종교적이며 영웅적인 모습을 묘사하고 있는 파사드와 장식물들이 건축물의 최상층부와 지붕에서도 나타나는, 오랜 세월동안 누적된 역사를 그대로 드러내는 수백 개의 건물들로 구성된 도시라고 할 수 있다. 프라하는 이미 11세기부터 교역의 중심지로 활동하여 12세기에 중부 유럽 최대의 허브도시로 발전하여 14세기 카렐4세 때 신성 로마제국의 황제가 되는 등 최고의 전성기를 맞이하였다. 건축박물관으로 불리기도 하는 프라하는 15세기 16세기에는 고딕건축, 17세기에는 바로크 건축이 번성하였다. 그리고 프라하에서 볼 수 있는 가장 오래된 건축적 흔적은 1100년에서 1250년까지의 로마네스크 시기의 것들이다. 그 후 1250년에서 1530년 사이의 길고 긴 고딕시기가 있으며, 스타레 마에스토(Stare Mesto)에서 많은 고딕 건물들을 볼 수 있다. 프라하 성은 가장 눈에 띄는 초대형 건축물이며 성 비투스 성당은 고딕의 걸작이며 보다 오래된 동편과 다른 절반부분에 해당하는 르네상스와 네오 고딕스타일의 서편으로 구성되어 있다. 1500년에서 1600년대 초는 이탈리안 르네상스 스타일이 만연했다. 널리 알려진 건물들의 대부분은 17세기 18세기 종교개혁 운동 후에 함부르크가의 지배 하에서 하이 오스트리안 스타일과 묘하게 결합한 바로크와 로코코 스타일이며 몇몇의 화려한 빌딩들은 1990년에서 1918년까지 유행했던 아르누보 스타일로 산업혁명과 함께 유럽을 휩쓸어 혁신적인 빌딩 재료들, 강철과 유리, 예술적 장식에 대한 무한한 가능성을 열었다. 20세기에 이르러 그 자리를 대체한 기능주의와 독창적이며 흥미로운 큐비즘의 디자인이 건축물에 나타났으며, 프라하의 스타레 마에스토 지역에 위치한 요세프 고차르 설계의 검은 마돈나의 집은 최초의 큐비즘 건축이면서 최상층에는 큐비즘 미술관도 있는 대표적인 건축물이다. 이외에도 요세프 호홀이 설계한 코바쵸비치 저택이나 네크라노바 집합주택이 비쉐프라트 지역에 있다. 프라하의 근대기의 건축물들은 시내 곳곳에 흩어져 있으며, 대표적인 근대기의 건축물로 장식은 죄악이라고 설파했던 아돌프 로스의 뮬러 저택이 있다. 이외에도 근대기 건축물로는 독일 바이젠호프 주택단지의 체코 판이라고 할 수 있는 바바 단지, 견본시 회관, 바차 직영점, 얀 코체라 저택 등이 있다. 20세기 후반에는 기능주의자처럼 행동했으나 실질적으로는 정체성이 없었던 공산주의자들에 의해 프라하의 건축은 대혼란에 빠졌던 것으로 보인다. 당시의 빌딩들은 모든 장식적인 디테일들을 제거했으며 부분적으로 사회주의의 도그마나 경제적 필요에 의해 지어진 조립식 아파트나 빌딩들이 많았던 것을 알 수 있다. 1993년 1월1일 슬로바키아와 분리된 이후, 체코의 수도가 된 프라하는 개방화의 물결로 현재 대단히 빠른 서구화가 이루어졌다. 이런 서구화의 흐름에 따라 프랑크 게리의 내셔널 네덜란덴 빌딩이나 장 누벨의 안델 빌딩 등 외국건축가들이 설계한 건축물들이 세워지면서 도시가 활성화되고 있다.

Praha

CZECH > PRAHA

PH - 01

Josef Hotel

조셉 호텔

에바 지리크너, 2000

Rybna 20, 110 00 Praha www.hoteljosef.com

조셉 호텔은 프라하 구도심 옛 유대인 구역의 작은 광장을 마주한 교차로에 위치해 있다. 건축물은 핑크와 오렌지를 컬러코드로 하는 두 개의 건축물이 중정을 중심으로 유리 통로에 의해 서로 연결되어 있다. 외관은 백색으로 마감된 벽면에 경량 철제구조의 어닝이 부착되어 돌출된 구조에 의해 기하학적인 그림자의 형태를 볼 수 있는데, 이것은 체코 큐비즘의 반영으로 보여 진다. 외관에서 인접한 경찰서의 뾰족지붕과 연결되어 보이나 부가된 최상의 2개층을 셋백시켜 주변 건물과 스케일을 맞추고 있음을 알 수 있다. 실내를 보다 넓고 밝은 공간으로 만들기 위하여 상대적으로 큰 창과 투명한 쉐이드, 그리고 단순한 물성의 2차원 표면에 매끄럽게 반짝이는 3차원 선들로 표현하였다. 과거 리차드 로저스의 사무실에도 근무했던 하이테크한 경향의 실내공간을 디자인하는 에바 지리크너의 작품답게 오브제적인 원형계단은 그녀 특유의 현대적인 재료인 스틸과 유리를 사용하면서 혁신적인 기술을 통하여 기계미학을 나타내는 오브제로 디자인하였다. 호텔공간은 보헤미안 전통의 장식적인 풍부함과 함께 몽환적인 분위기의 체코 모던의 전통을 잘 표현하고 있다.

CZECH > PRAHA

PH - 02

Maximilian Hotel

막시밀리안 호텔

에바 지리크너, 2006

Haštalská 14, 110 00 Praha
www.maximilianhotel.com

프라하의 가장 오래된 거리에 위치한 막시밀리안 호텔은 그 역사가 1920년대부터 시작된 호텔로 사회의 변화에 따라 사람들에게 보다 질 높은 서비스를 제공하는 디자인 호텔로 변신을 시도, 체코 출신의 국제적인 디자이너인 에바 지리크너에게 디자인을 의뢰하였다. 디자인은 적은 예산으로 가장 큰 효과를 줄 수 있는 방법으로 기존의 벽을 제외한 모든 외부는 단순하고 깨끗한 유리벽으로 처리, 들여다 보일 수 있도록 하면서 리셉션 공간을 최대한 외부 쪽으로 끌어내었다. 전체적으로 크림색의 솔리드한 마감재를 사용하여 공간을 정리하면서 조명이 내장된 노란 색의 오닉스 아트 월을 설치하고 검은 색의 모더니즘 스타일의 가구를 배치한 보색 대비의 구성으로 외부에서도 눈에 띄도록 하였다. 흡연실이나 도서관의 가구들도 적, 청, 보라색으로 하고, 에일린 그레이의 20년대 스타일의 가구를 배치하여 호텔이 시작된 당시의 모던클래식한 분위기를 연출하도록 했다.

PH - 03

Galerie Kubista, House of black madonna

큐비즘 갤러리

화약탑에서 구시가 쪽인 첼레트나 거리에 위치한 짙은 갈색 외벽을 한 6층의 건축물은 2층 외벽에 돌출되어있는 성모조각상으로 인해 검은 마돈나의 집으로 불리우나 현재 조각상은 철거되었다. 이 체코 큐비즘을 대표하는 건축물은 1912년 요세프 고차르가 백화점으로 설계한 건축물로서 현재는 1층은 그랜드 카페 오리엔트, 2-4층이 프라하 내셔널 갤러리의 일원으로 체코 큐비즘 박물관과 뮤지엄 샵으로 사용되고 있다. 1914년 기능주의자인 K. 큐빅에 의해 창틀이 목조에서 강철로 교체되기도 하였으나 입체 모양의 발코니와 입구, 각진 베이 윈도우, 망사르 스타일의 박공지붕, 내부의 나선형 계단, 파테르, 카페의 가구와 샹들리에 등의 요소 등에서 초기의 큐비즘 양식을 볼 수 있다. 1993-4년 사이에 대규모 개수가 이루어진 건축물의 체코 큐비즘 박물관에는 큐비즘의 가구들과 건축도면들이 전시되어 있다. 프랑스 회화에서 유래한 큐비즘은 19세기 이후 기술적인 이론을 기반으로 기하학과 추상화를 거쳐 순수한 창작물로서의 예술과 건축을 시도하며 특히 건축에서는 체코의 큐비즘이 유명하며 큐비즘과 독일 표현주의의 말기적인 특성, 보헤미안 특유의 후기 고딕에서 보이는 조형적 영감이 결합된 양식이다. 1912년을 기점으로 에로이스 이글의 영향을 받은 파벨 야나크에 의해 이론을 구축하여 이듬해부터 절정기를 맞아 요세프 코차르, 요세프 호홀, 노브트니, 포예르슈타인 등에 의해 발전되다가 1922년을 끝으로 짧은 전성기를 마친다. 수평, 수직보다는 사선이나 각뿔 형태를 선호하여 광물의 결정형태를 지닌 입체 기하학이라는 형태미학을 추구한 큐비즘 건축은 아르데코나 국제주의 양식과도 연결되는 중요한 역사적 의미를 지니고 있다.

요세프 고차르, 1912

Ovocný trh 19, 110 00 Praha 1
www.kubista.cz

PH - 04

The Nationale-Nederlanden,

The Dancing House

내셔널 네덜란덴

댄싱하우스라는 별칭처럼, 율동미가 느껴지는 해체적인 분위기의 건축물은 국제 네덜란드그룹인 ING 그룹의 체코 본사로서 블타바 강이 보이는 지라스크브 다리 근처에 위치하고 있다. 두 개의 타워인 실린더 모양의 솔리드한 볼륨과 비스듬한 기둥으로 지지되는 유리 타워로 구성된 건축물은 조각 작품 같은 기둥들이 타워를 지지하면서 지상층의 출입구 광장을 만들어 내며, 유리 타워는 강철이 지탱하는 이중 유리 커튼월로 마감되었다. 유리 커튼월의 안쪽 레이어는 실질적인 벽이며 조각 작품 같은 바깥쪽 레이어는 아랫부분에 위치한 사무실 공간의 스크린 역할을 한다. 이 건축물은 기존 디자인 방식과 달리 컴퓨터를 이용한 3차원 모델링 작업이 큰 역할을 하였으며, 그것은 이러한 곡면화된 유리 볼륨의 실제 구축을 컴퓨터로 가능하게 하였다는 점이다. 한 시대의 건축물 표면에서 느껴지는 단순한 기발함이 놀라운 것이 아니라 훌륭한 현대 구조물 속에서 마주치는 유머가 신선하며, 동시에 그것에서 체코 큐비즘이라는 역사적인 건축의 흐름과도 연관성을 찾을 수 있을 것이다.

프랭크 게리, 1996

Rasinovo Nabrezi 80, 120 00 Praha
www.foga.com

CZECH > PRAHA

PH - 05

EURO Palace

유로 팰리스

DaM, 2002

Václavské námesti, 110 00 Praha
www.dam.cz

보스콜로 호텔 카를로 VI 등 프라하를 중심으로 많은 프로젝트를 하고 있는 DaM은 프라하 중심가에 날렵한 커튼월로 구성된 건축물을 디자인하였다. 오래된 거리에 위치한 지역적인 특성과는 달리 에어로다이나믹한 유선형 외관이 인상적인 랜드마크 형의 건축물은 환기가 가능한 이중외피를 가지고 있다. 4,500m^{2}의 면적을 지닌 건축물은 외부의 커튼월 내부에 있는 금색의 루버 내피는 입면에 새로운 느낌을 부여하고 있으며, 특히 야간에는 조명으로 색다른 분위기의 건축물로 변신한다. 8층의 기본 매스 위에 코너 상부에 위치한 2층 구조물로 인하여 타워의 느낌을 가지고 있는 건축물은 주변의 건물과의 관계를 고려하여 화려하기 보다는 가라앉는 색채로 마감하여 그 흐름에서 너무 부각되는 것을 억제하였다. 코너 측면의 유기적인 형태를 한 유리외피와 내부의 구조 사이의 관계는 바로 옆에 있는 오래된 건물들과 대비되면서 섬세하면서 감각적으로 느껴지는 부분이니 특히 유의해서 보기 바란다. 또한 시간이 있으면, 이 건축사무소에서 설계한 보스콜로 호텔 카를로 VI는 과거 건물과 연결하여 증축한 호텔로서 신구 대비로 새로운 분위기를 제공하기에 한번 방문해 보기를 권한다.

PH - 06

Nový Smichov

노비 스미호프 쇼핑센터

D3A 아키텍츠, 2002

Plzeňská 8, Praha 5
www.d3a.cz
www.cvzsa.com
www.novysmichov.eu

프라하 중심가의 안델 빌딩 건너편에 위치한 노비 스미호프 쇼핑센터는 과거 공장이 있던 입지에 세워진 첨단 이미지의 건축물로서 150개의 점포와 2개층의 하이퍼마켓, 레스토랑, 멀티플렉스 극장, 볼링장, 헬스클럽 등이 있다. 금속으로 마감된 매스에 조명이 내장된 유리박스가 입구를 암시하는 현대적인 외관의 쇼핑센터는 천창이 있는 3층 규모의 쇼핑공간을 보이드 된 공간의 쇼핑몰 분위기로 디자인하여 사람들이 편안하게 쇼핑을 하면서 거닐 수 있는 분위기를 조성하였으며 멀티플렉스 공간은 금속으로 마감된 실린더 형으로 디자인하였다. 건축물의 구조는 공간 특성에 따라 다르게 적용하여 지하는 12.5×7.5m, 지상은 12.5×15m의 스팬을 채택하였다. 이 쇼핑센터의 장점은 단순히 건축적인 접근만으로 해결한 것이 아닌 도시계획적인 측면도 고려하여 지역 거리의 흐름까지 반영한 디자인으로 기존의 도시의 흐름을 건축과 연결시키고 있다. 아이쇼핑을 하다가 상층부에 위치한 엠포리아 흐로라 카페에서 커피 한 잔을 하면서 공간의 분위기를 감상하기를 바란다.

PH - 07

Andel's Hotel

안델스 호텔

제스티코 & 웨일즈, 2002

Stroupežnického 21,
150 00 Praha 5, Praha
www.andelshotel.com

현대적인 커튼월의 외관에 붉은 색과 흰색으로 구성한 로고가 인상적인 안델스 호텔은 프라하의 역사적인 거리인 블타바 강 서쪽의 Radlicka 거리, 장 누벨의 안델 빌딩과 안델 지하철역을 연결하는 장소에 위치하고 있다. 안델스 호텔은 같은 건축가가 설계한 멀티플렉스 시네마, 상점과 업무시설로 구성된 복합 상업프로젝트의 일부로, 호텔 로비는 전체적으로 미니멀한 분위기로 단순한 형태의 볼륨과 매끈한 질감, 순백의 모노톤 석재를 배경으로 넓은 공간감을 느끼도록 디자인하면서 부분적인 질감 표현과 선명한 밝은 색으로 대비하여 연출한 공간이다. 공간의 중심을 이루는 리셉션 데스크는 따뜻한 노란 색조의 타일 벽을 배경으로 단순한 박스형태의 석재 블록으로 이루어졌으며 빛의 블록과 빛이 나는 글로우 박스와의 결합, 하부에 처리된 부드러운 조명으로 부유하는 듯한 분위기를 연출하고 있다. 빛의 박스를 이용한 경쾌한 분위기는 엘리베이터를 비롯한 실내 곳곳에 이어지고 있으며 주 계단 역시 슬림한 금속재와 유리의 조화로 현대적인 느낌을 표현하고 있다.

PH - 08

Zlatý Andel

안델 빌딩

장 누벨, 2000

Bozděchova, 14801 Praha

벨벳혁명 이후 철거된 구소련의 기념물이 있던 자리에 세워진 프라하 안델은 거대한 상업빌딩으로 안델 지역의 상징적인 랜드마크와 같은 건축물이다. 지하철 안델 역과 연결된 건축물인 프라하 안델에서 안델은 황금의 천사라는 의미를 지닌 전통 퍼브에서 유래된 것으로, 건축가는 재개발 프로젝트의 건축물에 이러한 지역적 맥락과 함께 미래적인 상징성을 투영시키고자 하였다. 로버트 벤츄리의 상징적 표현을 하이테크한 건축과 연결시킨 장 누벨의 작품답게 흐르는듯하게 유기적인 형상의 커튼월로 구성된 외관을 살펴보면, 돌출된 모서리 부분에 빔 벤더스의 영화 '베를린 천사의 시' 에 나오는 천사인 부르노 간츠의 모습을 거대한 실크스크린으로 표현하였다. 또한 유리의 외피에는 천사와 관련한 체코의 시들에서 발췌한 문장을 프린팅하여 건축물 자체가 거리를 상징하는 기념물이 되도록 하였다. 건축물은 남북으로 긴 구성으로 북측과 남측 윙 사이의 1층 부분에는 지하철 출입구를 설치하였으며, 북측 윙의 고층동은 1층이 점포, 상층은 업무공간, 남측 윙의 도로측은 점포, 그 안측으로는 슈퍼가 들어서 있는 구성이다. 첨단의 일광차단 장치를 갖춘 유리표피는 파사드의 형태를 달리하여 양쪽 거리의 동적인 흐름을 표현하면서 지역의 미래와 과거를 반영하는 장치이기도 하다.

PH - 09

Kubistická Vila

코바죠비치 저택

요세프 호홀, 1913

Libušina 49/3, 128 00 Praha 2
www.modernista.cz

체코 큐비즘의 대표적인 건축물 중의 하나인 코바죠비치 저택은 요세프 호홀이 디자인한 2번째 주택으로 디자인적인 완성도가 상당히 높은 주택이다. 도로 측의 요철이 있는 입면과 정원 측의 테라스 위에 요철이 있는 원통형 홀의 매스가 특징적인 주택은 정원을 통하여 진입하는 도로도 비스듬하게 배치하여 역동적인 느낌을 강조한 건축물이다. 작가인 카렐 차펙은 주택의 요철이 있는 표층면에 대하여 이야기하기를 간소한 웅대함이라고 평하였으며, 이런 평과 같이 단정함 속에 역동미를 표현하고 있다. 이런 역동성은 입면의 각진 면뿐만 아니라 대각선의 창틀, 아래 위가 비스듬하게 처리된 기둥이나 사선을 주조로 한 난간 등으로 표현하고 있다. 외부 공간에서도 정원의 배치나 난간 구조물도 큐비즘적인 디자인을 도입하고 있다. 이 저택의 좌우에 위치한 주택들도 동시대의 건축가인 오타칼 노브트니와 에밀 크라리첵의 작품이나 호홀의 작품의 우수함을 증명하기 위해 세워진 것 같은 느낌을 주고 있다. 여기서 멀지 않은 곳에 호홀의 또 다른 건축물들인 네크라노바 거리의 집합주택이나 비쉐프라트의 3세대주택도 있으니 시간이 있다면, 방문해 보기 바란다.

PH - 10

Müllerova Vila

뮬러 주택

아돌프 로스, 1930

Nad hradnim vodojemem 14, 162 00 Praha 6, Praha
www.mullerovavila.cz

아돌프 로스의 장식이 죄악이라는 명제는 근대건축의 모토로서 그의 후기작인 뮬러 주택에서 보여 지는 단순한 외관은 그 명제를 표상하고 있다. 경사지에 건축된 주택은 입지적인 요인에 의해 나타난 발코니와 계단이 특징적인 요소이며 간결한 입면요소는 클래딩으로 처리, 4개의 창문과 대조를 이루고 있다. 단순한 외관과는 달리 로스가 디자인한 주택은 라움플랜이라는 공간적인 장치를 내장하고 있다. 라움플랜은 실내의 각 공간이 그 행위에 맞는 스케일을 지니게 하여 사용자의 심리상태에 적합하도록 하는 공간구성법으로 공간구성에 있어 바닥, 천장높이가 서로 다른 공간의 위계를 형성하는 방법이다. 즉, 스킵플로어 같은 공간 구성장치로 사람들이 많이 모이는 거실은 천정고가 높게 침실은 천정고가 낮게 처리하는 방법으로 해결하는 방식이나 로스의 방식은 그 외에도 더 복잡한 장치들이 있다. 대칭성이 강한 상자형 건축물로 디자인하면서 실내는 다양한 레벨의 공간으로 공간의 성격에 따라 스케일을 조절하고 그 공간을 연결하는 계단은 평면상 위치가 일정하지 않으면서 회전하는 형으로 디자인하여 외관과는 달리 공간의 원심성을 추구하는 것이다. 다른 무엇보다 근대의 아이콘 중의 하나인 건축물을 본다는 것 자체로 의미가 있다고 할 수 있다.

P
R
A
H
A

145

Prospe

Develo

ofthe

rityand

pment

제 2 장 _ 제국의 번영과 발전

mpire

British / London France / Paris

London

LD - 01 런던 시청사 London City Hall / LD - 02 모어 런던 More London / LD - 03 패션 & 텍스타일 뮤지엄 Fashion & Textile Museum / LD - 04 밀레니엄 브릿지 Millennium Bridge / LD - 05 팔레스트라 빌딩 Palestra / LD - 06 테이트 모던 갤러리 Tate Modern Art Gallery / LD - 07 런던 아이 London Eye / LD - 08 로얄 페스티벌 홀 개수 Royal Festival Hall Refurbishment / LD - 09 워털루 국제터미널 Waterloo International Terminal / LD - 10 아이맥스 영화관 IMAX Cinema / LD - 11 엠뱅크먼트 플레이스 Embankment Place / LD - 12 세인트 마틴스 레인 호텔 St. Martins Lane Hotel / LD - 13 내셔널 갤러리 The National Gallery-세인즈베리 윙 / LD - 14 리버티 어브 런던 Liberty of London / LD - 15 옥소 개발 프로젝트 OXO Development / LD - 16 스케치 Sketch / LD - 17 밀레니엄 지하철 쥬빌리 라인 연장구간 Jubilee Line Extension / LD - 18 비앤비 이탈리아 쇼룸 B&B Italia Showroom / LD - 19 컬렉션 레스토랑 The Collection / LD - 20 콘란 샵 Conran Shop / LD - 21 조셉 맨스 매장 Joseph Mens Wear / LD - 22 헴펠호텔 The Hempel / LD - 23 빅토리아 & 알버트 뮤지엄 Victoria & Albert Museum / LD - 24 사이언스 뮤지엄 Science Museum / LD - 25 밀레니엄 돔 Millennium Dome / LD - 26 런던 메리어트 웨스트 인디아 키 London Marriott West India Quay / LD - 27 카나리 워프 프로젝트 Canary Wharf Project / LD - 28 안다즈 런던 호텔-구 그레이트 이스턴 호텔 Great Eastern Hotel / LD - 29 30 세인트 메어리 엑스 30 St Mary Axe / LD - 30 로이즈 어브 런던 Lloyds of London / LD - 31 라반 댄스 센터 Laban Dance Center / LD - 32 제프리 뮤지엄 20세기 갤러리 Geffrye Museum 20 Century Galleries / LD - 33 대영도서관 British Library / LD - 34 대영박물관 그레이트 코트 British Museum Great Court / LD - 35 샌더슨 호텔 Sanderson / LD - 36 론 아라드 스튜디오 Studio Ron Arad / LD - 37 벨고 누르드 레스토랑 Belgo Noord Restaurant / LD - 38 스탠스테드 공항 Stansted airport

LD - 39 블루핀 빌딩-얼라이드 & 모리슨 / LD - 40 조스 카페-에바 지리크너 / LD - 41 타워 브릿지 Tower Bridge

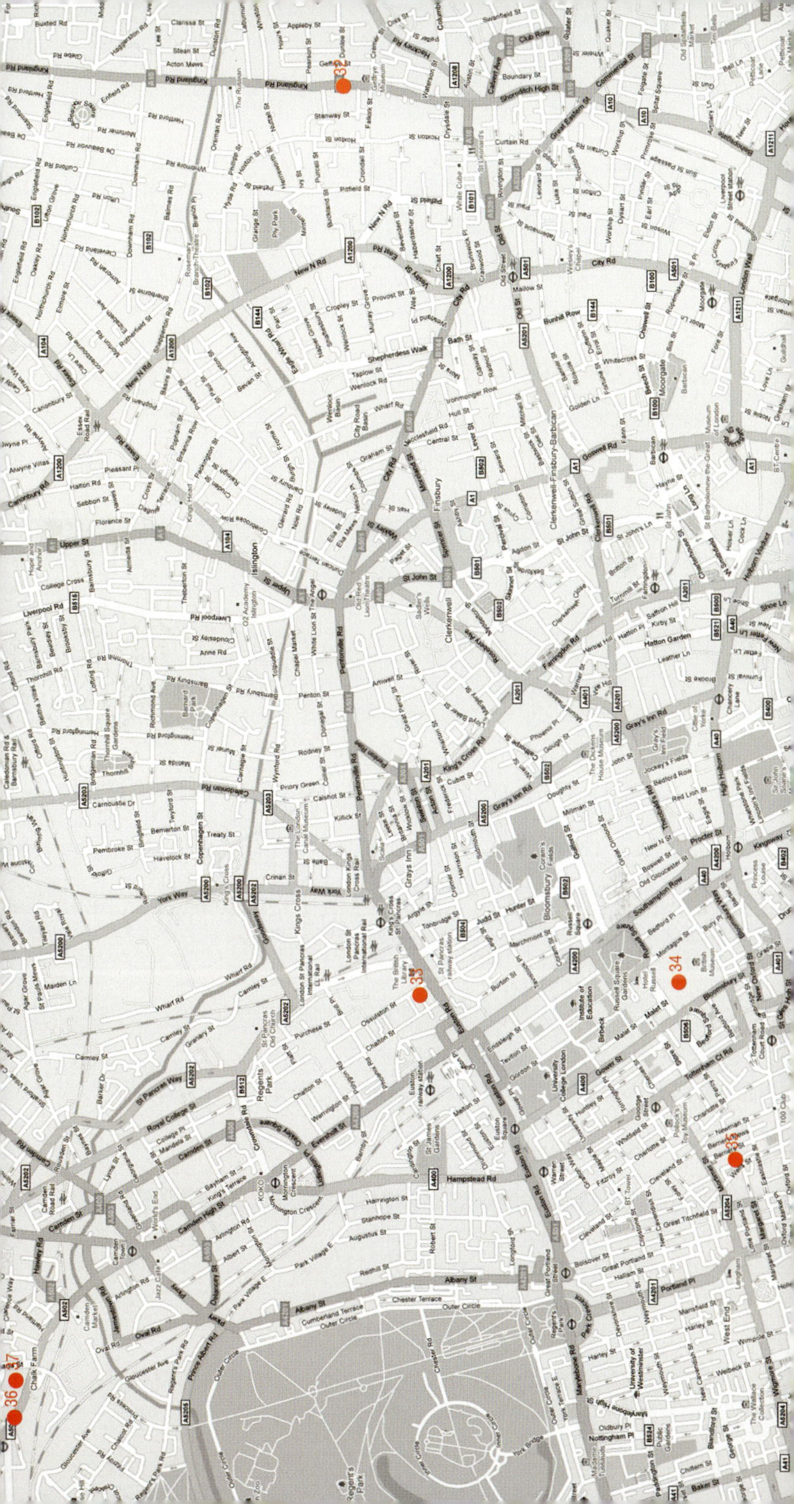

32
33
34
35
36
37
Islington
Clerkenwell
Finsbury
Bloomsbury
Kings Cross
Regents Park
Camden Town
West End
Barbican
Moorgate
Hatton Garden

22
14
16
13
17
24
23
19
40
18
21
20
Hyde Park
Bayswater Rd
Knightsbridge
Kensington Rd
Green Park
Buckingham Palace Gardens
St James's Park
Victoria
South Kensington
28
29
30
Liverpool Street station
Aldgate
Commercial Rd
Whitechapel Rd
The Royal London Hospital
Cable St
The Hwy
Tower Hill
Tower of London
HMS Belfast
City Hall
Tower Bridge
The Design Museum
Shadwell
Wapping
41
King Edward Memorial Park
St Katharine Docks
Surrey Water
South Bermondsey
Old Kent Rd
Burgess Park
Millwall FC
Peckham
Livesey Museum for Children

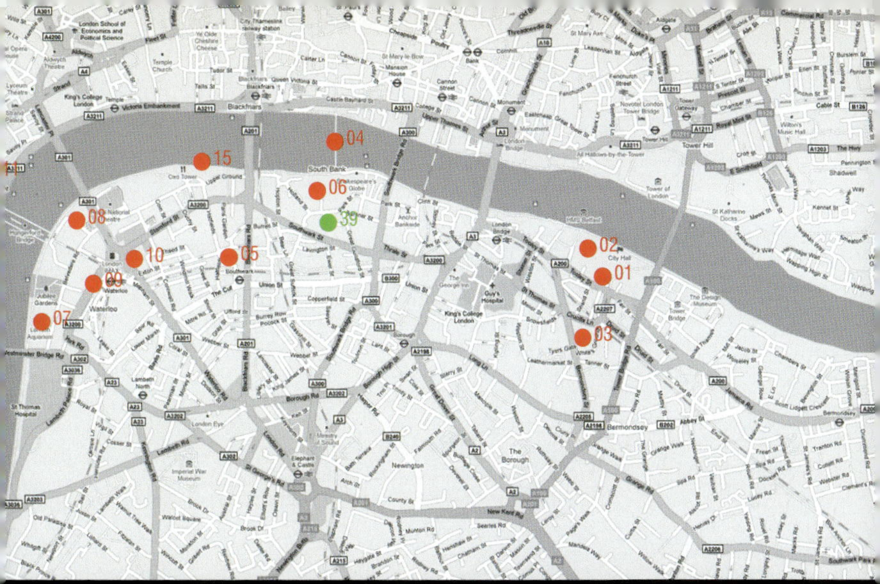

04
15
06
39
08
10
05
02
01
09
07
03
Blackfriars
South Bank
Southwark
Waterloo
London Bridge
Tower Hill
Tower Bridge
City Hall
Guy's Hospital
Bermondsey
The Borough
Newington
Elephant & Castle
Imperial War Museum
Borough Rd
New Kent Rd

Limehouse
Commercial Rd
E India Dock Rd
Westferry
Poplar
Blackwall
All Saints
Museum in Docklands
West India Quay
26
Canary Wharf
27
Heron Quays
South Quay
Limehouse Link
Aspen Way
Blackwall Tunnel Approach
Langdon Park
Bartlett Park
Leamouth

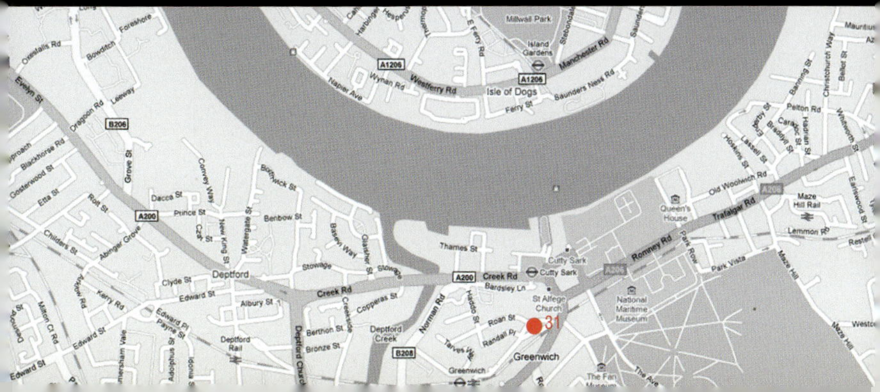

Millwall Park
Island Gardens
Isle of Dogs
Westferry Rd
Manchester Rd
Deptford
Creek Rd
Evelyn St
Cutty Sark
Queen's House
National Maritime Museum
St Alfege Church
31
Greenwich
Romney Rd
Trafalgar Rd

런던

영국의 수도인 런던은 2천년의 유구한 역사를 자랑하는 도시로서 1,600㎢의 면적에 800만 이상의 인구가 거주하고 있는 유럽의 도시이다. 과거와 현재가 공존하는 도시인 런던은 영국의 무역, 경제, 정부의 중심인 동시에 유럽에서 빠뜨릴 수 없는 필수 관광지이다. 유럽을 여행하는 많은 사람들이 영어를 사용하는 지역이면서 유레일을 사용할 수 없는 지역이기에 유럽 여행을 시작하는 관문도시로 이곳을 선택한다. 런던에는 외국인 여행자에게 가장 널리 알려져 있는 히드로 공항(Heathrow Airport), 남부에 있는 개트윅 공항(Gatwick Airport), 동북쪽에 있는 스탠스테드 공항(Stansted Airport), 서북쪽에 있는 루톤 공항(Luton Airport)이라는 네 개의 공항이 있다. 그리고 금융 중심지 시티에서 몇 킬로미터 떨어진 곳에 위치한 자그마한 런던 시티(City) 공항은 유럽의 수도로 향하는 작은 비행기만 이용할 수 있다. 히드로, 시티와 개트윅은 시내와의 접근성이 좋기 때문에 비싼 이용료를 지불할 여력이 있는 대형항공사들이 많이 취항하고 있으나, 스탠스테드, 루톤은 런던 시내와 많이 떨어져 있어 저렴한 공항이용료를 바탕으로 저가 항공사의 허브가 되고 있는 공항이다.

소호(SOHO) 지구를 중심으로 두 개의 시로 나누어지는데 동쪽은 이스트엔드로 서민적인 분위기를 접할 수 있으며, 서쪽은 웨스트엔드로 귀족적이고 화려한 분위기를 연출하고 있어 대부분의 관광지가 이곳에 집중되어 있다. 1인당 녹지율이 세계 제일로 꼽힐 만큼 도시 곳곳에서 녹지와 공원을 발견할 수 있다. 런던은 국제적이고 현대적인 특징과 잉글랜드적인 특징이 홍미롭게 복합되어 있어 이색적이며, 특히 왕조시대의 전통적인 의식에서부터 쇼핑, 오락 등 현대적인 낭만을 모두 갖춘 곳이다. 예전의 화려함과 명성이 조금은 쇠퇴한 느낌이 들기도 하지만 실용성과 새로움을 추구하는 영국적인 활기가 넘쳐흐르는 세계적인 도시이다. 런던에서 가장 활기차고 독특한 색깔을 지닌 곳으로 많은 레스토랑과 카페, 바, 극장, 나이트클럽이 즐비해 있는 소호 지역은 런던을 방문한 이들이 밤에 한번쯤 가보고 싶어 하는 명소이다. 서울에서는 볼 수 없는 붉은 네온사인이 깜빡이는 성인샵 들도 쉽게 찾을 수 있다. 17세기 그리스인들을 시작으로 프랑스, 이태리, 독일, 중국 등 전 세계에서 들어온 사람들이 정착해 만들어낸 다양한 문화유산을 고스란히 간직하고 있고, 그리 많은 숫자는 아니지만 17세기와 18세기 건축물들이 남아있나. 런던 서쪽 사우스 뱅크 지역의 워털루 국제터미널 주위로 런던 아이, 런던 페스티벌 홀 개수, 아이맥스 극장, 런던탑 등을 볼 수 있고, 세인트 폴 성당의 전경을 볼 수 있는 새로운 건축적 랜드마크가 된 보행자 전용 밀레니엄 브릿지와 템즈 강변의 테이트 모던, 팔레스트라, 블루핀 빌딩 등의 프로젝트 들이 밀집해 있다. 런던 시청사, 타워24, 30 세인트 메어리 엑스 등은 타워 브릿지 지역에서 찾을 수 있다 . 런던에도 파리의 라 데팡스와 비견되는 곳이 있는데 바로 런던 2존(two zone)에 위치한 카나리 워프(Canary Wharf)가 바로 그곳이다. 런던 대부분이 6층을 넘지 않는 옛 건물을 리노베이션한 구조들이라면 카나리 워프는 서울의 테헤란로처럼 계획된 신시가지로 런던과 런던 주변일대에서 보기 드물게 고층 빌딩숲이 들어서 있는 신흥 상업. 금융 중심지이다. 하이드 파크 지역에서는 사이언스 뮤지엄, 빅토리아 & 알버트 뮤지엄을 찾을 수 있고, 비앤비 쇼룸, 콘란 샵, 조셉맨스 매장과 런던 최고의 레스토랑 중 하나로 뽑힌 스케치와 더 컬렉션 레스토랑 등을 볼 수 있다. 런던 북서쪽에 위치한 론 아라드 스튜디오와 쇼룸, 그리고 벨고 누르드 레스토랑은 론 아라드의 디자인을 감상할 수 있는 빼놓을 수 없는 프로젝트이기도 하다.

ondon

LD - 01

London City Hall

런던 시청사

한 신문이 노만 포스터의 고환이란 별명을 붙였던 것처럼, 번데기를 비스듬하게 세워놓은 것 같은 형태의 런던 시청사는 템즈 강변의 새로운 피사의 사탑 같은 랜드마크적인 건축물이다. 이런 디자인은 경사각도가 남측으로 31°이면, 태양열을 흡수할 수 있는 것이 겨울에는 최대, 여름에는 최소라는 에너지 절약적인 차원에서의 이유 때문이다. 즉, 높이 45m의 10층 규모인 시청사는 전후 구분이 따로 없으나 강에 면한 측이 정면이라고 할 수 있으며, 번데기 같은 외관은 햇볕의 양을 조절, 시원한 여름과 따뜻한 겨울을 나는 것을 도와서 한여름에도 거의 냉방을 하지 않는다. 표면적은 줄었으나 모든 표면이 쉽게 태양열을 흡수하게 되어있어 건축물 유지에 필요한 에너지의 70%가량을 충당하고 있으며, 두 개의 파이프를 통해 공급되는 지하수는 건축물의

노만 포스터, 2002

Greater London Authority City Hall

The Queen's Walk, More London
www.london.gov.uk

온도 유지에 사용한 후, 화장실에서 재활용된다. 이런 환경 친화적인 접근이 공사비는 물론 관리, 유지 면에서 엄청난 절감 효과를 가져 왔다. 내부는 1층의 로비, 지하는 카페와 전시공간, 2층은 시의회, 그리고 그곳에서 최상층인 10층까지는 나선의 계단을 따라 업무공간이 위치한 상층으로 오르게 디자인되어 있다. 시청사는 주변의 7개의 건축물과 함께 재개발 프로젝트인 모어 런던에 포함되어 있으며, 6개 동은 노만 포스터, 힐튼 호텔은 제스티코 & 와일즈의 디자인으로 2008년에 모든 동들이 완공되었다. 대부분의 동들은 업무공간이기는 하나 폐쇄적이기보다는 공공성을 중시하도록 디자인되어 있으며 외부공간은 분수, 나선계단, 옥외갤러리, 잔디광장 등 시민들을 위한 휴식공간으로 디자인하였다.

LD - 02

More London

모어 런던

노만 포스터, 2008

More London, London
www.morelondon.com

템즈 강변 사우스뱅크 지역의 도시개발 프로젝트인 모어 런던은 런던 시청사와 옆에 위치한 7동의 건축물, 야외극장, 상가, 레스토랑, 카페, 그리고 보행자 공간까지 포함하는 대규모 프로젝트이다. 13에이커의 부지에 연면적 280,000㎡ 규모인 복합적인 성격의 프로젝트는 시청사를 제외한 7동 중 6동은 노만 포스터, 그리고 나머지 힐튼 런던 타워브릿지 호텔은 제스티코 & 와일즈 사무소에서 디자인하였다. 에른스트 & 영 유럽 본사 등이 들어있는 건축물들은 크게 1, 6 모어 런던 플레이스와 2, 3, 4 모어 런던 리버사이드로 구성되며 다른 업무용 건축물과는 달리 스타일리쉬한 유리의 커튼월 건축물들로 구성하여 개방적이면서 공공성을 중시하고 있다. 건축물은 일반적으로 개방하는 카페나 상가 외에도 외부공간의 분수, 옥외 갤러리, 야외극장이나 잔디 광장 등을 개방하여 시민들을 위한 공공공간으로 제공하고 있다. 조경은 타운센드 랜드스케이프 아키텍츠에서 하였으며 전기 기타 등이 조형물로 광장에 설치된 것이 비틀즈의 나라임을 상징하는 것 같다. 실내디자인을 전공한 사람이라면, 힐튼 런던 타워 브릿지 호텔의 실내공간도 방문해 보기를 바란다.

LD - 03

Fashion & Textile Museum

패션 & 텍스타일 뮤지엄

리카르도 레고레타, 2003

83 Bermondsey Street London
www.ftmlondon.org

멕시코 건축가인 리카르도 레고레타의 작품답게 색채감 있는 외관을 한 박물관으로 런던 시청사의 근처에 위치하고 있다. 전체적인 분위기도 멕시코의 현대적인 건축물을 런던에 옮겨놓은 것 같은, 이 박물관은 70년대에 활약을 했던 의상디자이너인 잔드라 로즈가 개설했던 근대 패션과 텍스타일을 위한 전시공간으로 책과 미디어로만 접했던 패션의 역사를 실물로 접하게 하는 목적으로 디자인되었다. 고객이 영화배우나 대중가수였던 잔드라의 색채감 있는 의상과 어울리는 건축물로 외벽에 사용된 핑크와 오렌지는 그녀의 머리칼 색과 같은 것이어서 재미있다. 실내공간은 주 전시공간, 프린트 워크숍, 텍스타일 스튜디오, 카페와 숍으로 구성되어 있다. 밝은 블루와 핑크의 통로, 황색의 계단, 샤프한 기하학적인 라인을 따라 구성된 색채 등이 극적인 공간을 연출한다. 오픈하면서 개최한 '내가 좋아하는 드레스' 라는 전시회가 호평을 받았었으며 2007년 봄에 일시 휴관, 패션학원을 병설하기 위하여 리모델링을 하였다.

BRITISH > LONDON

LD - 04

Millennium Bridge

밀레니엄 브릿지

새천년을 상징하는 의미로 건설된 기념건조물로 밀레니엄 돔, 밀레니엄 브릿지, 테이트 모던, 런던아이를 거론할 수 있다. 그 중 하나인 밀레니엄 브릿지는 런던과 사우스워크를 연결하는 보행자를 위한 육교와 같은 현대적인 교량으로 건축가 노만 포스터와 조각가 안소니 카로가 공동으로 만든 작품으로 브릿지의 양편에는 크리스토퍼 렌이 설계한 전통적 고딕양식의 세인트 폴 성당과 현대적으로 개수한 테이트 모던 갤러리가 위치하고 있다. 1998년 착공하여 2000년에 완공한 교량은 총 1800파운드의 자본을 투자해 완성하였으나, 교량이 흔들린다는 문제점이 발견되어 2년간 보완해서 2002년 2월 22일에 재개통되었다. 건축, 예술, 엔지니어링이 협력하여 완성한 교량은 전장 320m, 폭 4m로 리본 같은 슬림한 구조를 2개의 Y형 교각에 의해 지지하고 있으며, 교량 본체는 알루미늄, 난간부는 스테인레스 스틸로 마감이 되어있다. 이 교량은 1894년의 타워 브릿지 이래 약 100년만에 템즈 강에 새로 세워진 다리로서 경제의 중심지인 시티와 재개발이 진행 중인 템즈 강 남측을 연결하여 경제, 산업의 파급효과에도 영향을 미치고 있다고 한다. 야간에는 라이트업 조명으로 인한 아름다운 모습이 마치 빛으로 이루어진 칼처럼 보인다고 해서 블레이드 어브 라이트(Blade of Light)라고 불리운다.

노만 포스터, 2000 (2002 재개통)

53 Bankside Southwark London
www.fosterandpartners.com

LD - 05

Palestra

팔레스트라 빌딩

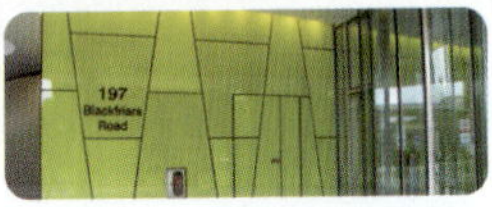

알솝 디자인, 2006

197 Blackfriars Road London

최근 런던의 도시경관을 팝아트 같은 분위기로 변화시키는 건축가의 한사람인 윌리엄 알솝의 건축물인 팔레스트라 빌딩이 2006년 말 쥬빌리 라인의 시작 역 바로 앞에 색채감 있는 모습으로 나타났다. 고대 로마의 격투기장을 의미하는 팔레스트라 빌딩은 직방체의 매스 위에 또 다른 사각형 매스가 모자처럼 돌출된 단순한 구성의 건축물이나 우주선을 연상시키는 유기적인 주출입구와 황색과 청색의 칼라 플레이트를 액센트로 하는 팝아트적인 외관에서 이 시대의 트렌드를 선도하는 업무용 건축물이라는 생각이 드는 것이다. 건축가는 이미 그의 전작인 페캄 도서관이나 노스 그리니치 역에서 색채감 있는 외관으로 잘 알려져 있으며, 이 작품들은 그의 팝적인 감각을 보여주는 사례라고 할 수 있다. 런던의 많은 건축물의 실내디자인도 미니멀에서 장식적인 흐름으로 그 트렌드가 변하고 있으며, 팔레스트라는 변화하는 트렌드를 선도하고 있다. 바로 인접하여 테이트 모던도 위치하고 있어 업무용 건축물이나 숍과 레스토랑도 입점하여 런던 제 2의 재개발 지역인 뱅크사이드의 새로운 순례지로 팔레스트라가 부각될 것으로 보인다.

BRITISH > LONDON

LD - 06

Tate Modern Art Gallery

테이트 모던 갤러리

헤르조그 & 드 므론, 2000

53 Bankside Southwark London,
www.tate.org.uk

템즈 강 뱅크사이드에 위치하고 있는 테이트 모던 갤러리는 세익스피어 글로브 극장의 옆에 위치하고 있으며, 노만 포스터가 디자인한 밀레니엄 브릿지에 의해 강 건너편 지역과 연결된다. 템즈 강의 역사적 랜드마크였던 질 길버트 스코트 설계의 뱅크사이드 화력발전소를 개조하여 만든 이 미술관은 국제현상공모에 의해 스위스의 헤르조그 & 드 므론이 당선, 실현되었다. 건축가 팀의 최초의 대형 프로젝트라고 할 수 있었던 테이트 모던은 기존의 건축적 특성을 유지하면서 현대적인 특성을 더했다고 할 수 있다. 렌조 피아노, OMA, 안도 타다오를 물리친 건축가 팀의 디자인의 장점은 기존의 강한 랜드마크적인 특성을 지닌 수직적인 굴뚝과 기존 건축물의 벽돌구조를 고려하여 수평적인 라이트빔이라고 불리우는 현대적인 느낌을 지닌 수평적 구조의 삽입을 통한 균형감의 유지라고 할 수 있다. 전시공간의 특성은 대부분의 일반적인 미술관이 시대적인 순서로 전시가 되어 있는데 비해, 회화, 사진, 조각 같은 주제로 전시가 구성되어 있는 점이라고 할 수 있으며, 또 좋아하는 작품 앞에서 미술품을 구경할 수 있도록 쟈스퍼 모리슨이 디자인한 접이의자를 빌려주는 등 세심한 배려를 하고 있는 점이다. 이렇게 전시가 구성된 6개의 전시실은 각 실마다 다른 크기와 다른 높이, 측면이나 위에서 인공조명 혹은 자연광을 받도록 다양하게 디자인되어 있다. 전시공간을 비롯한 실내공간은 이들의 디자인답게 조명에서 부터 실내공간의 구성이 미니멀한 오브제처럼 디자인된 것이 흥미로우며, 실내는 고요함과 집중된 분위기를 느낄 수 있는 반면 공공 공간은 전혀 다른 분위기의 열려 있는 사회적 건축물로 디자인되어 있다. 현재의 건축물 남측에 유리박스를 쌓아올린 것 같은 증축동도 건축가 팀에 의해 2012년 오픈이 예정되어 있어 테이트 모던에 대한 새로운 기대감을 갖게 한다.

LD - 07

London Eye

런던 아이

데이비드 마크스,
줄리아 바필드, 2000
Riverside Building County Hall
Westminster Bridge Road
London,
www.londoneye.com

밀레니엄 프로젝트의 하나인 런던 아이는 템즈 강변에 세워진 원형의 관람차로 런던의 명물로서 관광객의 사랑을 받고 있다. 높이 135m, 1회 수용인원 800명의 웅장한 규모의 가설 구조물인 런던 아이는 영국의 기술 발전상과 런던 시내의 파노라마를 보여주는 거대한 바퀴형의 관람차로 총 건설인원 1700명이 넘는 영국, 프랑스, 독일, 이탈리아, 체코 등의 각국의 기술자가 투입하여 완공하였다. 16개월간의 공사 끝에 런던 아이가 세워졌을 때, 세계에서 가장 거대한 회전 관람차이자 캔틸레버 건축물로 기록되었다. 이 관람차의 특징은 길이 60m의 A형 프레임을 부지가 있는 쥬빌레가든에서 템즈 강 위로 경사지게 돌출시켜 A자 구조의 정점에서 회전축이 관람차를 지지하고 있는 캔틸레버 구조라는 점이며, 이 구조물이 넘어지지 않는 것은 가든의 지중 앵커에 연결된 케이블로 지지되기 때문이다. 거대한 바퀴 살 끝에 매달려진 전망 캡슐은 처음 60개에서 최종 32개로 축소되어 건축되었으며, 이 구조물을 지지하는 지반은 45개의 콘크리트 기둥과 2200톤의 콘크리트가 소요되었다. 바퀴의 직경은 135m, 무게는 1500톤으로 꼭대기에는 360° 도시 전체를 돌아 볼 수 있도록 유리 캡슐형으로 디자인되었다. 캡슐 안은 냉난방 시설, 안전용 카메라, 조명, 2채널 무전기, 스피커, 예비용 전원 등의 첨단장치가 내장되었으며, 개관 이후 관광, 건축, 공학 부문 등에서 40개 이상의 상을 수상하기도 하였다.

BRITISH > LONDON

LD - 08

Royal Festival Hall Refurbishment

로얄 페스티벌 홀 개수

얼라이드 & 모리슨, 1992

Belvedere Road, London,
www.southbankcentre.co.uk
www.alliesandmorrison.co.uk

템즈 강변의 사우스뱅크 지역에 위치한 로얄 페스티벌 홀은 레슬리 마틴과 피터 모로가 1951년 건축한 고전에서 대중음악에 이르는 다양한 공연을 위한 공간으로 얼라이드 & 모리슨이 개수하면서 일반시민들을 위한 휴식장소로 새롭게 부각되고 있다. 건축가팀은 마스터플래너인 릭 매터와 상의하여 공연장의 개수와 동시에 전체적인 사우스뱅크 지역의 흐름을 유지하면서 일반인들이 접하는 공간인 계단이 있는 넓은 로비 공간, 강이 바라다 보이는 레스토랑, 페스티벌 스퀘어에 새롭게 들어선 카페 등을 만들어 활성화하였다. 외부공간에서는 조형적인 새로운 출입구 구조물의 설치와 테라스에 현대적인 느낌의 유리와 금속으로 마감된 난간과 캐노피의 설치를 통하여 새로운 분위기를 표출하였으며, 실내공간은 기존의 레벨 차이가 있는 공간을 최대한 활용하여 실내공간 안의 거리를 만드는데 성공하였다. 마치 실내의 거리를 걸으면서 전시도 보고 카페에서 커피도 마시거나 테라스에서 다른 사람들의 모습도 내려다보는 외부 공간에서 하는 행위들이 실내공간에서 이루어지는 공간 속의 공간의 디자인이란 개념이 시퀀스가 풍부한 공간에서 자연스럽게 이루어지게 하는 것이 디자인적인 의도라고 할 수 있다. 기존의 구조물을 어느 정도 유지하면서 개수를 하여야 하다는 제약 때문에 천정에는 일부 색채감 있는 루버 구조나 공간에 부분적인 포인트 색채를 가미하여 공간에 활력을 부여하여 관광객들도 자연스럽게 커피를 마시면서 강변의 경치를 구경하는 새로운 명소로 부각시켰다.

BRITISH > LONDON

LD - 09

Waterloo International Terminal

워털루 국제터미널

니콜라스 그림쇼, 1993

York Road London, SE1 7ND
www.galinsky.com/buildings/waterloo/index.htm

비비안 리와 로버트 테일러의 가슴 아픈 사랑을 그린 흑백영화 애수의 명소로 알려진 워털루 브릿지와 런던 아이의 근처에 위치한 워털루 역은 워털루 전쟁의 이름을 따서 1948년에 개통, 1993년 국제 터미널로서의 면모를 갖추기 위해 영국의 하이테크 건축가인 니콜라스 그림쇼에게 리노베이션을 의뢰하여 완성하였다. 부친이나 조부도 엔지니어였던 그림쇼의 건축물답게 국제터미널은 길이 400m, 폭 35-55m의 거대한 파충류 같은 유기체를 연상시키는 형태나 구조체의 노출에 의해 엔지니어링적인 색채를 강하게 표출하고 있다. 길다란 터미널은 하나의 튜브처럼 구조요소로서 3개의 핀 조인트를 가진 스틸 아치를 채용하였으며, 이 아치의 센터 핀은 아치 전체의 중앙에서 서측으로 편심이 되어 비대칭적이고 유니크한 단면형을 지닌 무주의 대 공간을 만들어내고 있다. 지붕의 외피는 다양한 크기의 유리를 겹겹 연결시키면서 비바람과 눈의 무게 등 하중과 온도의 변화에 따른 공기순환과 적절한 온도를 유지할 수 있도록 하고, 개폐방식으로 이루어져 있어 마치 도마뱀과 같은 생명체의 구조와 기능을 모방하여 실내 환경을 조절하는데 큰 역할을 하고 있다. 이 역에도 역시 필립 스탁이 디자인한 유로스타 라운지가 있으니 방문해보기 바라고, 2007년 11월부터 세인트 팬크라스 역에서 유로스타가 운행하니 유럽 대륙으로 가는 여행자들은 유의하기 바란다.

LD - 10

IMAX Cinema

아이맥스 영화관

브라이안 에이버리, 1999
1 Charlie Chaplin Walk South Bank London,
www.avery-architects.co.uk/imax.html

아이맥스 영화관은 워털루 브릿지 남단의 로터리 중앙에 위치한 유리로 된 원통형의 건축물로 높이 21m, 폭 26m라는 거대한 스크린과 482석의 객석을 갖춘 영상 홀이 들어서 있다. 색채감 있는 이미지 위에 유리로 마감하여 마치 영상적인 장치처럼 보이는 원통형의 랜드마크적인 외관은 로터리라는 특수한 장소에 위치한 관계로 소음 차단을 위한 더블스킨적인 장치이며 영화관은 그 내부에 정방형의 평면으로 배치되어 있다. 자동차들이 다니는 로터리와 관객들이 영화관으로 가는 레벨이 달라 마치 터널을 통해 진입하는 것 같은 영화관의 홀 내부는 스크린의 거대함으로 좌석 배치의 경사가 급한 반면 영상은 박력감 있게 전달된다. 현대판 로마의 원형경기장을 연상시키는 커튼월의 외관, 그리고 조명에 의한 야간의 화려한 이미지는 그 자체만으로도 인상이 깊어 건축물에 대한 잔상을 오래도록 간직할 수 있는 장소이다.

LD - 11

Embankment Place

엠뱅크먼트 플레이스

테리 파렐, 1990

1 Embankment Place Villiers Street
London
www.terryfarrell.co.uk

게이트를 연상시키는 거대한 두 개의 아치형 입면이 인상적인 건축물인 엠뱅크먼트 플레이스는 런던 중심부의 차링크로스 역 상부의 공중권을 이용하여 건축된 32,000㎡ 규모의 업무용 공간이다. 건축물은 역의 플랫폼에 서있는 18개의 기둥에 의해 배럴 보울트로 지지하여 7-9개 층에 달하는 업무공간을 현수구조로 매다는 형식을 취하고 있으며, 이 때문에 전차의 진동이 업무공간에 전달되지 않고 있다. 정면 유리면에서 보이는 대칭적인 서스펜션 로드가 이런 현수구조를 상징하는 동시에 입면디자인의 액센트로 작용하고 있다. 열차의 차고의 형태를 모방한 랜드마크적인 아치형의 입면은 템즈 강 건너편에서 바라보면, 강한 아이덴티티를 보여주고 있으며, 니콜라스 그림쇼와 파트너로 일했던 테리 파렐은 인천공항의 관제센터도 디자인한 건축가로 엠뱅크먼트 플레이스에서는 포스트 모던적인 접근을 취하고 있다.

LD - 12

St. Martins Lane Hotel

세인트 마틴스 레인 호텔

필립 스탁, 1999
45 St. Martin's Lane London,
www.stmartinslane.com

런던의 내셔널 갤러리 우측부인 세인트 마틴스 레인에 위치한, 필립 스탁이 디자인한 호텔은 기존의 보수적인 호텔에 식상한 소비자들의 욕구에 대응한 부티크 호텔이다. 전통적인 영국의 건축물 사이로 들어선 호텔은 지나가는 사람들과 이용하는 고객들에게 상징적인 느낌을 부여하고 있다. 외관에서 보여지는 입구의 양쪽에 배치된 커다란 화분과 유리로 된 파사드를 반투명한 커튼으로 가려 지나가는 사람들에게 호기심을 유발시킨 연출이나 미니멀한 박스형태 호텔의 각 창들이 숙박한 고객의 선택에 따라 조명이 달라지는 인터랙티브한 입면 등에서 차별화된 디자인 전략을 느낄 수 있다. 실내공간에 들어서면, 디자이너의 특성답게 오버스케일의 화병과 긴 소파, 오브제적으로 표현된 치아 모양의 의자 등 의도적으로 각 양식이 언밸런스하게 배치된 가구들로 초현실적인 분위기를 연출하고 있다. 또한 전체적인 화이트 톤을 배경으로 파스텔 톤의 포인트 색채로 공간을 부드러우면서 각각의 공간의 컨셉에 맞게 표현한 것을 볼 수 있다. 격식을 차려야 할 것 같은 호텔 로비와 레스토랑을 디자이너는 초현실적이면서 유머러스한 디자인에 의해 우리가 인식했던 호텔 공간에 대한 이미지를 반전시키는 것이 이 호텔의 매력이 아닌가 싶다.

LD - 13

The National Gallery

내셔널 갤러리 세인즈베리 윙

내셔널 갤러리 세인즈베리 윙은 건축비평가이기도 한 찰스황태자와 깊이 연관되어 있는 프로젝트이다. 이것은 1984년 현상공모에 의해 선정된 당선안에 대한 황태자의 혹평에 의해 새로운 프로그램에 의한 현상공모가 시행되었으며, 그 결과는 황태자의 취향에 맞는 고전적인 로버트 벤츄리와 스코트 브라운의 안이 선정되었기 때문이다. 트라팔가 광장에 면해서 세워진 세인즈베리 윙은 건축가가 1838년 윌리암 윌킨스의 본관과 맥락적으로 연관시켜 설계한 것으로 현대적 건축 작품으로서도 자체의 전체성을 유지하고 있으며, 맥락의 유지를 위하여 기존 본관과 같은 포클랜드 석회암으로 마감하고 코니스 높이도 같도록 하였다. 윌리암 윌킨스의 디자인요소들이 세인즈베리 윙에서도 반복되고 있으나 새로운 리듬과 조화를 만들어 내기 위해서 사각형의 커다란 개구부나 본관과 유사한 기둥들이나 트라팔가 광장의 넬슨 모뉴먼트와 같은 기둥을 외벽에 재현하는 등의 패러디적인 방식의 사용과

로버트 벤츄리 + 스코트 브라운, 1991

Nation gallery Trafalgar Square London
www.nationalgallery.org.uk

함께 맥락성을 표현하는 외피와 실제적인 공간의 축을 틀면서 생긴 퍼스펙티브한 대계단에 의해 갤러리를 방문하는 방문객들은 역동적인 공간감을 느끼도록 디자인하였다. 대계단의 천정에는 빅토리아조의 알루미늄 성형의 아치를 부가하여 천정공간을 분절, 원근법적인 효과를 고조시키고 있다. 로버트 벤츄리의 저서인 건축에서의 복합과 대립을 생각하면서 공간을 음미하면, 공간과 형태의 의미를 더욱 되새길 수 있는 공간이라고 생각한다.

LD - 14

Liberty of London

리버티 어브 런던

에드윈 T. 홀 +
에드윈 S. 홀, 1924
Regent Street London
www.liberty.co.uk

런던의 중심가인 그레이트 말보로 거리에는 사람들의 눈을 끄는 오래된 검은 색 건축물이 있는데, 그것은 런던의 명물 중에 하나인 리버티 백화점이다. 아서 레젠비 리버티가 1875년에 세운 백화점은 일본이나 동남아에서 수입한 장식품이나 패브릭 등을 판매하던 공간으로 백화점 건축물은 1924년 에드윈 T. 홀과 에드윈 S. 홀 부자가 투더 리바이벌 양식으로 디자인하였다. 떡갈나무 원목으로 세워진 4층의 건축물은 외부에서는 폐쇄적이나 실내에는 오픈된 보이드 공간과 천창으로 밝은 실내의 판매 공간을 제공하고 있다. 과거 이탈리아에서 아르누보를 리버티 양식이라고 한 것은 바로 런던의 리버티 백화점에서 유래한 것이다. 현대라는 시대에 1920년대 양식의 건축공간을 체험하는 비일상적인 느낌이 특이하면서 동시에 공간적으로도 흥미로워 디자인을 하는 사람에게는 권할 만 하다고 생각된다.

BRITISH > LONDON

LD - 15

OXO Development

옥소 개발 프로젝트

리프슈츠 다비드슨, 1997

Southbank London,
www.oxotower.co.uk

템즈 강변의 또 다른 아이콘이기도 한 옥소(OXO) 타워는 보석, 조명, 홈웨어, 패션의 부틱과 스튜디오를 제공하는 복합용도의 건축물이면서 동시에 옥소 타워 레스토랑과 전시공간으로도 잘 알려져 있다. 1929년 알버트 무어의 우체국을 위한 발전소가 모체인 타워는 1997년 리프슈츠 다비드슨에 의해 코인스트리트 재개발의 일환인 브로드월 집합주택 등과 함께 개수와 증축이 이루어졌으며 타워 구조물은 그대로 활용하였다. 9층의 건축물에는 저층부에는 예술가나 디자이너들을 위한 작업공간인 스튜디오나 전시공간, 상가와 최상층부의 유명한 옥소 타워 레스토랑, 그리고 집합주택이 들어서 있다. 특히 옥소 타워 레스토랑은 템즈 강의 전망을 감상할 수 있는 명소이면서 천정고 높은 공간의 실내디자인과 함께 요리도 잘 알려져 있다. 또한 바로 옆에는 같은 건축가 설계한 브로드월 집합주택도 들어서 있으며, 3-4층의 저층 블록과 9층의 타워로 구성된 집합주택은 북구디자인의 영향이 엿보이고 있다.

LD - 16

Sketch

스케치

모라드 마조즈+갸반 오키프 등, 2002

9 Conduit Street London
www.sketch.uk.com

런던의 중심가인 옥스퍼드 서커스 주변의 콘듀잇 거리에 위치한 복합공간인 스케치는 2007년에 런던 최고의 레스토랑 중 하나로 선정된 곳이다. 이 복합공간은 3개의 레스토랑, 바, 갤러리, 유명한 오브제 같은 화장실로 구성된 음식을 위한 원더랜드 같은 곳으로 고객들이 식사하는 모습을 다른 사람들에게 보여주어야만 하는 곳이라고 사람들이 이야기한다. 소유주가 실업가 모라드 마조즈와 프랑스의 인기 요리사인 피엘 가니에르인 복합공간은 주간에는 비디오아트 갤러리이나 야간에는 음식점, 주말 밤이 끝날 무렵에는 무도회장으로 변하는 가변성이 있는 장소로, 이러한 환상적인 공간을 조성하기 위하여 갸반 오키프, 노에 듀쇼프르 로렌스, 유르헨 베이 같은 유명 디자인들이 참여하였다. 원래 18세기 후반의 건물을 리모델링한 공간은 각 공간에 도서관, 갤러리, 강의실, 그레이드 같은 이름이 붙여졌다. 메인 레스토랑인 색채 풍부한 강의실, 비디오아트 갤러리와 레스토랑으로 활용되는 갤러리, 삼림 속의 습원 같은 이미지로 디자인된 그레이드, 그리고 미래적인 모습의 달걀 모양 개인화장실 등 다양한 공간으로 구성되어 있어 런던을 방문하는 디자이너들이 꼭 가보아야 할 장소라고 생각된다.

LD - 17

Jubilee Line Extension

밀레니엄 지하철 쥬빌리 라인 연장구간

1863년 세계 최초로 개통한 런던의 지하철은 145년의 역사를 가지고 있는 역사적인 산물로 아직도 옛날 지하터널의 구조에 맞게 디자인된 차량과 오래된 역사들은 런던의 이미지에 맞지 않게 이용자들에게 불편함을 준다. 지하철은 처음에는 패딩톤역과 화링톤역 사이의 4마일의 구간에 불과했으나 2001년에는 254마일(400km), 11개 노선에 270개역의 거대한 네트워크를 구성하고 있으며, 이런 런던의 지하철 라인의 이미지를 디자인으로 쇄신한 프로젝트가 쥬빌리 라인의 연장구간이다. 연장구간은 쥬빌리 라인 27개역 중에 1999년 개통, 신설한 부분으로 도심의 웨스트민스터에서 스트라포드에 이르는 11개의 역사를 지칭하며 디자인과 시스템 양면에서 전 세계의 주목을 받았던 프로젝트이다. 총공사비 35억 파운드라는 대사업의 작업을 기획하고 총감독한 인물은 홍콩의 지하철사업에 오랜 기간 근무한 경험을 가진 영국 태생의 이탈리아인인 베테랑 지하철건축가 로랜드 파올레티이다. 그는 각 역을 디자인한 건축가들에게 다음과 같은 디자인 가이드라인을 제시하였다. 기능적으로 역과 버스터미널을 연결하여 지역의 충실한 교통망이 되도록 하면서 디자인적으로는 지하까지 최대한 자연광을 도입하는 것과 세부적인 마감에서 구조미의 부여, 그리고 지상역 이외의 플랫폼에서

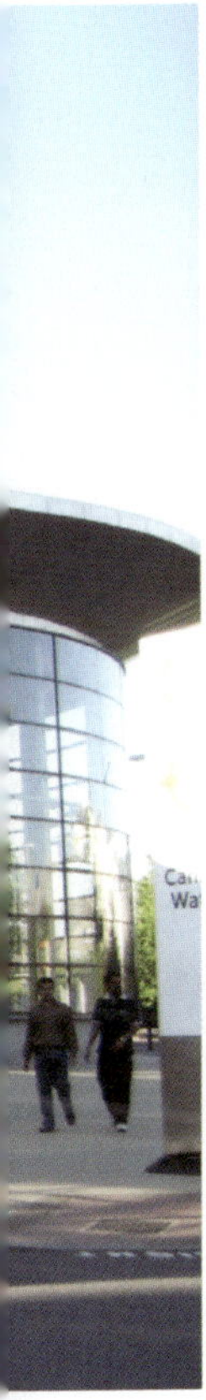

로랜드 파올레티(총감독), 1999

www.hopkins.co.uk

추락방지용 유리벽의 도입이라는 가이드라인이었다. 연장구간의 특징적인 역들의 간단한 디자인적인 특성과 건축가들을 살펴보면, 다음과 같다. 노출콘크리트의 벽과 철제 파이프에 의한 드라마틱한 공간으로 디자인한 마이클 홉킨스의 웨스트민스터역, 워털루 이스트역으로 통하는 19m 높이의 콘코스의 천창과 푸른 색의 유리장식이 특징인 매코맥 제이미슨 프리차드의 사우스워크역, 반원형의 통로 양측에 플랫폼이 설치된 웨스톤 윌리암스팀의 런던 브릿지역, 반투명의 천창을 통하여 들어오는 밝은 분위기로 연출한 이안 리치의 버몬지역, 직경 25m의 원통형 유리구조 역사가 인상적인 쥬빌리라인 건축팀인 JLE 아키텍츠의 카나다 워터역, 독랜즈 중심에 위치한 유리돔의 입구 홀이 인상적인 노만 포스터의 카나리 워프역, 유연한 곡선의 지붕을 한 윌킨슨 에어 아키텍츠팀의 스트라포드역, 주변의 공장을 의식하여 벽돌로 마감한 반 헤닝겐 & 하워드팀의 웨스트 햄역, 이외에도 JLE 아키텍츠의 워털루역, 알솝리알 & 스토머팀의 노스 그리니치역, 트루톤 매카스란팀의 캐닝 타운역을 거론할 수 있다. 이 역들을 거론하면서, 역의 디자인을 하나하나 보기위해 각 역마다 내려서 보았던 런던 쥬빌리구간 역사의 디자인 여행이 지금도 생각이 난다.

LD - 18

B&B Italia Showroom

비앤비 이탈리아 쇼룸

존 포슨(건축) +
안토니오 치테리오(실내), 2002

250 Brompton Road London,
www.bebitalia.com

비앤비 이탈리아 쇼룸은 패션샵과 작은 레스토랑들이 있는 브롬프톤 로드의 위치한 반원 보울트형의 지붕을 하고 있는 가구와 디자인 관련 매장이다. 정면 파사드는 프레임이 없는 유리로 처리, 투명하며 간결한 구성으로 공간에 확장감을 부여한다. 중이층 구조의 쇼룸은 실내공간을 시각적으로는 하나로 보이게 하나 공간적으로 분할, 전체적으로 통일감을 주면서 판매공간과 함께 쇼룸에 필요한 미팅 공간 등으로 사용하고 있다. 좁고 긴 통로의 진입부와 그리고 나타나는 중이층의 공간에 의한 공간의 수축과 확장을 통해 변화 있는 공간 체험을 하게하며, 천정고가 높은 부분에서의 휴먼스케일적인 장치로 펜던트 등을 사용하고 있다. 메인 공간으로 들어서면, 마치 여러 개의 거실에 샘플이 전시되어있는 형태로 쇼룸이 구성되어 있으며 중앙의 긴 통로를 두고 양쪽으로 분리되어 있다. 보울트형의 천정모양이 내부공간을 부드럽게 보이게 하며 마감도 화이트 톤의 미니멀한 구성과 적절한 조명의 배치로 전시된 제품들을 부각시킨다. 실내공간은 측면에 유입되는 자연채광으로 인해 은은하면서 자연스러운 분위기를 연출하는 동시에 빛의 변화에 의해 자칫 답답할 수 있는 공간에 개방감과 함께 변화를 부여한다.

BRITISH > LONDON

LD - 19

The Collection

컬렉션 레스토랑

마이클 존슨 아키텍츠(건축),
모겐스 톨스트럽(실내), 1996

264 Brompton Road, London

브롬프톤 거리에 위치한 컬렉션 레스토랑은 과거 노만 포스터가 디자인했던 에스프리 매장이 있던 공간을 새롭게 개수한 식음공간이다. 과거의 공간 중 조명이 매입된 유리로 된 브릿지가 있는 진입공간의 구조물은 그대로 사용한 식음공간은 실내는 브릿지의 하이테크한 이미지와는 다른 벽돌의 구조를 살린 공간에 목조 기둥이 있는 중이층 구성의 공간으로 디자인하였다. 전체적으로 고풍스러운 분위기로 디자인된 공간의 포인트 중 하나는 200여명이나 서서 마실 수 있는 17m에 이르는 카운터 바이다. 2층의 레스토랑은 천창을 통하여 들어오는 빛을 텐트로 필터링한 분위기에 철제 트러스의 구조가 조형적인 요소로 디자인된 공간이다. 또한 바의 객석은 목제 열주랑으로 공간을 분할하면서 중이층 하부의 벽면을 석재로 마감한 공간에 가죽 소파와 목재 테이블을 배치하여 전체적으로 따뜻한 분위기로 연출하고 있다. 레스토랑은 지중해 요리로 이름 높은 다프네스의 자매점으로 시푸드가 메인인 헬시 지향의 식음공간이다.

LD - 20

Conran Shop

콘란 샵

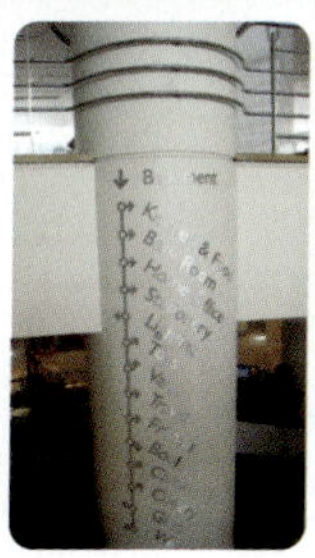

테렌스 콘란
81 Fulham Road London,
www.conranshop.co.uk

테렌스 콘란이 운영하는 인테리어디자인 관련 체인점인 콘란 샵은 골동품가게와 전문 인테리어 샵이 몰려있는 풀햄 로드에 위치해 있다. 1973년에 문을 연 현재의 매장은 주변의 적벽돌 건물과 대비가 된 커튼월 외관과 돌출된 캐노피 위의 콘란 샵 로고로 공중에 떠있는 듯 경쾌한 이미지를 부여한다. 테렌스 콘란이 대중적이면서 심플하고 감각적, 탈계급적인 양식의 디자인 용품을 대중에게 판매하기 위해 만든 매장에는 현대적인 스타일의 가구와 소품들이 진열, 판매되고 있다. 스킵플로어로 구성된 실내공간은 가구의 종류나 테마별로 전시, 판매하고 있으며 실내 원형기둥이 공간을 분할하면서 레벨 차를 두어 동선을 유도하고 있다. 실내의 천정과 벽은 전시되는 가구나 소품이 부각될 수 있는 화이트톤으로 되어 있으며 계단과 바닥은 원목과 타일로 자연스러움을 강조하고 있고, 지하로 내려가는 계단의 원형기둥에는 전시 목록의 사인이 앙증맞게 표시되어 있다.

LD - 21

Joseph Mens Wear

조셉 맨스 매장

데이비드 치퍼필드, 1997

74 Sloane Avenue London
www.davidchipperfield.co.uk

런던의 번화가인 슬로안 애베뉴에 위치한 조셉 맨스 매장은 60년대의 오피스 블록을 개수한 프로젝트이다. 프로젝트는 2개층의 남성복과 액세서리를 위한 매장공간을 만든 것과 기존 공간을 증축하여 업무공간, 쇼룸 등을 만드는 것이다. 미니멀한 디자인을 하는 데이비드 치퍼필드는 이 요구를 반영하는 동시에 입면도 다른 스킨으로 표현하여, 하부 2개층은 유리의 커튼월, 상층부은 스텐레스 메쉬로 마감하면서 내부에 조명을 내장하여 새로운 분위기의 건축물로 변신시켰다. ㄴ자형 평면의 매장 공간은 백색의 미니멀한 분위기로 연출하면서 웬지 우드로 마감한 행거 시스템을 채용하여 스마트한 분위기로 디자인하였다. 페트라 셀레나로 마감된 바닥에 상하층을 연결하는 나선형 계단이 조소적인 오브제로서 공간의 포인트로 작용하고 있다. 조셉 매장은 런던에만 10여 개소 이상이 있으나 남성복 매장은 이 매장 하나이다. 매장 근처는 에바 지리크너의 조스 카페나 조셉 매장, 그리고 건너편에는 콘란 숍이 있는 곳으로 다른 매장들도 방문해보고, 조스 카페에서는 커피도 한 잔 마셔보기를 권한다.

LD - 22

The Hempel

헴펠 호텔

아누스카 헴펠 + 맥스 벤짐, 1996
Craven Hill Gardens London,
www.the-hempel.co.uk

헴펠 호텔이란 이름은 당초 오너이면서 디자이너였던 배우출신의 아누스카 헴펠이란 이름과 함께 젠 스타일의 미니멀이란 단어를 대표하는 호텔로 유럽 전통 호텔들이 즐비한 도심지에 위치하고 있다. 주 출입구에 간단한 로고만 명기하여 방문객들에게 호텔 로비에 들어서는 순간 시공간을 넘어선 또 다른 충격을 고객들에게 선사하는 공간이다. 미니멀한 젠 스타일의 리셉션 데스크를 중심으로 대칭적 형태의 로비, 중앙의 천장에서 내려오는 빛은 공간의 미니멀한 분위기를 극대화 시켜주는 역할을 하고 있으며 지하층으로 내려가는 계단에는 반투명 재료를 사용하여 중량감을 배제하였다. 로비와 객실은 좌식 스타일을 도입하여 장식을 최소화 하고 대나무, 화로, 솔잎, 기노모, 난 등 동양적 장식요소를 사용하였다. 객실에서 보이는 가로의 공원은 호텔 영역으로 두어 영국풍의 정원과 젠 스타일을 혼합한 구성으로 각종 행사들이 많이 이루어지고 있으며, 영화 노팅힐에서 주인공 안나와 윌리엄이 결혼 피로연장소로도 유명한 정원이 볼만하다. 2005년 호텔이 매각되어 맥스 벤짐이란 회사가 20세기의 미니멀한 호텔에 21세기의 세련미를 가미하였다.

LD - 23

Victoria & Albert Museum

빅토리아 & 알버트 뮤지엄

1852년 설립된 빅토리아 & 알버트 뮤지엄은 패션, 생활용품에서 공예품까지 인류가 만든 모든 분야의 디자인 역사를 전시하는 국립박물관으로 사우스켄싱톤 거리에 사이언스 뮤지엄과 마주 보는 곳에 위치하고 있다. 실내에 들어가면, 설치미술 같은 샹들리에가 인상적인 안내 코너나 모던한 공간을 지나서 나타나는 고전적인 분위기의 레스토랑 공간에서 느껴지는 공간의 반전, 그리고 아름다운 중정 등은 전시공간과 함께 건축이나 디자인을 공부하는 사람들이 한번 방문해야 할 공간으로 생각되는 곳이다.

빅토리아 & 알버트 뮤지엄의 건축갤러리는 영국 국회의사당에서 홍콩 상하이 뱅크에 이르는 갖가지 모형으로 전시하고 있으며 이니고 존스, 크리스토퍼 렌, 프랭크 로이드 라이트의 도면과 함께 자하 하디드의 파에노 과학센터의 버추얼 영상까지 감상할 수 있다. 건축갤러리를 디자인한 가레스 호스킨스 아키텍츠(Gareth Hoskins Architects)는 글라스고를 본거지로 활동하는 건축회사로 에딘버러의 로얄 뮤지엄의 리노베이션도 하였다. 이 박물관은 한 때 다니엘 리베스킨트의 혁신적인 디자인으로 개조하려

가레스 호스킨스 아키텍츠, 2004

Cromwell Road London,
www.vam.ac.uk

고 했으나, 자금 확보의 어려움과 반대 의견 등으로 중지하였다. 전시를 감상한 후에, 한번 모던한 공간 속에 다시 고전적인 분위기로 반전시키는 레스토랑에 가서 커피를 한 잔 마신다면 전시 이상으로 새로운 공간적인 경험을 할 것이다.

BRITISH > LONDON

LD - 24

Science Museum

사이언스 뮤지엄

빅토리아 알버츠 뮤지엄 건너편에 위치한 사이언스 뮤지엄은 고전적인 분위기의 외관이나 실내에서는 하이테크한 분위기의 공간으로 흥미를 유발한다. 전시공간에 있어 기존 공간을 흥미로운 공간이 되도록 발전시킨 건축가는 과학과 기술을 활용, Challenge of Material, Making of the Modern World, Welcome Wing이라는 공간으로 디자인하였다. 전시공간은 대부분 메자닌 층으로 여유롭게 전시를 둘러볼 수 있도록 구성하고, 1층 아트리움은 양쪽으로 길게 늘어선 기둥과 중앙의 램프를 설치하여 실내로 진입 시 속도감의 인지와 함께 동선을 분산시키는 기능을 한다. 실내에서는 주간에는 천창에 의한 자연광, 저녁에는 조명을 반사시켜 신비롭게 연출하며 아트리움 가운데 걸린 다리인 'Challenge of Material Bridge'와 커다란 원을 그리는 디지털 디스플레이, 그리고 각종의 관객참가형의 전시는 관객들에게 인터렉티브한 체험을 하게 한다. 특히 매코맥 제미슨 프리차드가 디자인한 신관인 Welcome Wing은 본관이 장대하게 과학사를 전개하여 전시하는데 비해 진보하는 최첨단 과학기

크리스 윌킨슨, 2000

25 Exhibition Road London,
www.sciencemuseum.org.uk

술을 보여주고 있는 공간이다. 디자이너는 Who am I 나 in Future 같은 공간을 통하여 과학을 배우는 것이 아닌 드라마틱하게 체험하는 공간으로 디자인을 하였다. 특히 지하에 위치한 벤 켈리가 디자인한 도로의 사인이나 그래픽을 이용한 키치적인 분위기의 베이스먼트라는 공간도 놓치지 말기 바라며 사이언스 뮤지엄 측면에는 2004년에 건축된 노만 포스터가 디자인한 임페리얼 칼리지 비지니스 스쿨도 있으니 시간이 있다면, 들려 보기 바란다.

LD - 25

Millennium Dome

밀레니엄 돔

리차드 로저스(1999), HOK 스포츠 + 베뉴 + 이벤트(2007)

Drawdock Road London,
wwp.millennium-dome.com

전 세계의 많은 나라들이 지난 2000년을 전후로 다양한 밀레니엄 프로젝트들을 선보인 바 있으며,영국에서 가장 관심을 집중시킨 밀레니엄 프로젝트는 밀레니엄 돔이다. 그리니치의 동쪽으로 템즈 강변에 위치한 밀레니엄 돔은 새 천년을 기념하고 런던, 나아가서 영국의 새로운 랜드마크를 만든다는 야심찬 전략 하에 2000년 1월에 문을 열었다. 밀레니엄 돔은 100m 높이, 12개월을 상징하는 12개의 타워, 365일을 상징하는 직경 365m라는 세계 최대 규모의 단일 지붕 구조체로서 23,000명을 수용할 수 있는 전시 및 공연을 위한 공간으로 계획되었다. 계획에서 건설 단계에 이르기까지 규모와 형태 그리고 용도 등에 대하여 많은 논란이 있었지만 토니 블레어 정부의 지원하에 초기 프로그램을 대부분 유지한 상태로 완공되었으나, 불행하게도 완공 후 얼마 지나지 않아서 초기의 비판들이 현실로 나타났다. 밀레니엄 돔 자체와 진행되었던 전시는 대중들로부터 큰 호응을 얻는데 실패하여 불과 1년이 지나서 문을 닫게 되었다. 이러한 상황에서 영국의 모바일폰 회사인 The O2에서 밀레니엄 돔을 전격 인수하여 스포츠 및 문화 시설이나 카지노 등으로의 전환을 모색, 스타디움 같은 경기장 설계를 전문으로 하는 HOK스포츠+베뉴+이벤트에 의해 23,000명을 수용하는 경기장을 중심으로 라이브하우스, 영화관, 전시회장, 아이스스케이트 링크, 쇼핑아케이드가 있는 복합문화공간으로 개조하여 2007년에 오픈하였다. 이 돔은 또한 2012년 런던 올림픽에서 중요한 역할을 할 것으로 기대하고 있다.

LD - 26

London Marriott West India Quay

런던 메리어트 웨스트 인디아 키

HOK 인터내셔날, 2004

22 Hertsmere Road,
London, www.hok.com

재개발이 진행 중인 독랜즈 지역의 카나리 워프에 위치한 런던 메리어트 웨스트 인디아 키는 12층까지는 동명의 호텔, 13-32층까지는 분양아파트로 구성된 건축물이다. 미국계 회사인 HOK(헬무트, 오바타, 카사바움) 인터내셔널이 설계한 높이 111m의 호텔과 주거용의 건축물은 날렵한 커튼월로 마감한 곡선형의 정면과 후면은 주번의 빅토리아 시대의 창고군을 고려한 테라코타 마감의 포디움 디자인이 마치 다른 두개의 건축물을 합친 양면성의 건축처럼 보인다. 301실의 객실, 14개의 회의실, 파티 회장, 헬스클럽, 레스토랑, 카페 등으로 구성된 호텔은 외부의 샤프하면서 쿨한 외관과는 달리 실내는 스페셜리스트 리치몬드 인터내셔널이 적색과 크림색을 기본으로 하여 밝으면서 따뜻한 공간으로 디자인하였다. 호텔에서 중이층의 커브 레스토랑과 바로 구성된 공간이나 1층에 파이프 기둥에 조명이 내장된 장방형 유리 박스가 매달린 설치미술 같이 디자인된 공간이 인상적이니 방문해보기 바란다.

LD - 27

Canary Wharf Project

카나리 워프 프로젝트

CBDC, 1994~2005

1 Canada Sq London,
www.canarywharf.com

카나리 워프는 런던 중심부에서 동쪽으로 약 8km 떨어진 템즈 강변의 도크랜드에 위치한 지역으로 대영제국 시절에는 바다의 현관이었으나 타 교통기관의 발달로 급격하게 쇠퇴하였다. 이 쇠퇴한 도크랜드의 재개발을 위해 영국정부는 1981년 런던 도크랜드 개발회사를 설립, 런던 도심의 만성적인 상업용지 난을 해결하면서 주거와 상업, 업무기능이 조화롭게 결합된 현대적인 신도심을 창출하는 프로젝트를 구상하고 재개발에 나선 것이 카나리 워프 프로젝트이다. 이 재개발 프로젝트는 하이테크적인 디자인을 앞세운 영국 건축가팀이 포스트 모던한 안을 제시한 시자 펠리와 SOM, KPF 같은 미국 건축가팀에게 당선의 영예를 내주었다. 마스터플랜은 SOM이 담당하였으며, 시자 펠리는 국제 금융센터의 핵심이면서 카나리 워프 프로젝트의 중심이라고 할 수 있는 50층 규모의 카나리 워프 타워를 완성하였다. 이 프로젝트로 세계적인 금융회사가 총집결, 카나리 워프에만 1만3천명의 금융맨을 끌어 들이는 효과를 창출하여 상주인구가 1998년 8만3천여명으로 두 배 이상 늘어나면서 런던이 유럽 금융권의 중심인 동시에 세계 금융권의 중심이 되는데 큰 역할을 하였다.

LD - 28

Great Eastern Hotel

안다즈 런던 호텔(구 그레이트 이스턴 호텔)

테렌스 콘란 +
더 맨서 프랙티스, 2000

40 Liverpool Street London,
ondon.liverpoolstreet.andaz.com/hyatt/hotels/andaz

철도 여행의 황금기였던 빅토리아시대 후기인 1884년에 스테이션 호텔로 세워진 현재 안다즈 호텔로 변신한 그레이트 이스턴 호텔의 본관은 찰즈 배리, 신관은 1901년에 로버트 에데이스에 의해 설계되었다. 과거의 흔적이 그대로 남아있는 적벽돌의 외관과는 달리 2000년 대규모의 증개축을 통해 신, 구동을 연결하는 오픈된 연결통로의 설치와 상층부의 증축을 하였다. 4개의 레스토랑, 14개의 이벤트 룸, 267개의 객실로 구성된 호텔은 은색으로 빛나는 엘리베이터와 지상에서 최상층을 관통하는 순백의 보이드 공간에서의 현대적인 아름다움과 고풍의 객실의 고전적인 아름다움의 대비가 인상적이면서 동시에 그 역사성을 공간에서 암시하고 있다. 실내공간은 호텔의 중심축을 회전시키면서 대나무를 사용하여 장식한 갤러리와 빅토리아 시대의 섬세한 내부의 장식과 폭넓은 계단, 중앙 홀의 아이스크림콘을 연상시키는 나선형 슬로프, 독특하고 기발한 실내디자인으로 이루어진 객실 등에 의해 강한 인상을 심어준다. 이 호텔에서는 객실에 전문 사진작가의 작품을 전시하여 고객들에게 새로운 경험을 제공하며 여름성수기에는 경매도 진행하고 있다.

LD - 29

30 St Mary Axe

30 세인트 메어리 엑스

노만 포스터, 2004

30 St Mary Axe London
www.30stmaryaxe.com

리차드 로저스가 설계한 하이테크형 건축물인 로이드 빌딩에서 100m도 안되는 곳에 노만 포스터가 설계한 오이지 같은 모양을 한 41층의 초고층 빌딩인 30 세인트 메어리 엑스가 위치하고 있다. 건축 당시 소유권을 가졌던 스위스 리(Swiss Re)사가 2-15층까지 임대하고 있는 이 빌딩의 인상적인 외관은 주변 건물에 대한 일조권을 고려하여 나온 형태이다. 건축 규제가 까다로운 시티에서 30 세인트 메어리 엑스 같은 대규모 개발 사업에 대한 허가는 25년 만의 일로 시 당국은 주변지역에 미칠 환경적 영향을 최소화할 것을 지시, 이에 오이지 형태로 디자인하여 바람과 햇빛에 대한 문제를 적절하게 해결하였다. 이 디자인으로 인해 아래에서 쳐다보았을 때 윗부분이 감추어지며, 실제 40층의 고층건물임에도 불구하고 주변의 건물에 위압감을 주지 않았다. 또한 구조 자체가 자연적으로 공기를 순환시키게 하고, 열효율을 높여 냉, 난방비를 획기적인 40%정도로 줄였다. 창문들은 필요에 따라 전자동으로 열고 닫아 바람을 조절하는 등 환경문제를 고려한 런던 최초의 고층건물이기도 하다. 근처의 트레드네들 거리에 면해 GA 디자인의 트레드네들즈 호텔이 있으니 시간이 있다면 방문해보기 바라며, 외관은 평범하여 지나치기 쉽다.

LD - 30

Lloyds of London

로이즈 어브 런던

리차드 로저스, 1986
Leadenhall Street & Lime Street London
www.lloyds.com www.richardrogers.co.uk

런던의 중심가에 위치한 로이즈 어브 런던은 80년대 하이테크한 건축물의 대표적인 작품으로서 로이드 보험회사의 본사이다. 루이스 칸에서 사사한 건축가인 리차드 로저스는 그가 영향 받은 주공간과 보조공간의 개념과 아키그램의 플러그인 개념을 도입한 건축물에서 코어를 강조하면서 가변성 있는 하이테크한 건축물로 디자인하였다. 그가 21세기 보험회사 기능에 대응하면서 주요 임대공간과 보조적인 공간의 구분, 장래를 고려한 공간의 확대와 축소 가능성을 배려하여 디자인한 건축물은 실내에 거대한 아트리움이 있는 공간에 외부의 독립된 형태의 계단실과 설비가 집적된 탑상 코어가 인상적이다. 실내의 10.8×18m 스팬의 조립식 콘크리트 기둥에 의해 지지된 공간은 구조뿐만 아니라 업무 공간의 모듈에도 적합하도록 설계되었다고 한다. 건축 당시, 건축 평론에 관심이 있는 찰스 황태자가 도심 속에 세워 놓은 타이프라이터 같다는 비난에 한때 런던에서 하이테크한 건축이 세워지는 흐름을 멈추게 했던 건축물이기도 하다.

LD - 31

Laban Dance Center

라반 댄스 센터

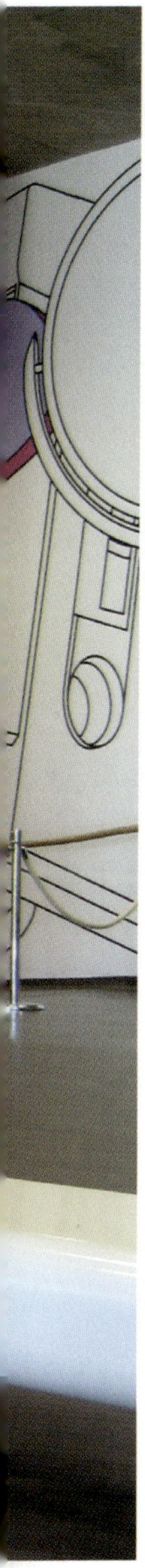

헤르조그 & 드 므론, 2003

creekside London,
www.laban.org

현대 무용전문학교인 라반 댄스 센터는 템로드브릿지의 크릭사이드 끝자락의 템즈 강으로 흐르는 작은 하천을 낀 곳에 위치하고 있다. 건축을 전공하였던 루돌프 라반은 1948년 맨체스터에 Art of Movement Studio학교를 설립, 1974년 런던의 남부 뉴 크로스지역으로 옮겨 무용과 운동을 위한 시설인 라반 댄스 센터를 세웠다. 1997년 국제 현상공모를 통해 당선된 헤르조그 & 드 므론의 이 건축물은 테이트 모던에 이은 런던의 두 번째 프로젝트이다. 센터의 세인트 폴 대성당을 중심으로 휘어진 매스와 더블스킨으로 구성된 폴리카보네이트의 파사드는 건축물 안에서 이루어지는 무용수들의 동적인 움직임과 함께 다양한 색의 변화에 의해 무용전문학교라는 특성을 보여주고 있다. 또한 불투명한 더블스킨의 구조는 햇빛의 반사와 열에 의한 보호막인 동시에 에너지 효율에도 기여를 하고 있으며, 내 외부를 그대로 지역과의 어울림의 장으로 연결, 카페는 지역주민들에게도 개방하여 지역문화의 발전에도 크게 기여하고 있다. 도서관과 극장, 연습실, 스튜디오, 카페와 헬스장으로 이루어진 공간에서 극장은 내부의 중심을 잡아주는 역할을 하고 있으며, 극장과 도서관 사이의 경사면과 검은 원형계단은 마치 무용수가 회전하는 듯한 역동성을 공간에 부여한다. 2003년 프리츠커상 수상작으로 투어는 라반 댄스 센터 사이트에 들어가 사전에 개인, 단체에 따라 2-4주전에 예약을 하여야 가능하다.

LD - 32

Geffrye Museum 20 Century Galleries

제프리 뮤지엄 20세기 갤러리

1715년에 세워진 구빈원 건물을 나이젤 코츠 팀이 리노베이션하여 만든 제프리 무제움은 런던에서도 유명한 실내디자인 관련 박물관으로서 관내에 영국 주택의 거실 12개를 연대순으로 전시하고 있는 것이 큰 특징이다. 거실은 1580년대의 엘리자베스 1세 때부터 17세기의 자코비앙 양식을 거쳐 최신 로프트 스타일까지, 거실 공간의 변천을 한 눈에 볼 수 있도록 한 전시공간이다. 브란손 코츠 아키텍츠가 설계한 20세기 갤러리는 건물 후면에 위치하여 정면에서는 보이지 않으나, 거실들이 연대순으로 전시된 공간을 지나서 카페가 있는 곳에 도달하면 그 면모를 확인할 수 있다. 나이젤 코츠 디자인의 인더스트리알 바로크라는 특성은 새로 증축된 신관의 계단에서 확인할 수 있으며, 유리 난간벽과 유리 난간을 지지하는 약간 거칠게 마감된 금속 구조물, 그리고 천창을 통하여 들어오는 자연광이 어우러진 공간이 그것이다. 신관은 12개의 거실 중 4개의 거실과 레스토랑, 숍, 워크숍과 특별전을 위한 공간, 예비실로 구성되어 있으며, 외부 정원도 거실과 마찬가지로 시대별로 정원을 배치하여 역사적인 정원 양식을 재현하고 있다. 실내디자인이나 건축을 전공한 사람이라면, 시대별로 디자인된 주거공간의 거실을 보는 것만으로도 의미가 있는 공간이다.

브란손 코츠 아키텍츠, 1998

136 Kingsland Road London
www.geffrye-museum.org.uk

LD - 33

British Library

대영도서관

콜린 세인트 존 윌슨 파트너스, 1998

St. Pancras, London, www.bl.uk

고딕 리바이벌 건축으로 유명한 세인트 판크라스 역과 호텔에 인접하여 세워진 대영도서관은 근처의 역사적인 건축물을 고려하여 디자인된 붉은 벽돌의 벽과 슬레이트 지붕이 인상적인 건축물이다. 이 도서관은 레슬리 마틴과 윌슨이 1962년 블룸스베리 대영박물관의 현상설계가 발단이 되어 시작되었으나 1975년 부지가 변경되면서 1983년 기공, 23년에 걸쳐서 완공되었다. 점층적인 형태의 벽돌로 마감된 외관과 천창이 있는 보이드된 홀의 공간에서 알바 알토의 건축적인 영향이 엿보이는 것을 알 수 있는데, 그것은 건축가가 알바 알토에서 프랭크 로이드 라이트에 이르는 유기적 건축에서 영향을 받았기 때문이다. 도서관에는 25만권의 도서는 물론이고 원고, 지도 등을 관람할 수 있는 열람실과 함께 전시 갤러리, 강의실, 업무공간이 부속되어 있다. 옥외공간은 리다와 데이비드 킨더슬레이가 디자인한 게이트 구조물이 도서관의 영역을 구분하는 장치로 세워져 있으며, 광장에는 에두아르도 파오로찌의 뉴튼 조각상이나 스트리트 퍼니처 등이 조화롭게 배치되어 도서관다운 분위기를 연출하고 있다.

LD - 34

British Museum Great Court

대영박물관 그레이트 코트

노만 포스터, 2000
Great Russeell Street, London,
www.britishmuseum.org www.fosterandpartners.com

세계 3대 박물관의 하나인 대영박물관은 로제타스톤에서 한국의 백자에 이르는 동서양의 예술품을 망라하여 수집, 전시하는 박물관으로 2000년 노만 포스터가 개수하여 새로운 모습으로 변모시켰다. 박물관은 의사며 자연학자인 한스 스론이 수집한 8만점의 수집품을 로버트와 시드니 스머크가 1759년에 건축한 건축물에서 공개하면서 시작되었다. 박물관은 막대한 수집품들과 함께 칼 막스에서 오스카 와일드에 이르는 6만여권 이상의 도서가 자랑거리였으나 현재는 대영도서관에 그 기능이 이전되었다. 노만 포스터는 중앙의 원형 돔을 중심으로 그레이트 코트라는 박물관 중정을 라티스 트러스 구조에 의해 유리로 덮어 천창이 있는 밝은 공간을 통하여 모든 공간을 연결하였다. 돔 주위로 2개의 계단을 설치하여 1층에는 인포메이션 센터, 뮤지엄숍, 탁아소, 2층에는 레스토랑과 전시갤러리, 지하에는 연수센터와 갤러리를 설치하였다. 중정을 덮은 유리는 자외선을 60% 차단하는 페어 글래스이며 트러스 자체의 구조는 약 500톤에 달하는 무게를 구조 기술로 해결하였다. 약 700만여점을 수장하고 있는 박물관에서 인상적인 전시품은 로제타스톤과 함께 기원전 4세기의 네레이데스 영묘, 엘긴경의 이름을 붙인 엘긴 마블이라고 불리는 파르테논 신전의 조각품 등이니 놓치지 말고 보기 바란다.

BRITISH > LONDON

LD - 35

Sanderson

샌더슨 호텔

필립 스탁, 2000

50 Berners Street London,
www.sandersonlondon.com

샌더슨 호텔은 1860년에 설립하여 꽃무늬의 패브릭이나 카펫을 생산하였던 회사로, 1958년에 건축된 소호지역의 본사를 디자이너인 필립 스탁이 호텔로 변신시키는 작업을 하여 탄생한 것이 샌더슨 호텔이다. 이 호텔은 호텔리어 이안 슈뢰거가 도시형 호텔의 개념을 단순한 숙박의 장소에서 비일상을 즐기는 장소로 제안한 부티크 호텔의 사례 중 하나로, 필립 스탁은 이안 슈뢰거가 추구하는 초현실적인 꿈을 호텔이라는 현실세계에 실현시킨 것이다. 어반 스파(Urban Spa)라는 컨셉으로 디자인된 호텔은 드뷔시의 목신의 오후처럼 나른하면서 가벼운 공기로 차있는 것 같은 몽환적인 분위기로 디자인되었다. 프론트 데스크 후면의 무대를 상징하는 커튼 장식이나 로비에 놓여있는 로코코 풍의 소파나 살바도르 달리의 소파, 베르너 팬톤의 의자 등의 배치에 의한 의도적인 언밸런스를 통해 손님들에게 초현실적인 세계로 초대하고 있다. 1층에 위치한 알란 듀카스의 레스토랑 스푼(Spoon)도 유명하며, 또 스파 시설인 아쿠아는 런던에서도 잘 알려져 있다.

LD - 36

Studio Ron Arad

론 아라드 스튜디오

론 아라드 +
알리슨 부룩스, 1991

62 Chalk Farm Road London,
www.ronarad.com

푸른 색으로 도색한 건축물에 낡고 녹슨 난간 등으로 폐허로 오인하기 쉬운 론 아라드의 스튜디오는 벨고 누르드 레스토랑의 바로 몇 건물 옆의 골목길 같은 통로를 통해 들어가면 그 모습이 나타난다. 벨고 누르드 레스토랑에서 식사를 한 후, 레스토랑에 문의해도 아는 사람이 없고 스튜디오를 찾기 위해 여러 번 그 근처를 돌았던 기억이 있어 이렇게 이색적으로 소개를 하는 것이다. 스튜디오는 1층은 작업공간과 창고, 2층은 쇼룸으로 우리가 매체를 통하여 익숙한 공간은 2층의 쇼룸이다. 중이층으로 구성된 쇼룸은 현재는 디자인한 가구를 전시하는 선반으로 사용되고 있는 브릿지, 그리고 브릿지로 연결된 공간과 브릿지를 지지하는 오브제 같은 강철 구조물들, 구조물에 부착된 금속제 계단 등이 오브제로 기능하는 실험적인 공간이다. 이 인공적인 지형처럼 이루어진 동굴 같은 공간은 곡선형의 천정을 금속 망과 PVC 쉬트로 마감한 반투명한 재질을 통하여 들어오는 빛, 그리고 오브제처럼 솟아있는 금속제 난간, 천정을 지지하기 위한 유기적인 형태의 구조물들이 마치 금속 조각의 작업을 위한 스튜디오 같은 분위기를 연출하고 있다. 마치 융기된 것 같이 목재로 이루어진 바닥이나 다른 금속재의 구조물들이 곡면적인 구조를 통해 긴장과 이완에 의한 대비를 표출하고 있으며, 이 공간의 분위기와 어울리는 론 아라드의 톰박 같은 의자나 곡선형의 북웜 같은 선반이 공간과 절묘한 조화를 이루고 있는 예술적인 분위기의 공간이다.

LD - 37

Belgo Noord Restaurant

벨고 누르드 레스토랑

벨고 누르드 레스토랑은 벨기에 음식의 전문 레스토랑으로 론 아라드가 디자인한 중심부인 코벤트가든의 지하공간에 위치한 벨고 센트럴과 함께 디자인적으로 유명한 식음공간으로 런던 북측의 초크팜 로드에 위치하고 있다. 주변 경관이 볼품없는 지역에 위치한 관계로 외벽 측으로는 폐쇄하였으나 하늘로는 열려진 구성을 취한 공간이다. 외부는 미니멀한 구성이나, 계단을 통해서 진입하면 대기공간에서 요리를 하는 주방을 바라보며 눈요기를 하는 동시에 마치 오브제처럼 디자인된 덕트가 눈에 들어온다. 그리고 다시 계단을 내려가면, 유리로 된 천창 하부에 목재로 된 지느러미 형태의 프레임 사이로 빛이 들어오는 밝은 부분의 공간이 나타나 극적인 공간의 반전을 느낄 수 있게 디자인되었다. 금속의 마술사로 불리는 디자이너의 공간답게 유기적인 공간은 천창으로 들어오는 자연광의 변화에 의해 더욱 극적인 고양감을 느낄 수 있다. 주로 홍합 같은 해산물을 재료로 하는 음식을 전문으로 하는 이 레스토랑은 벽으로 레스토랑과 바의 공간이 분리되어 있다. 디자인에 비해 음식 가격도 비교적 저

론 아라드, 1994

72 Chalk Farm Road London
www.belgo-restaurants.co.uk

렴하여 여행자들도 부담 없이 갈 수 있는 공간으로, 바로 옆에는 론 아라드 스튜디오도 위치하고 있어 디자인을 전공하는 사람들은 이곳에 가면 일석이조의 즐거움을 느낄 수 있다. 상기한 홈피에 들어가면, 벨고 센트럴의 위치도 알 수 있으니 누르드까지 갈 시간이 없는 사람들이라면 코벤트가든의 지하공간에 위치한 센트럴을 방문해보기 바란다.

LD - 38

Stansted Airport

스탠스테드 공항

노만 포스터, 1991

Bassingbourn road Stansted
www.stanstedairport.com

스탠스테드 공항은 승객의 증가로 인해 런던의 히드로와 개트윅공항을 보완할 목적으로 신축되었다. 공항은 터미널과 부속 빌딩인 2개의 예속빌딩과 2개의 버스 터미널, 그리고 1개의 관리 빌딩으로 구성되어 있고, 터미널 빌딩은 2층으로 되어 있으며 하층은 하물취급, 창고 및 영국 국유 철도선을 통과하는 공간으로 구성되어 있다. 2층의 중앙 홀에 모든 공공시설들을 계획, 도착과 출발시설이 나란히 계획된 중앙 홀은 탑승객의 보행거리를 감소시켜 공항 안에서 직선통로로 이동할 수 있게 하는 긴밀한 공간을 만들어내었다. 높이 15m인 모듈화된 지붕의 얇은 돔들은 연속적으로 이어지면서 천장으로 유입되는 자연광과 간접 인공조명으로 매우 밝고 넓은 공간을 연출한다. 길고 낮은 터미널 건물은 설비 관계를 중앙 홀 밑에 통합하여 천장 공간을 자유롭게 하였고, 나무와 같은 구조의 여러 기둥들로 건축물을 지탱하게 하였다. 4개의 조립된 파이프 구조로 구성된 나무형의 구조의 코어 36개가 36m 간격의 그리드로 배치되어 198m×198m 크기의 지붕을 지지하고 있다. 주변 환경과 최대한 맞추려는 의도에서 디자인된 수평성이 강한 공항은 실내공간에서는 기둥들과 돔 천장으로 유입되는 밝은 자연광으로 인해 쾌적하고 넓은 공간감을 느낄 수 있다.

L
O
N
D
O
N

205

Paris

PR - 01 팔레 데 콩그레 드 파리 Le Palais des Congres de Paris / **PR - 02** 퍼블리시스 드러그스토어 Publicis Drugstore / **PR - 03** 메종 루이비통 Maison Louis Vuitton / **PR - 04** 르 랑데부 도요타 전시장 Le Rendz-Vous Toyota Showroom / **PR - 05** 호텔 퍼싱 홀 Pershing Hall Hotel / **PR - 06** 바카라 Baccarat / **PR - 07** 시트로앵 플래그쉽 쇼룸 'C_42' Citroen Flagship Showroom / **PR - 08** 오르세 미술관 Musee d'Orsay / **PR - 09** 퀴 브랑리 미술관 Musee du quai Branly / **PR - 10** 그랑 루브르 Le Grand Louvre / **PR - 11** 콩 레스토랑 KONG Bar Restaurant / **PR - 12** 브랑쿠시 아뜨리에 Atelier Brancusi / **PR - 13** 조르주 레스토랑 Restaurant Georges / **PR - 14** 퐁피두센터 Centre Georges Pompidou / **PR - 15** 이르캄 IRCAM-Institute for Research and Coordination Acoustic/Music / **PR - 16** 파빌리온 아스날 전시장 Pavillon de l'Arsenal / **PR - 17** 아랍문화원 Institute du Monde Arabe / **PR - 18** 까르띠에 본사 Foundation Cartier / **PR - 19** 바스띠유 고가철도 라 바스티유 viaduc de la bastille / **PR - 20** 베르시 공원 Le Parc de Bercy+옴니스포츠 센터 Palais Omnisports de Paris Bercy / **PR - 21** 떼뜨 데팡스-그랑 아르쉐 Le toit de al Grande Arche / **PR - 22** 시네마테크 프랑세즈-구 아메리칸 센터 La Cinematheque francaise-Bibliotheque du film / **PR - 23** 프랑스 국립 도서관 Bibliotheque nationale de France / **PR - 24** 엠케이투 mk2 Bibliotheque / **PR - 25** 베르시 빌리지 Centre Commercial Bercy Village / **PR - 26** 라 빌레트 공원 Parc de La Villette / **PR - 27** 라 빌레트 산업과학관 Cité des sciences et de la l'industrie / **PR - 28** 음악도시 Cite de la Musique / **PR - 29** 유로스타라운지 Lounge dans le Terminal Eurostar / **PR - 30** 샤를르 드골공항 Aeroport Paris - Charles de Gaulle

PR - 31 개선문 Arc de Triomphe / **PR - 32** 아틀리에 르노 L'Atelier Renault / **PR - 33** 까페 네스까페 Cafe Nescafe-미쉘 샤이 / **PR - 34** 꼼 데 가르송 Comme des Garcons-카와쿠보 레이 / **PR - 35** 에펠탑 La tour eiffel-구스타프 에펠 / **PR - 36** 평화의 벽 Le Mur Pour La Paix-장 미쉘 빌모트 / **PR - 37** 로 스시 Lo Sushi-앙드레 퓨트망 / **PR - 38** 노트르담 대성당 Cathedral Notre Dame de Paris / **PR - 39** 엑살티스 타워 Tour Exaltis-아키텍토니카

34
32
31
33
07
04
05
03
02
06
09
01
Place de la Concorde
Concorde
Pont de la Concorde
Quai des Tuileries
Assemblée Nationale
Rue Aristide Briand
Rue du Faubourg Saint-Honoré
Rue Royale
Rue d'Anjou
Rue de Surène
Rue d'Astorg
Rue Roquépine
Rue Cambacérès
Rue d'Aguesseau
Rue Roy
Rue de la Bienfaisance
Rue du Rocher
Rue Portalis
Rue du Général Foy
Boulevard Malesherbes
Rue Laborde
Rue d'Argenson
Rue La Boétie
Rue de Penthièvre
Rue de Miromesnil
Rue de Lisbonne
Rue de Vézelay
Rue Treilhard
Rue Malesville
Avenue de Messine
Boulevard Haussmann
Avenue Percier
Avenue Delcassé
Rue de Téhéran
Rue de Monceau
Square Beaujon
Rue de La Baume
Rue de Courcelles
Rue Louis Murat
Rue Murillo
Avenue Gabriel
Avenue de Marigny
Avenue Matignon
Rue du Cirque
Rue Jean Mermoz
Rue Rabelais
Rue du Colisée
Rue de Ponthieu
Avenue des Champs-Élysées
Cours La Reine
Voie Georges Pompidou
Port des Champs Élysées
Voie sur Berge Rive Gauche
Quai d'Orsay
Rue Robert Esnault-Pelterie
Petit Palais
Galeries Nationales du Grand Palais
Champs-Élysées - Clemenceau
Pont Alexandre III
Invalides
Pont des Invalides
Rue de l'Université
Avenue Franklin Delano Roosevelt
Franklin D. Roosevelt
Avenue Montaigne
Rue Jean Goujon
Rue François 1er
Rue Bayard
Cours Albert 1er
Rue Desgenettes
Rue Surcouf
Rue Malar
Port du Gros Caillou
Esplanade Habib Bourguiba
Rue Cognacq-Jay
Rue de Marignan
Rue Marbeuf
Rue Pierre Charron
Rue Clément Marot
Plaza Athénée
Théâtre des Champs Élysées
Rue de la Trémoille
Rue Lincoln
Rue de Berri
Rue d'Artois
Rue Washington
Rue Lamennais
Rue Balzac
Rue Berryer
Avenue Hoche
Rue Daru
Cathédrale Saint-Alexandre-Nevski de Paris
Avenue de Friedland
Rue de Châteaubriand
Rue Beaujon
Rue Arsène Houssaye
Avenue George V
George V
Pont de l'Alma
Alma-Marceau
Avenue Rapp
Avenue Marceau
Rue Vernet
Rue de Bassano
Rue Christophe Colomb
Rue Quentin Bauchart
Rue Euler
Rue Debrousse
Rue Georges Bizet
Rue de Chaillot
Rue Freycinet
Rue de Galliera
Palais de Tokyo
Avenue de New York
Quai Branly
Passerelle Debilly
Avenue du Président Wilson
Rue de Presbourg
Rue Galilée
Rue Keppler
Rue Newton
Avenue d'Iéna
Rue de l'Étoile
Rue Brey
Rue Troyon
Avenue de Wagram
Avenue Mac-Mahon
Avenue des Ternes
Rue de Montenotte
Arc de Triomphe
Charles de Gaulle-Étoile
Avenue Kléber
Kléber
Rue La Pérouse
Rue Dumont d'Urville
Square Thomas Jefferson
Rue de l'Amiral d'Estaing
Rue de Lubeck
Avenue Pierre 1er de Serbie
Rue Foucault
Rue Fresnel
Avenue Albert de Mun
Avenue Carnot
Rue des Acacias
Avenue de la Grande Armée
Rue d'Armaillé
Rue Anatole de la Forge
Rue Lauriston
Rue de Belloy
Rue de l'Amiral Hamelin
Rue Boissière
Boissière
Rue Paul Valéry
Rue Copernic
Avenue Victor Hugo
Avenue Foch
Rue d'Argentine
Argentine
Rue Chalgrin
Rue Le Sueur
Rue Brunel
Rue Denis Poisson
Rue du Débarcadère
Rue Pergolèse
Rue Duret
Rue Piccini
Rue Léonard de Vinci
Rue Leroux
Villa d'Eylau
Rue Georges Ville
Rue Lalo Delibes
Rue Saint-Didier
Rue de Longchamp
Villa Malakoff
Place du Trocadéro et du 11 Novembre
Trocadéro
Palais de Chaillot
Avenue Raymond Poincaré
Victor Hugo
Avenue de Malakoff
Rue Mesnil
Galerie Saint-Didier
Rue de la Pompe
Avenue Bugeaud
Rue Picot
Rue Crevaux
Rue des Belles Feuilles
Rue de Lota
Rue Spontini
Avenue d'Eylau
Rue Greuze
Rue des Sablons
Rue Decamps
Rue Schéffer
Cimetière de Passy
Passy
Avenue Georges Mandel
Allée Maria Callas
Rue Louis David
Rue Cortambert
Rue de la Tour
Rue Eugène Delacroix
Rue Henri Martin
Avenue Paul Doumer
Place de la Porte Maillot
Porte Maillot
Neuilly-Porte Maillot
Boulevard de l'Amiral Bruix
Rue Weber
Rue Marbeau
Rue Laurent Pichat
Rue Lalo
Villa Saïd
Boulevard Pereire
Rue du Général Anselin
Boulevard Lannes
Rue de la Faisanderie
Rue Benouville
Rue Emile Menier
Square Thiers
Rue de Montevideo

08
10
11
12
13
14
15
16
17
37
38
Musée d'Orsay
Galerie Commercial Carrousel du Louvre
Pyramide du Louvre
Arc de triomphe du Carrousel
Jardin des Tuileries
Musée du Louvre
Palais du Louvre
Palais Royal
Comédie Française
Forum des Halles
Jardin du Forum des Halles
Gare de Châtelet - Les Halles
Place du Châtelet
Théâtre du Châtelet
Centre National d'Art et de Culture Georges Pompidou
Hôtel de ville de Paris
Église Saint-Gervais-Saint-Protais de Paris
Hôpital Hôtel-Dieu
Cathédrale Notre Dame de Paris
Conciergerie
Sainte-Chapelle
Île de la Cité
Île Saint-Louis
Place Dauphine
Pont Neuf
Pont des Arts
Pont du Carrousel
Pont Royal
Pont Marie
Pont de Sully
Institut du Monde Arabe
Institut de France
La Monnaie de Paris
Shakespeare and Company
Église Saint-Séverin
Musée national du Moyen Âge
Thermes de Cluny
Collège de France
Le Quartier Latin
Université René Descartes
Le Sénat
Saint-Germain-des-Prés
Les Deux Magots
Café de Flore
Musée Picasso
Hôtel Lambert
Quai François Mitterrand
Quai du Louvre
Quai de Conti
Quai Malaquais
Quai Voltaire
Quai Anatole France
Quai des Tuileries
Quai des Grands Augustins
Quai de la Tournelle
Quai de Montebello
Quai aux Fleurs
Quai d'Orléans
Quai de Bourbon
Quai d'Anjou
Quai de Béthune
Quai Henri IV
Quai des Célestins
Quai de l'Hôtel de Ville
Quai de Gesvres
Voie Georges Pompidou
Rue de Rivoli
Boulevard de Sébastopol
Boulevard Saint-Michel
Boulevard Saint-Germain
Boulevard du Palais
Boulevard Raspail
Rue Rambuteau
Rue du Renard
Rue Beaubourg
Rue du Temple
Rue Saint-Martin
Rue Saint-Denis
Rue Saint-Honoré
Rue des Archives
Rue Vieille du Temple
Rue des Francs Bourgeois
Rue de Seine
Rue Mazarine
Rue de l'Odéon
Rue Bonaparte
Rue Jacob
Rue du Bac
Rue de Rennes
Rue de Vaugirard
Rue de Sèvres
Avenue Victoria

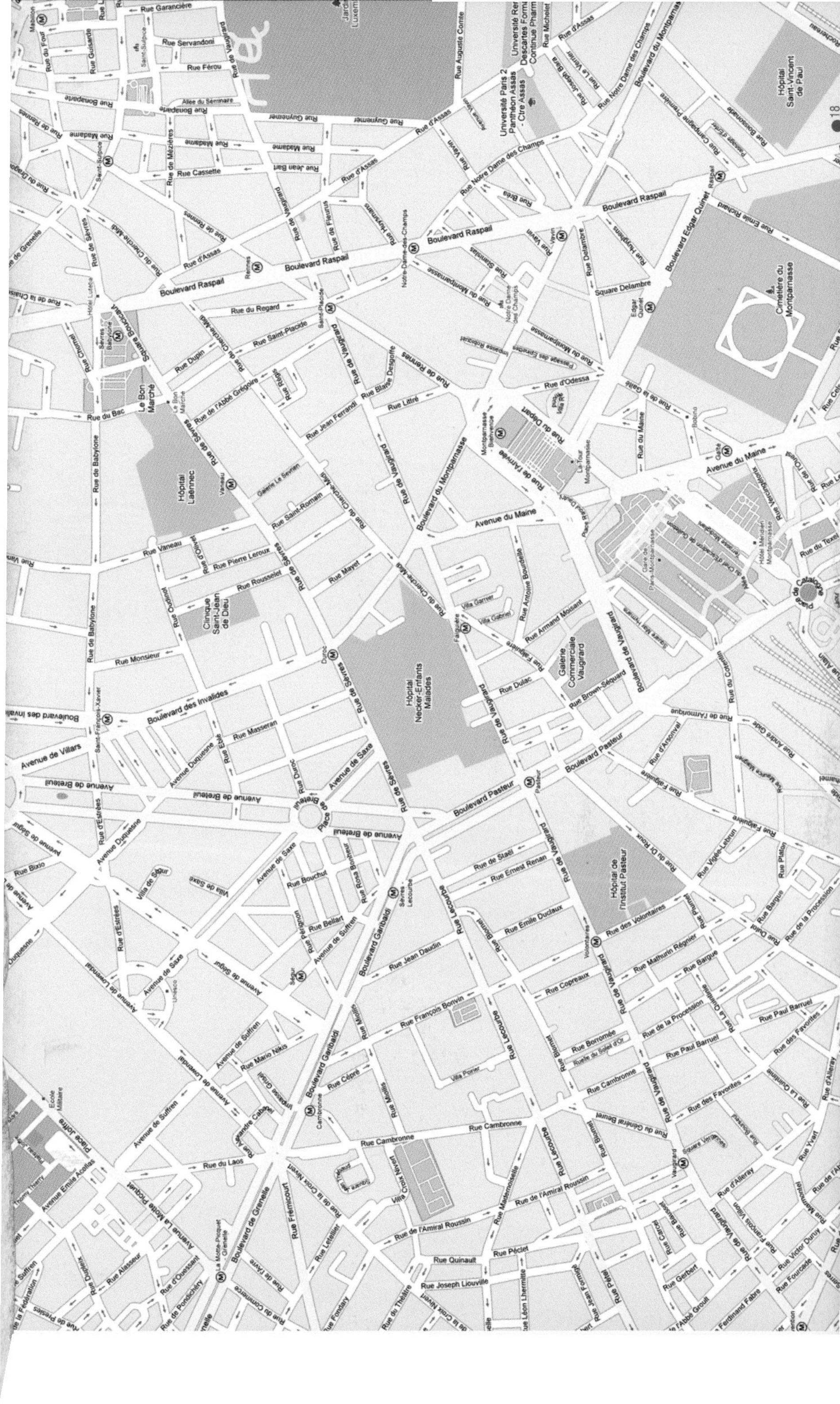

18
Hôpital Saint-Vincent de Paul
Cimetière du Montparnasse
Université Paris 2 Panthéon Assas
Boulevard Raspail
Boulevard du Montparnasse
Boulevard Edgar Quinet
Avenue du Maine
Gare de Paris-Montparnasse
Place de Catalogne
Hôpital Laennec
Le Bon Marché
Clinique Saint-Jean de Dieu
Hôpital Necker-Enfants Malades
Galerie Commerciale Vaugirard
Boulevard Pasteur
Hôpital de l'Institut Pasteur
Boulevard des Invalides
Avenue de Villars
Avenue de Breteuil
Place de Breteuil
Avenue de Saxe
Avenue de Ségur
Avenue Duquesne
Avenue de Suffren
Avenue de Lowendal
Boulevard Garibaldi
Rue Lecourbe
Rue de Vaugirard
Rue de Sèvres
Rue de Rennes
Rue Cambronne
Rue de l'Amiral Roussin
Boulevard de Grenelle
Avenue La Motte-Picquet
Place Joffre
École Militaire
Rue de Babylone
Rue du Bac
Rue du Cherche-Midi
Rue Vaneau
Rue Monsieur
Rue Mayet
Rue du Départ
Rue de l'Arrivée
Rue d'Odessa
Rue Notre Dame des Champs
Rue d'Assas
Rue Guynemer
Rue de Fleurus
Rue Falguière
Rue Dutot
Rue de la Procession
Rue des Volontaires
Rue Blomet
Rue Fondary
Rue du Théâtre
Rue Péclet
Rue Quinault
Rue Joseph Liouville

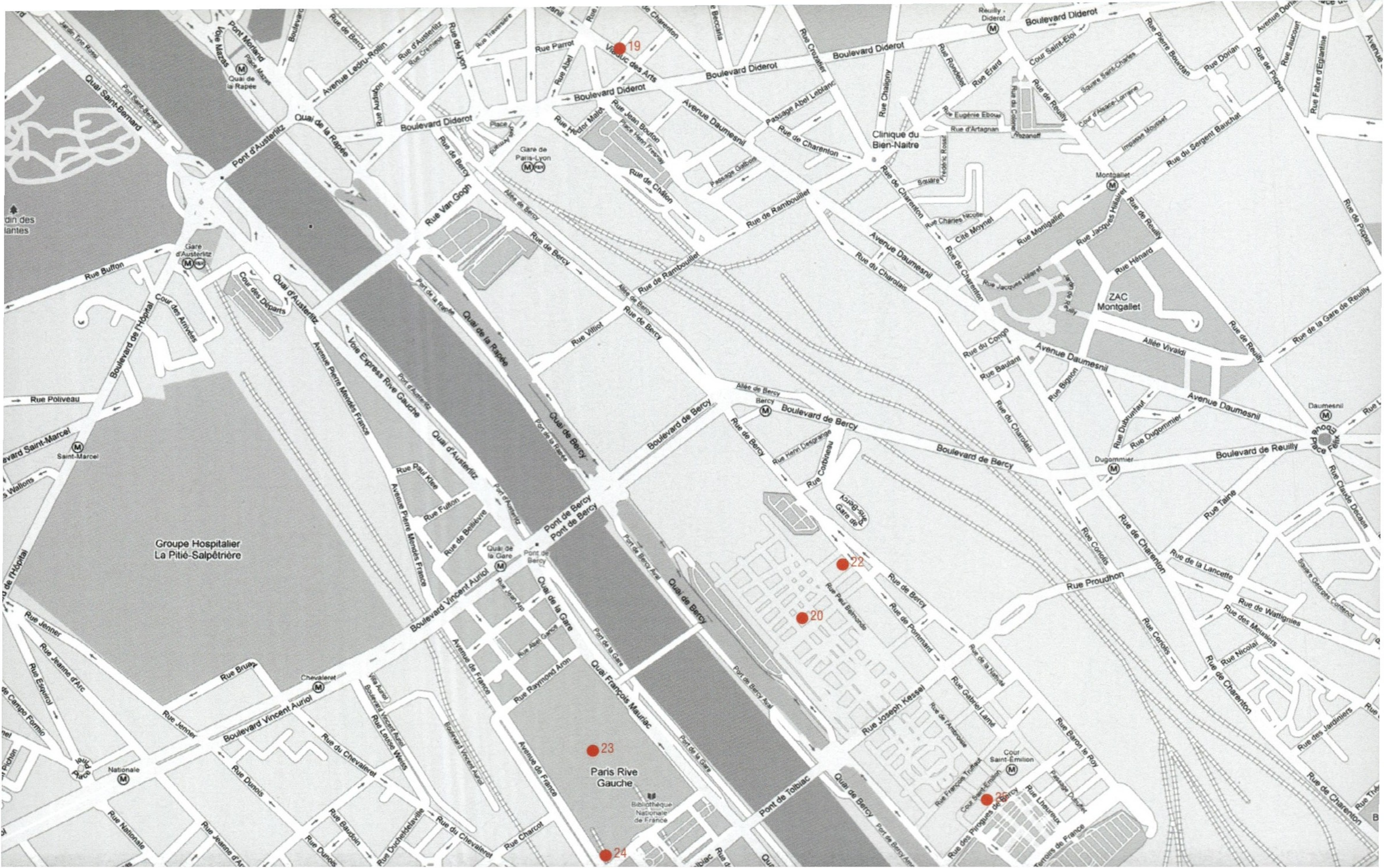
Boulevard Diderot
Viaduc des Arts
19
Clinique du Bien-Naitre
Gare de Paris-Lyon
Rue de Charenton
Avenue Daumesnil
Rue de Rambouillet
Rue de Bercy
Quai de la Rapée
Quai de Bercy
Pont d'Austerlitz
Quai d'Austerlitz
Quai Saint-Bernard
Gare d'Austerlitz
Rue Buffon
Boulevard de l'Hôpital
Groupe Hospitalier
La Pitié-Salpêtrière
Boulevard de Bercy
Boulevard de Reuilly
ZAC Montgallet
Allée Vivaldi
Rue de Reuilly
Place Félix Éboué
Pont de Bercy
Boulevard Vincent Auriol
Quai de la Gare
Quai François Mauriac
Avenue de France
Paris Rive Gauche
Bibliothèque Nationale de France
23
24
22
20
25
Rue Joseph Kessel
Pont de Tolbiac
Rue de Pommard
Rue Proudhon
Rue Coriolis
Rue de Charenton
Cour Saint-Émilion
Rue des Pirogues de Bercy
Rue Baron le Roy
Rue Poliveau
Rue Jenner
Rue du Chevaleret
Rue Nationale
Rue Dunois

27
26
28
Porte de la Villette
Cité des Sciences et de l'Industrie
Géode
Corentin Cariou
Parc de la Villette
Le Zénith
Grande halle de La Villette
Cité de la Musique
Conservatoire national supérieur de musique et de danse de Paris
Crimée
Riquet
Ourcq
Bassin de la Villette
Boulevard MacDonald
Boulevard Périphérique
Boulevard Sérurier
Quai de la Gironde
Quai de la Charente
Quai de l'Oise
Quai de la Marne
Quai de la Seine
Quai de la Loire
Canal de l'Ourcq
Avenue de Flandre
Avenue Jean Jaurès
Rue de Crimée
Rue Curial
Rue de Cambrai
Rue de l'Ourcq
Rue Riquet
Rue d'Hautpoul
Rue Petit

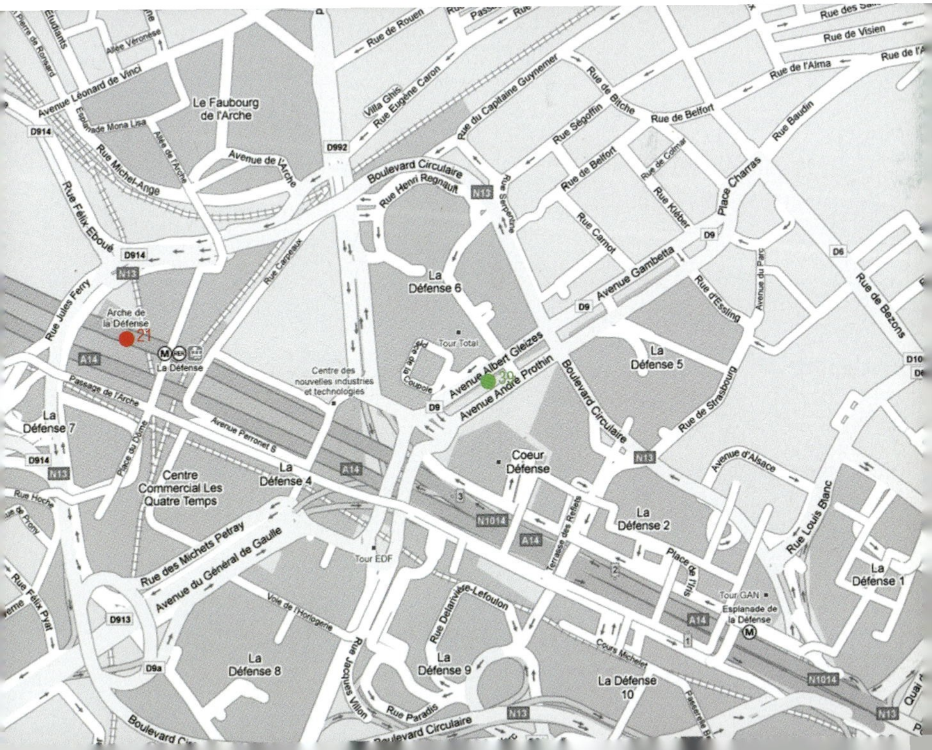

21
39
Arche de la Défense
La Défense
Le Faubourg de l'Arche
La Défense 1
La Défense 2
La Défense 4
La Défense 5
La Défense 6
La Défense 7
La Défense 8
La Défense 9
La Défense 10
Coeur Défense
Tour Total
Tour EDF
Tour GAN
Esplanade de la Défense
Centre des nouvelles industries et technologies
Centre Commercial Les Quatre Temps
Boulevard Circulaire
Avenue Albert Gleizes
Avenue André Prothin
Avenue Gambetta
Avenue Léonard de Vinci
Avenue de l'Arche
Avenue du Général de Gaulle
Rue Félix Eboué
Rue Jules Ferry
Rue des Michels Petray
Rue Jacques Villon
Place Charras
Rue de Bezons
Rue Louis Blanc

파리

프랑스의 수도인 파리는 프랑스 북부 일 드 프랑스 지방의 중앙인 센 강 중류에 위치한 도시로서 면적은 105㎢, 인구는 217만 명이다. 파리 시의 행정 구역은 1~20구로 나뉘어 있다. 고대 로마시대에는 라틴어명인 루테시아(Lutetia), 또는 루테시아 파리지오룸(Lutetia Parisiorum)이라고 불리었다. 오늘날 파리라는 이름은 켈트족의 빠리지(Parisii)라는 부족이 기원전 300년경에 센 강의 섬들에 정착한 데서 유래하였다. 이후 센 강 가운데 시테 섬의 촌락에서 시작되어 중세에는 요새도시로 성장, 10세기 말 카페왕조의 수도가 되면서 지금까지 1000년이 넘는 기간 동안 프랑스의 수도로 자리잡고 있다. 파리는 센 강이 남동쪽에서 시가지로 들어와 생루이 섬과 시테 섬을 감싸 안으면서 북쪽으로 크게 만곡을 이룬 다음 남서쪽을 거쳐 시외로 흘러나가며 동쪽으로는 뱅센 숲, 서쪽으로는 불로뉴 삼림공원으로 이어진다. 센 강의 남쪽을 좌안, 북쪽을 우안이라고 부르며, 좌안은 교육 기능 중심으로 소르본 대학 및 연구소들이 집중해 있으며 우안은 전통적으로 정치, 경제 기능이 집중된 곳으로 정부기관, 사무실, 백화점, 주요 기차역들이 있다. 19세기 이전의 파리는 중세도시의 모습을 벗어나지 못하여 좁은 길과 무질서하게 건축된 건물들로 인해 만성적인 교통 체증과 상수도, 하수도 체계의 부재, 부족한 녹지로 파리 시민들에게 생활의 불편과 심각한 위생문제를 야기 시켰다. 이에 나폴레옹 3세는 새로운 파리 건설을 계획하여 1853년 파리 지사로 오스만 남작을 임명하여 파리의 도시 구조계획을 진행, 오스만은 도시를 하나의 유기체로 보고 최초로 도시 전체를 체계적으로 재건설하였다. 오스만 이전의 유럽 도시는 군주의 영광을 드러내기 위한 도시건설에 치중하였으나 오스만은 도시 기반시설과 도로 체계, 녹지, 미관 등을 고려해 근대화된 파리를 건설하였다. 오스만은 교통망을 조직하고 도로망 이외에도 하수구를 설치하고 가로수를 심어 청결한 도시를 만들고 시청과 구청들, 도서관, 교회, 극장, 공공시장 등을 도시에 고루 분포, 파리의 구를 20개로 정하였다. 이러한 오스만의 도시계획은 오늘날까지도 파리를 유지하는 원동력이 될 수 있었다. 이후 파리는 보불전쟁이 끝난 1871년부터 제1차 세계대전이 발발한 1914년까지 전쟁이 없는 평화의 시대이었다. 이 시대는 산업혁명을 통해 주도세력으로 떠오른 부르조아에 의해 기존의 낡은 사상을 버리면서 새로운 세기에는 모든 것이 변화, 발전될 것이라는 기대가 가득 차게 되었다. 이 시기인 1889년 프랑스 대혁명 100주년 기념 만국 박람회를 위해 구스타프 에펠에 의해서 높이 317미터의 에펠탑이 만들어졌으며, 에펠탑은 오늘날 프랑스 파리의 대표적 상징물로 자리 잡고 있다. 제 1, 2차 세계대전을 거치면서 건축과 문화의 중심지가 미국 등으로 넘어가게 되면서 늙은 유럽이라고 인식되는 것을 타파하고자 프랑스 미테랑 전 대통령은 1989년 프랑스혁명 200주년을 기념하여 파리 곳곳에 대통령의 이름을 딴 미테랑 그랜드 프로젝트를 통해 파리를 다시 유럽의 관광 및 문화의 중심도시로 끌어 올리게 된다. 그랜드 프로젝트는 다양한 프로젝트들로 구성되었으며 라 데팡스의 신 개선문인 그랑 아르쉐, 루브르 박물관의 유리 피라미드인 그랑 루브르, 프랑스 국립 도서관, 라 빌레트 공원, 바스티유 오페라 극장, 오르세 미술관, 재무성 청사, 아랍문화원 등이 그것이다. 그랜드 프로젝트 후에 세워진 새로운 프로젝트로는 장 누벨의 퀴 브랑리 미술관이나 프란시스 솔러의 쥬이쉬캠퍼스 아트리움 등이 특이한 디자인으로 화제를 불러일으키고 있다. 최근 국립 도서관과 베르시 지역을 연결하는 시몬느 보봐르 보도교와 베르시 빌리지의 완성에 의해 베르시 빌리지를 비롯한 시설들이 새로운 관광지 명소로 부각되고 있으며, 샹젤리제 거리도 시트로앙이나 르노 전시장, 루이 비통 매장과 크리스티앙 드 뽀짬박의 팔레 드 콩그레스포에 의해 활성화 되고 있다.

Paris

FRANCE > PARIS

PR - 01

Le Palais des Congrés de Paris

팔레 데 콩그레 드 파리

크리스티앙 드 뽀잠박, 1999

2 place de la Porte Maillot, Paris
www.palaisdescongres-paris.com
www.chdeportzamparc.com

포르트 마요 광장 지역에 1974년에 건축된 파리의 컨벤션센터가 크리스티앙 드 뽀잠박의 설계로 증축, 1999년에 오픈하였다. 공연장과 컨벤션센터, 쇼핑공간이 복합된 팔레 데 콩그레 드 파리는 사선의 역동적인 입면을 한 외관에 노출된 계단 등을 오브제처럼 대비시킨 디자인에 의해 현대라는 시대에 맞는 모습으로 변모시켰다. 외관을 자세히 살펴보면, 르 꼬르뷔제 건축에서 영향 받은 건축가의 작품답게 외관을 외피로서 디자인하면서 외피 내측의 구조물이나 외측의 계단 등을 대비시키는 수법이 본질적으로 르 꼬르뷔제의 건축어휘에서 벗어난 것이 아님을 알 수 있다. 두개의 공연장과 전시공간이 있는 컨벤션센터, 쇼핑공간이 있는 복합문화공간으로 변모한 팔레 데 콩그레 드 파리는 과거 라이자 미넬리나 러시아 발레를 공연한 유명 공연장에서 노트르담 드 파리의 공연이나 여수 엑스포의 유치를 발표했던 역사적인 장소로 우리에게 알려졌다.

PR - 02

Publicis Drugstore

퍼블리시스 드러그스토어

미쉘 샤이, 2004

1 Avenue Matignon 75008
8ème Arrondissement Paris
www.publicisdrugstore.com

파리의 개선문 근처 샹젤리제 거리에 위치한 퍼블리시스 드러그스토어는 외관에 커다란 유리들을 마치 꼴라주한 것 같이 겹쳐진 형태로 해체주의적인 분위기를 연출하고 있는 상업용 건축물이다. 디자이너인 이탈리아계 미국인인 미쉘 샤이는 샹젤리제 거리에 면하여 파사드에 설치된 강화유리 면은 거리의 직진성, 퍼블리시스의 로고가 있는 나선 구조체는 개선문을 둘러싼 광장 로터리의 회전성을 이미지화 하고 이 양 운동이 교차하는 곳에 입구를 설치하였다. 외관의 회오리 형태가 올라가는듯한 역동적인 모습을 한 디자인을 실현하는 데에는 엔지니어 휴 두통의 역할이 컸다. 입구 나선형 형태의 시공에 있어 최대 지름 3m로 90톤의 강철과 유리를 사용하여 생산된 210개의 각기 다른 유리판과 프레임의 조립에 많은 어려움이 있었다. 외관과 마찬가지로 실내에도 계단의 난간과 벽체의 마감을 곡선으로 사용하여 쇼핑하는 손님들이 리듬감을 느끼게 하였다. 이 드러그스토어에는 1층에는 신문이나 잡지를 파는 키오스크, 약국, 서점 등, 2층에는 극장, 지하층에는 와인셀러, 슈 우에무라의 부티크 등이 들어서 있으며, 1층의 레스토랑인 코지와 마르셀은 유명 쉐프 아란 듀카스의 제자인 아란 스랄이 요리를 하는 곳이다.

PR - 03

Maison Louis Vuitton

메종 루이 비통

에릭 칼슨+피터 마리노, 2005

101 Avenue des Champs-Elysees
75008, Paris
www.louisvuitton.com
www.petermarinoarchitect.com

샹젤리제 대로변에 에릭 칼슨과 피터 마리노의 공동으로 2년 동안 작업, 개수한 메종 루이 비통이 2005년 10월에 오픈하였다. 오랫동안 루이 비통의 매장 디자인을 하였던 에릭 칼슨과 샤넬이나 알마니 등 패션공간을 디자인하였던 피터 마리노 공동팀은 루이 비통 매장의 트레이드마크인 모노그램을 사용, 전체적인 매장의 맥락을 유지하면서도 매장마다의 특성을 부여하는 방법을 샹젤리제의 매장에도 적용하였다. 실내에 들어가면, 우선 계단에 의해 몇 개의 단으로 구성된 공간과 문양을 이용한 모노그램 패턴의 긴 벽면에 오브제처럼 돌출하여 놓인 루이 비통의 가방들이 전형적인 루이 비통 매장의 모습을 보여 준다. 그러나 이런 일반적인 루이비통 매장의 전경은 제임스 터렐의 빛의 조각이나 팀 화이트 소비에스키의 비디오아트 등이 실내공간과 결합하면서 디자인의 차별화를 보여주고 있다. 매장의 하이라이트는 천정부를 원형으로 높게 오픈하여 금속 구조물들로 장식한 공간이니 놓치지 말고 한 번 찾아서 감상하기 바란다.

PR - 04

Le Rendz-Vous Toyota Showroom

르 랑데부 도요타 전시장

오라 이토, 2005

79 Champs Elysees 75008 Paris
www.ora-ito.com

이탈리아계 프랑스인 디자이너인 오라 이토가 디자인한 르 랑데부 도요타 전시장은 샹젤리제 거리의 시트로앙 전시장이나 루이 비통 매장이 위치한 대로변에 면해 있다. 디자이너는 전시장의 공간을 통하여 도요타라는 자동차의 품질이나 디자인, 그리고 혁신이라는 가치를 부각시키도록 하였다. 그는 공간을 디자인하면서 도요타를 만든 일본문화에 영감을 받아 절제된 선을 디자인 컨셉으로 설정하였다. '내일의 도요타를 오늘에' 라는 모토를 공간에 투영한 전시장은 현재, 미래 , 도요타 이노베이션, 도요타 F1, 릴렉스 숍 존이라는 5개의 체험공간으로 구분하여 미래적인 느낌을 한 유선형의 중이층 백색공간으로 디자인하였다. 전시공간은 조명에 있어서 자연광과 인공광을 사용하면서 첨단기술을 활용하고 빛과 그늘을 반복하는 방법을 사용, 백색의 공간에 도요타의 상징색인 적색을 부분적으로 도입하여 도요타를 위한 공간의 분위기를 느끼게 하였다. 이외에도 대형 화면을 통한 영상이나 오브제적인 방법을 사용한 디스플레이, 시뮬레이션 게임을 통하여 전시장에서 방문객의 참여가 활성화 되도록 하였다.

PR - 05

Pershing Hall Hotel

호텔 퍼싱 홀

앙드레 퓨트망 , 2001

49 Rue Pierre Charron 75008 Paris
www.pershinghall.com

샹젤리제 근처에 위치한 퍼싱 홀은 존 조셉 퍼싱이라는 미국인 장교의 주택을 앙드레 퓨트망이 리노베이션한 호텔로 중정에 설치된 버티컬 가든(Vertical Garden)이 인상적이다. 식물을 벽면에 설치한 버티컬 가든을 연출한 패트릭 블랑은 최근 퀴브랑리 미술관의 외벽뿐만 아니라 가나자와 21세기 미술관의 식물로 만든 설치작품 등으로 유명한 작가로 도심 속 호텔을 마치 전원 속에 위치한 것 같은 분위기로 연출하였다. 호텔 공간은 버티컬 가든이 위치한 중정을 중심으로 레스토랑, 살롱, 바, 테라스 등을 배치하여 다양한 이벤트들이 이루어지게 하였다. 레스토랑이나 바 등은 버티컬 가든의 녹색과 대비되는 보색인 붉은 색을 주조로 하여 디자인하였으며 야간에는 샹들리에와 다양한 간접조명으로 화려하면서도 은은한 공간으로 변하는 것이 특징이다. 상대적으로 객실은 대리석과 백색의 벽을 기본 재질로 사용하면서 공간의 특징에 따라 원목가구와 정돈된 장식에 의해 편안한 공간으로 디자인하였다. 샹젤리제 대로변에 위치한 게랑 매장도 앙드레 퓨트망이 디자인하였으니, 화려한 금색으로 마감한 그녀의 디자인의 공간적인 변신도 감상하기를 바란다.

PR - 06

Baccarat

바카라

필립 스탁, 2003

11 Place des Etats-Unis Paris
www.baccarat.com/en/index.htm

프랑스 최고의 크리스탈 글라스 브랜드인 바카라사가 창립 240주년을 맞이하여 약 180년 만에 본사를 이전하였다. 새로운 본사가 이전한 파리 16구의 미합중국 광장 주변은 대사관이나 고급주택가가 있는 지역으로 샹젤리제 거리에서 걸어서 몇 분밖에 걸리지 않는 곳에 위치하고 있다. 필립 스탁은 기존의 바카라의 역사나 전통적인 이미지를 탈피하기 위하여 새로운 방식으로 디자인을 접근하였으며, 그 결과 새롭게 오픈한 레스토랑이나 크리스탈 룸은 파리의 인기 있는 명소가 되어 수개월 전부터 예약을 하여야 한다고 한다. 디자이너는 장 꼭토와 살바도르 달리의 후원자이었던 드 노아이유 자작부인 시대의 호화스러운 식당 분위기에 그가 디자인한 가구와 바카라에서 만든 샹들리에와 테이블 세트로 전통공간에 현대성을 부여하는 방식을 취하였다. 전체적인 분위기는 역시 필립 스탁의 스타일대로 오버스케일의 의자를 놓는 등에 의한 초현실적인 분위기를 연출하고 있다. 특히 갤러리 뮤지엄의 바카라 역대 명품을 전시하면서 크리스탈의 제조에 사용된 물, 불, 모래, 공기라는 알레고리를 묘사한 프랑스 화가인 제라르 가루스트의 천정화가 있는 방의 분위기가 압권이다.

PR - 07

'C_42' Citroën Flagship Showroom

시트로앵 플래그쉽 쇼룸

마누엘 고트랑, 2007

42 Avenue des Champs-Elyseés Paris
www.c42.fr

샹젤리제 대로변에 위치하고 있는 시트로앵 플래그쉽 쇼룸은 시트로앵 자동차의 전시, 홍보를 위한 공간으로서 마누엘 고트랑이 디자인하였다. 시트로앵의 삼각형 로고를 입체화시킨 프리즘 같은 파사드의 건축물은 조소적인 형태의 유리를 통하여 보이는 붉은 색이 보는 방향에 따라 다양하게 변한다. 실내공간은 보이드 된 공간에 돌출된 붉은 색의 원형 플랫폼과 전시된 자동차들이 마치 오브제처럼 보이게 연출하였으며 전체적으로 백색 톤에 브랜드의 상징색인 붉은 색을 포인트로 하였다. 가운데 커다란 원기둥에는 여덟 개의 플랫폼을 설치하고 각 플랫폼 바닥면에는 어느 위치에서도 자동차를 볼 수 있게 위에 거울을 부착하였다. 자동차 전시장의 역할 외에 사람들이 오래 머물 수 있게 만들어진 공간은 엘리베이터를 이용하여 제일 위층에 가면 파리의 전경을 감상할 수 있다. 건너편에는 오라 이토가 설계한 도요타 전시장이 있으니 두 자동차 전시장의 분위기를 서로 비교해보는 것도 좋을 것이다.

PR - 08

Musée d'Orsay

오르세 미술관

가에 아우렌티, 1986

1 Rue de Bellechasse (7e) Paris
www.musee-orsay.fr

19세기 미술관이라고도 불리는 오르세 미술관은 파리 만국박람회에 맞추어 1900년 빅토르 라루가 현상공모로 당선, 설계했던 오르세 역과 호텔로 세워진 건축물이 그 전신이다. 개통 이후 도시구조의 재편으로 이용자가 급감하였으나 역사의 건축적 가치를 재평가하여 1979년 리모델링하는 현상공모가 시행되어 건축은 ATC, 실내디자인은 이탈리아의 가에 아우렌티가 맡게 되었다. 19세기의 미술품을 그 시대의 건축물에 전시한다는 캐치프레이즈에 맞게 역사의 공간을 최대한 살린 미술관은 거대한 보울트 구조와 그 틈새로 들어오는 자연광 속에 거리 같은 분위기로 연출한 공간이 전개된다. 20,000㎡의 전시공간에서 거리의 개념으로 디자인된 길이 138m, 폭 40m, 높이 32m의 조각 갤러리는 세계 최대의 원룸형 전시공간으로 압권이다. 가에 아우렌티는 실내공간의 디자인에 있어 빅토르 라루가 설계한 공간을 최대한 존중하면서 공간의 장축 방향의 양 측면에 석조의 플랫폼을 설치하고 그 하부에 개개의 전시실을 조성, 상부를 조각을 바라보면서 회유할 수 있는 통로로 만들었다. 전시공간에는 모네, 빈센트 반 고흐, 폴 고갱을 비롯한 19세기 인상파 작품 이외의 회화나 조각 뿐 만 아니라, 사진, 그래픽 아트, 가구, 공예품 등 19세기의 시각적 예술을 폭넓게 전시하고 있다.

PR - 09

Musée du quai Branly

퀴 브랑리 미술관

에펠탑에서 두어 블럭 떨어진 곳에 위치한 퀴 브랑리 미술관은 아프리카, 아시아 등지의 원시미술을 중점적으로 전시하는 미술관이다. 건축가 장 누벨과 조경가 질 끌레망, 식물학자 패트릭 블랑이 1999년 개최된 국제현상설계에서 당선, 완성한 미술관의 컨셉은 '문화적 다양성에 대한 재인식의 장소' 이다. 미술관은 본관, 테라스, 행정동, 미디어테크라는 4개 동으로 구성되어 있으며 주 전시실의 북측 파사드는 채색된 30여개의 다양한 박스를 돌출시켜 북아프리카 전통마을의 입면을 연상시키는 구성을 취하고 있다. 필로티로 구성된 미술관 하부의 지상층은 조경으로 처리하여 건축물 주변에 넓게 조성된 공원과 연계시키고 있다. 전체적으로 미래지향적인 과감한 설계와 질 끌레망의 자연숲을 모티브로 한 조경설계가 돋보이는 퀴 브랑리 미술관은 특징이 있는 두 개의 벽이 강한 인상을 부여한다. 주출입구 측에 설치된 높이 12m, 길이 200m의 유리벽은 미술관의 안과 밖을 구분하면서 강한 영

장 누벨, 2006

37 Quai Branly 75007 Paris
www.quaibranly.fr

역성을 만드는 동시에 거대한 간판과 같은 역할을 하면서 도시와 미술관을 시각적으로 연결시키고 있다. 또 다른 벽은 패트릭 블랑의 녹화된 벽으로 원시미술을 전시할 미술관의 성격과 함께 친환경적인 생태건축으로서 자연과 조화된 새로운 도시의 모습을 상징한다. 전시공간은 일반적인 미술관과는 달리 새로운 구성을 취하고 있으며 입구로 들어가 어두운 미로 같은 공간을 지나 전시공간으로 들어가면 구불구불한 황토색 벽을 따라가면 곳곳에 숨겨져 있는 듯한 미술품들을 감상할 수 있는 것이 특징이다. 카르티에 재단의 유리벽을 연상시키는 거대한 유리벽은 장 누벨이 로버트 벤츄리의 이론에 영향을 받은 간판 같은 장치이며 다양한 박스가 돌출된 입면은 건축가가 리움미술관에서 시도한 것을 더 발전시킨 것으로 보여진다.

미술관 최상층에 위치한 레스토랑 레 좀브르는 에펠탑을 보면서 식사할 수 있는 곳으로 유명한 명소이니 방문해 보기 바란다.

PR - 10

Le Grand Louvre

그랑 루브르

아이 엠 페이, 1989

Palais Royal Musée du Louvre
75001 Paris
www.louvre.fr

프랑스 고전주의의 걸작인 루브르 미술관은 19세기에 이르기까지 단계적으로 증축된 왕궁건축으로 루브르는 궁과 박물관을 동시에 지칭하고 있다. 많은 전 세계의 예술 작품을 소장하고 있는 미술관은 1793년부터 일반에 공개되었으며 프랑스 정부는 1977년에서 1989년 사이 부족한 전시 및 서비스 공간을 확보하기 위하여 대규모 증축과 개조를 계획하였다. 루브르의 대규모 증축계획을 맡은 중국계 미국인 건축가인 아이 엠 페이는 역사적으로 가장 명료한 건축형태인 유리 피라미드와 고전주의 왕궁건축을 결합시켜 기존의 역사적 건축물과 현대건축의 균형 있는 조화를 이끌어 내었다. 유리 피라미드를 이용한 새로운 진입부를 형성, 미술관의 기능을 보완하면서 지하 2층의 공간에 5만㎡ 면적으로 서비스공간과 수장고, 관리 등의 기능을 추가하였다. 실내의 에스컬레이터와 계단으로 내려가는 중앙홀 주위에는 뮤지엄샵, 카페, 강당, 도서실, 레스토랑, 시청각실 등을 배치하였으며 전시공간은 슐리관, 드농관과 리슐리외관으로 구성되어 있다. 또한 그랑 루브르의 전시공간과 뮤지엄 샵과 카페는 국내에서도 많은 프로젝트를 하였으며 디테일을 잘 다루는 건축가로도 유명한 장 미쉘 빌모트가 디자인하였기에 눈여겨보기 바란다.

PR - 11

KONG Bar Restaurant

콩 레스토랑

필립 스탁, 2003

1 Rue du Pont Neuf 75001 Paris
www.kong.fr

퐁네프의 연인이라는 영화로 잘 알려진 퐁네프 다리 건너 겐조 본사 최상층인 6-7층에 위치한 콩 레스토랑은 카페와 레스토랑 기능의 식음공간이다. 디자이너인 필립 스탁의 공간답게 6층은 거대한 기둥형의 책장과 붉은 색 꽃들 패턴의 프린팅과 조명이 내장된 긴 테이블의 대비에서 카페 코스트에서 보여준 기둥과 역사다리꼴의 계단과의 대비를 연상시킨다. 폐쇄된 6층 공간에서 나선형의 계단을 통하여 7층으로 진입하면, 탁 트인 곡면의 유리창을 통하여 퐁네프 다리를 바라 볼 수 있는 공간에서 공간의 수축과 팽창을 통한 공간적인 반전을 시도하고 있음을 알게 된다. 개방된 분위기의 7층은 천정에 부착된 에로틱하면서 거대한 게이샤의 사진과 그가 디자인한 플라스틱 의자 등받이에 프린팅된 여인들의 얼굴로 초현실적인 분위기를 연출하고 있다. 또한 천정의 사진과 모던한 곡면의 유리벽, 그리고 자갈의 패턴을 한 바닥의 카펫을 통한 대비에서 그가 즐겨 사용하는 언밸런스 해 보이는 요소들의 병치를 통한 효과를 추구하는 것처럼 보인다. 공간에서 재미있는 것은 흔들의자가 움직일 때마다 동서양의 여자얼굴이 연속적으로 오버랩 되어 나타나는 것이다. 디자인을 전공한 사람이라면, 7층에서 탁 트인 유리창을 통해 파리의 역사적인 장소인 퐁네프 다리, 노트르담 대성당, 몽빠르나스 타워를 한 눈에 바라보면서 식사와 한 잔의 커피를 마시는 것은 사치가 아닐 것이며 생각보다 점심시간의 식사는 그렇게 비싸지 않으니 방문하기를 추천한다.

PR - 12

Atelier Brancusi

브랑쿠시 아뜨리에

렌조 피아노, 1996

Place Georges Pompidou 75004
Paris
www.cnac-gp.fr

퐁피두센터의 전면부 광장 옆에 위치하는 브랑쿠시 아뜨리에는 1996년 RPBA(렌조 피아노 빌딩 워크샵)이 완공한 연면적 530㎡의 아담한 건축물로서 조각가 콘스탄틴 브랑쿠시의 작품을 전시하는 상설 전시장이다. 콘스탄틴 브랑쿠시는 루마니아 태생이면서 프랑스에서 활동한 조각가로 재질을 살리고 형태를 단순화, 추상화시킴으로써 작품 고유의 생명력을 발휘시키는 방법으로 독자적인 상징적 추상 조각의 작품세계를 펼쳤다. 브랑쿠시는 그의 작업실을 그대로 미술관에 옮겨 원래 상태로 복원한다는 조건으로 작업실에 있던 80여 점의 작품을 파리 시립 현대미술관에 유증하였고, 현재 이곳 브랑쿠시 아뜨리에에 그의 작업실이 복원되어있다. 나지막한 석회암 벽으로 이루어진 아뜨리에는 천창을 사용하여 실내에 빛을 끌어들임으로써 작업실에 자연스러움을 더해주고 있으며 건축물의 단순한 형태는 퐁피두센터의 커다란 규모에 균형감을 부여하고 있다.

PR - 13

Restaurant Georges

조르주 레스토랑

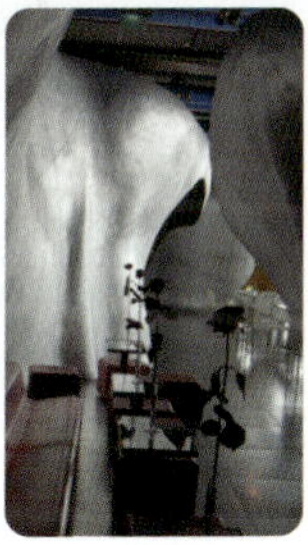

야곱+맥파렌, 2000
Place Georges Pompidou 75004 Paris
www.cnac-gp.fr

동굴 같은 유기적인 디자인에 의해 퐁피두센터의 새로운 명소가 된 조르주 레스토랑은 파리 시내가 내려다보이는 센터의 6층에 위치하고 있다. AA스쿨 출신의 실험적인 시도를 하는 야곱+맥파렌은 건축물의 기준 프레임인 80 x 80cm 격자를 일련의 왜곡과 변형과정을 거쳐 유기적 형태의 동굴 같은 구조물이 있는 레스토랑을 만들었다. 은색을 띤 동굴 같은 구조들은 각각 객실과 보관소, 서빙 준비실, 비 흡연실, 화장실 등의 기능을 가지면서 마치 실내에 오브제처럼 배치되어 공간에 유희적 활력을 불어 넣고 있다. 모노크롬한 분위기의 구조물 외부 색채와는 달리 내부는 적색과 노란색으로 도색, 레스토랑 공간에 활기를 부여하고 있으며 이 공간 안에 있는 테이블도 마치 유기적인 오브제처럼 자리 잡고 있다. 디자이너는 각 형태의 구조를 해결하기 위해 항공기나 선박, 자동차에 사용되는 'monocoque' 구조를 선박제조회사의 도움으로 완성하였다.

PR - 14

Centre Georges Pompidou

퐁피두센터

렌조 피아노 +
리차드 로저스, 1977

Place Georges Pompidou
75004 Paris
www.cnac-gp.fr

1969년 프랑스의 조르주 퐁피두 대통령은 당시 노천시장과 쓰레기 처리장 등이 있던 파리의 중심부인 레알 지역을 문화공간으로 변화시키는 재개발 사업을 추진하였다. 이 사업의 일환으로 1971년 실시된 국제 현상설계 공모전에서 렌조 피아노와 리차드 로저스의 공동 설계안이 당선되었다. 20세기를 대표하는 하이테크 건축물의 효시로 손꼽히는 퐁피두센터는 기존의 사실들을 뒤엎어 새로운 공간을 만들고자하는 피아노와 로저스의 의도에 따라 건축물의 안과 밖이 뒤집힌 것 같은 형태를 하고 있다. 전시를 위한 넓은 무주공간의 확보를 위해 구조체과 엘리베이터, 에스컬레이터, 그리고 수도관, 전선관, 환기관 같은 설비 등이 외부에 설치되어있으며 설비적인 요소에는 녹색, 노랑, 청색을 도색하여 건축물에 미적인 요소 표현과 함께 기능상 구분이 가능하도록 하였다. 2000년에 렌조 피아노에 의해 다시 리노베이션 된 퐁피두센터는 공공도서관, 현대미술관, 전시장 등으로 사용되고 있으며 정면의 광장과 이고르 스트라빈스키 분수는 도심 속에 휴게공간으로 많은 사랑을 받고 있다. 퐁피두센터를 둘러 볼 때, 6층에 위치한 조르주 레스토랑과 광장에 위치한 브랑쿠시 아뜨리에, 그리고 음향, 음악 연구소인 이르캄도 같이 둘러 볼 것을 추천한다. 그리고 광장에 면한 센터 바로 옆에는 크리스티앙 드 뽀짬박이 디자인한 카페 보부르도 있으니 한번 방문해보기 바란다.

PR - 15

IRCAM-Institute for Research and Coordination Acoustic/Music

이르캄

렌조 피아노+리차드 로저스, 1973, 1990

Place Georges Pompidou 75004 Paris
www.ircam.fr

1970년 퐁피두 대통령은 유명한 지휘자며 작곡가인 피에르 블레즈에게 음악 연구를 위한 시설의 설립을 지시하여 1973년 퐁피두센터의 음악센터이자 음향, 음악 연구소를 만들게 된다. 이르캄은 작곡가들과 과학자들의 긴밀한 공동 작업을 통해 음향학, 수학, 컴퓨터공학, 물리학 등의 첨단 연구결과들을 음악창작활동에 접목시키고 있다. 장 팅겔리의 물을 뿜는 조각이 돋보이는 이고르 스트라빈스키 분수 하부의 지하공간과 일부 지상에 위치한 건축물은 지상 3층과 지하 6층 규모로 1990년 같은 건축가에 의해 사무동이 신축되었다. 사무동의 외벽은 알루미늄 프레임에 고정된 벽돌타일을 부착한 PC 패널의 커튼월 구조가 특징이다. 지하의 콘서트홀, 공연장, 연습실 등은 음악의 성격에 따라 음향을 조절하고자 천정, 벽, 바닥의 위치를 변경하여 다양한 음향효과를 실험하고 조절할 수 있는 프로젝션 스페이스가 도입되었다.

PR - 16

Pavillon de l'Arsenal

파빌리온 아스날 전시장

라이헨 & 로베르(건축), 1988, 크리스티안 비쉐 (비디오 부스), 2002

21 Boulebared Morland
75004 Paris
www.pavillon-arsenal.com
www.biecher.com

1879년에 세워진 로랑 루이 보니쉐가 디자인한 건축물을 1988년 도시계획과 건축에 관련된 전시와 기록을 위한 센터로 개수한 것이 파빌리온 아스날이다. 800㎡의 전시공간을 갖춘 센터는 도시와 건축에 관련된 전시, 책의 발간 등을 하는 기능을 가진 공간으로 건축가팀인 라이헨과 로베르는 고전적인 건축물의 외관은 유지하면서도 실내공간은 하이테크한 이미지로 개수하였다. 특히 프랑스는 일반인들을 대상으로 공공건축이나 도시계획 프로젝트들을 홍보, 전시하는 것을 다른 유럽 국가보다 활성화되어 있기에, 이 센터는 그것을 위한 효율적인 공간으로 기능하고 있다. 프랑스의 부각되는 디자이너인 크리스티안 비쉐는 센터 내의 비디오 부스 공간을 디자인하였으며, 미래지향적인 분위기를 지닌 유선형의 붉은 색의 유리 파티션과 조명으로 연출된 부스 공간은 실내공간의 포인트라고 할 수 있다. 5개의 유선형 파티션 내에 모니터가 놓여 있는 부스는 소장하고 있는 6,500개의 필름을 볼 수 있는 공간으로 파티션 하부에 조명을 내장시켜 부유하는 듯한 공간 분위기를 연출하고 있다. 방문했을 당시에도 패트릭 베르제팀이 당선된 레알 프로젝트를 전시하는 등 활발하게 공간을 활용하고 있었다.

PR - 17

Institute du Monde Arabe

아랍문화원

장 누벨, 1987

1 Rue des Fossés Saint-Bernard Place
Mohammed V 75236 PARIS CEDEX 05
www.imarabe.org

아랍의 문화를 알리며 이해시키는 공간으로 디자인된 아랍문화원은 하이테크한 건축이면서 상징성, 그리고 도시적인 맥락을 표현한 대표적인 건축물로서 센 강변에 면해 위치하고 있다. 이제까지 하이테크 건축은 기계미학적인 추상적인 특성으로 인해 상징성을 표현하기 어렵다는 선입관이 있었으나 건축가인 장 누벨은 그 문제점을 훌륭하게 해결하였다. 곡선의 센 강에 면한 도로와 격자형 평면을 한 대학교 건물과 인접하고 있다는 도시적 맥락의 해석을 두 동의 건축물로 분리, 센 강에 면한 동은 도로의 흐름에 맞춘 곡선형 동, 대학교 건물과 면한 동은 격자형 흐름을 그대로 반영한 동으로 디자인하면서 그 연결부에 중정과 함께 지하에는 아랍건축의 특징적인 백주실을 설치하여 해결하였다. 외관에서 아랍의 상징성 표현은 격자형의 커튼월의 개구부에 빛의 강약에 따라 변하는 조리개 형태의 창을 설치, 아랍의 기하학적인 패턴을 상징적으로 표현하고 강변에 면한 입면에는 도시의 실루엣을 표현하여 해결하였다. 갑자기 어두워지면 조리개가 개폐하는 소리가 난다는 농담 같은 이야기가 있는 건축물로 오일머니로 상징되는 아랍의 경제적 배경이 아니면, 그 당시에는 실현 불가능하였던 프로젝트이다.

FRANCE > PARIS

PR - 18

Foundation Cartier

까르띠에 본사

장 누벨, 1994

261 Boulevard Raspail Paris
www.fondation.cartier.com

투명한 유리 커튼월의 가벽이 특징적인 문화공간은 최고급 귀금속으로 알려진 카르티에의 문화 사업을 관장하는 본부로 라스파유 거리에 면하여 위치하고 있다. 포스트모던의 이론에 영향을 받은 하이테크 지향의 건축가인 장 누벨은 벤츄리의 간판적인 건축을 유리벽으로 번안하면서 동시에 수목들을 일반 사람들도 지나가면서 볼 수 있는 건축물로 디자인하였다. 따라서 행사가 있을 때는 쉬트 같은 것을 부착하면, 유리벽은 거대한 간판으로 변신한다. 건축물은 전면을 유리로 처리하면서 중앙에 입구를 포함한 코어를 배치하는 구성을 취하고 있으며 양측의 1, 2층 부분은 보이드 된 전시공간으로서 천정고 8m의 대공간은 예술과 관련한 전시회가 개최되고 있다. 외벽이 유리로 처리된 전시공간은 후면의 정원과 시각적으로 연결되어 마치 정원으로 둘러싸인 공간에서 예술품을 감상하는 느낌을 갖게 만든다. 지하 8층, 지상 8층의 건축물은 하이테크한 디자인으로 동측 외벽의 엘리베이터는 와이어 같은 기술적인 장치를 보이지 않게 처리하였다. 이 건축물 건너편에는 장 미쉘 빌모트도 배출한 실내디자인 관련 유명 사립대학인 에꼴 카몽도가 위치하고 있으니, 시간이 있으면 방문해 보기 바란다.

PR - 19

Viaduc de la Bastille

바스띠유 고가철도 개수

패트릭 베르제, 1995
Du 1 au 129 Avenue Daumesnil 75012 Paris
www.viaducdesarts.fr

바스티유 고가철도는 1859년에 건설되어 1969년까지 파리의 도심교통으로 이용되었던 구조물을 1986년 당국이 새로운 용도로 재생한 프로젝트이다. 새로운 용도의 하나는 보행자 전용의 산책로이고, 또 하나는 아치 하부의 지상 층을 점포로 개수하여 주로 아트 숍과 공예품을 판매하는 공간으로 사용하는 것이다. 보행자 전용의 산책로는 조경이 이루어져 수목과 연못, 벤치가 설치되었으며 높이 10m, 길이 1.4km, 60개의 보울트가 연속하는 점포는 지하 1층, 지상 1층으로 연면적이 거의 만㎡에 달하는 규모이다. 점포는 오픈된 보울트 공간의 정신을 계승하여 아치 부분에는 유리를 외벽에서 후퇴시켜 설치, 경쾌한 느낌을 표현하고 실내는 석조를 주된 구조로 하여 목재로 마감하고 있다. 앙드레 시트로앙 공원도 설계한 건축가인 패트릭 베르제는 자크 앙지우티와 팀으로 레알 포름 공모에도 당선, 2012년 선보인다고 하니 그의 또 다른 작품이 기대된다.

PR - 20

Le Parc de Bercy + POPB(Palais Omnisports de Paris Bercy)

베르시 공원 + 옴니 스포츠 센터

베르나르 위에(1997)+미셸 앙드로, 피에르 파라(1983)

9 Boulevard de Bercy 75012 Paris
www.bercy.fr

프랑스 3대 공원 중 하나인 베르시 공원은 수백 년 동안 와인 무역의 중심지인 베르시 지역의 와인저장고들이 있었던 부지를 공원으로 조성한 곳이다. 건축가 베르나르 위에는 장미정원, 바람정원 등 9개의 테마를 가진 정원들을 만들고 와인저장고를 전시장으로 개수하는 등, 옛 공장의 흔적을 곳곳에 남겨놓아 역사성과 지역성을 그대로 유지시킨 포스트 모던한 분위기의 공원으로 디자인하였다. 시민들의 접근을 원활하게 하기위해 공원에는 별도의 경계가 없어 주변 아파트 단지의 정원 같은 착각을 불러일으킨다. 공원 서쪽에 위치한 옴니 스포츠 센터는 미셸 앙드로와 피에르 파라가 1983년 완공한 55,000㎡의 거대한 복합 기능의 스포츠센터로 유리와 철골의 하이테크한 트러스 구조의 지붕을 잔디가 덥힌 경사진 면으로 둘러싼 피라미드 같은 건축물이다. 건축가 팀은 공원의 일부이면서 거대한 구조의 느낌을 순화시키기 위하여 이와 같은 디자인적인 접근을 하였으며, 4개의 샤프트로 지지된 거대한 수퍼 스트럭처의 지붕구조는 홀의 조명과 음향장치, 그리고 가동장치 등을 매달고 가동하기 위한 장치이다. 17,000석의 메인 홀과 900석 규모의 두 개의 트레이닝 룸, 스케이트링크, 체육실 등으로 구성된 시설은 행사 내용에 따라 스포츠 경기에서부터 대중음악 공연과 오페라 같은 다양한 이벤트를 소화할 수 있는 공간이다. 바로 인접하여 프랭크 게리의 아메리칸 센터, 폴 슈메토프의 대장성 청사, 장 피에르 뷰피 등이 참여한 ZAC 집합주택이 위치하고 있다.

PR - 21

La Tâte Defense-La Grande Arche

떼뜨 데팡스-그랑 아르쉐

요한 오토 폰 스프레켈센 + 폴 앙드로, 1990

1 Parvis de La Defense Hauts-de-Seine France
www.grandearche.com

떼뜨 데팡스는 파리의 업무지구인 라 데팡스 지구에 들어선 거대한 관문과 같은 기념비적인 건축물이다. 한 변이 105m인 거대한 입방체를 오픈시킨 관문과 같은 구조물은 몇 정거장 떨어진 곳에 위치한 개선문을 의식해서 디자인하였으며, 구조물의 축은 개선문을 관통하면서 그랑 루브르까지 이어진다. 건설성을 위한 순수 입방체의 건축물은 익스팬션 조인트가 없이 하나의 유닛으로 구성되었으며 외벽은 유리와 알루미늄, 카라라 산의 대리석으로 마감되어 있다. 보이드 부분에는 구조 디자이너인 피터 라이스가 설계한 구름이라고 명명된 텐트 구조를 설치하여 어반 스케일적인 구조물에 휴먼 스케일적인 장치로 보완하고 있다. 기저부는 국제전시장인 CNIT, 국제정보시장인 MART, 쇼핑센터, 지하철과 버스의 교통망을 연결시키고 있다. 건축가가 완공을 보지 못하고 고인이 되어 폴 앙드로가 완성한 백조의 노래와 같은 유작이다. 라 데팡스 지역에는 이 건축물 외에도 아키텍토니카의 엑살티스 타워, 아이 엠 페이 건축사무소의 EDF 타워, 쿠로카와 키쇼의 패시픽 타워, 발로드 & 피스트리의 타워 t1 등이 있으니 시간이 있다면, 방문해 보기 바란다. 몰포시스의 멤버였던 미국 건축가 톰 메인이 설계한 등대라는 별명을 지닌 해체적인 분위기의 타워도 2012년 완공된다고 하는데, 그 때 라 데팡스는 또 다른 모습으로 변신할 것으로 기대된다.

PR - 22

La Cinémathèque Francaise
- Bibliothèque du film

시네마테크 프랑세즈-구 아메리칸 센터

프랭크 게리, 1994

Rue de Bercy 75012 Paris
www.cinematheque.fr

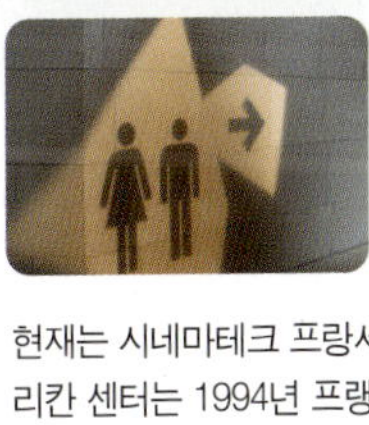

현재는 시네마테크 프랑세즈로 사용되고 있는 아메리칸 센터는 1994년 프랭크 게리에 의해 베르시 공원에 면한 위치에 세워졌다. 원래 1931년 설립된 아메리칸 센터는 파리에 있는 미국인들을 위한 고급사교장이었으나 60년대에 들어와 무대예술과 음악, 무용 등이 가세하면서 미국의 현대예술의 쇼케이스가 되었다. 현재 까르띠에 재단이 위치한 장소에서 베르시 공원으로 신축, 이전하면서 400석의 극장, 다목적 홀, 오피스, 갤러리, 어학학교, 도서관, 레스토랑과 카페, 그리고 예술가들을 위한 집합주택을 포함하는 대규모의 문화예술시설로 만들었으나 프랭크 게리는 극장과 문화시설의 동만 설계하였다. 해체주의 성향의 프랭크 게리는 이런 기능에 맞게 과거 판테옹에도 사용되었던 라임스톤으로 마감한 조각적인 건축물로 디자인하였다. 예술가들의 영향을 많이 받았다는 건축가의 작품답게 단편화된 요소들을 우연과 즉흥에 의하여 자유롭게 꼴라주한 것 같은 형태와 공간이 흥미를 유발한다. 실내에 들어가면, 천창으로 통해 들어오는 밝은 빛과 조각 같은 매스들이 어우러진 공간이 입체파의 회화를 공간으로 번안한 것 같은 분위기를 느끼게 하며 조명을 이용한 사인이 인상적이다. 2010년 초에 다클리마타시옹 공원에 들어설 프랭크 게리의 루이 비통 재단이 오픈 예정이어서 그의 차기작이 기대된다.

PR - 23

Bibliothéque Nationale de France

프랑스 국립 도서관

파리 동남쪽 센 강가에 계단으로 된 기단부에 L자 모양의 오브제 같은 4개의 크고 투명한 타워가 우뚝 서 있어 세계에서 가장 큰 프랑스 국립 도서관임을 알아볼 수 있다. 이 프로젝트는 그랜드 프로젝트의 일환으로 국제현상공모를 통해 전 세계 220팀 중에서 선정된 것으로 전체 공간의 배치는 중앙의 선큰가든을 중심으로 책을 펼친 것 같은 L자형의 타워가 네 귀퉁이에 배치된 구성이다. 100m 높이의 타워는 모두 서고로서 1,200만권의 서적과 30만권의 잡지를 수용하고 있고, 외피는 더블스킨으로 밖에는 투명한 유리, 안에는 일정한 크기의 나무 판으로 된 차양 벽면으로 구성되어 있다. 도서관을 진입하기 위해 계단을 올라가야 하는데 이것은 높이를 통해 영역을 표현한 것으로 계단을 다 올라가면 주출입구는 에스컬레이터를 타고 다시 밑으로 내려가야 한다. 그때 4개의 거대한 건축물 중앙에 있는 선큰가든의 산책로가 한눈에 보이는데 도서관의 공공적인 장소와 산책로의 사적인 공간이 대비를 이룬다. 내부는 외부공간과 내부 열람실 사이의 중간역할을 하는 긴 복도와 수직, 수평 동선체계의 중요한 역할을 하는 전실이 있다. 도미니크 페로는 국내의 이화여자대학교 캠퍼스센터 국제현상공모에도 당선되어 캠퍼스 안에 대규모 교육문화복합시설인 캠퍼스밸리(Campus Valley, ECC)를 설계하여 2008년에 개관하였다.

도미니크 페로, 1995

13th Arrondissement Paris
www.bnf.fr

PR - 24

mk2 Bibliothèque

엠케이투

프랑스 국립 도서관 바로 옆에 있는 건축물인 Bibliothéque는 원래 도서관을 의미하지만 이곳은 극장, 카페, 레스토랑, DVD판매점 등 복합공간으로 사용되고 있다. 이 건축물은 평창동의 가나아트센터 등과 그랑 루브르의 전시공간 등을 디자인을 한 장 미쉘 빌모트가 설계하였다. 건축물의 외관은 유리를 불투명하게 사용하여 국립 도서관의 투명한 유리와 대조를 이루고 있다. 입구를 따라 들어오면 긴 복도로 되어 있고 끝으로 가면 예쁜 카페가 나온다. 빌모트의 디자인적 특징인 모던 클래식 같이 축성이 있는 공간으로 디자인되지 않아 건축가의 새로운 시도를 볼 수 있으나, 한편 공간만 보면 그의 디자인적인 정체성이 나타나지 않는 것이 아쉬운 점이라고 할 수 있다. 이곳 주변에는 발로드 & 피스트르가 한 집합주택 이외의 많은 유명 건축가들이 디자인한 집합주택들이 있으니 시간이 있으면, 감상하기 바란다.

장 미쉘 빌모트, 2003

128/162 Avenue de France-75013 Paris
www.mk2.com/datamk2/sitescinemas/bibliotheque/seat.html

PR - 25

Centre Commercial Bercy Village

베르시 빌리지

발로드 & 피스트르

28 Rue François Truffaut 75012 Paris
www.bercyvillage.com

베르시 빌리지는 스포츠센터와 공원 등의 문화시설, 대규모 주거단지로 구성된 베르시 지구 재개발 사업의 일환으로 조성된 쇼핑공간으로서 파리의 새로운 관광 명소로 부각되고 있는 장소이다. 1880년부터 세계적인 와인 거래의 중심지이면서 와인저장고로 명성을 떨치던 쿠르 생 에밀리옹의 저장고 일부를 상가, 부티크, 레스토랑과 카페, 세계적인 리조트 기업인 클럽메드, 그리고 복합상영관인 UGC 시네시테로 변모시킨 프로젝트이다. 당시의 역사적 흔적이기도 한 기차선로가 남아있는 보행자 거리를 중심으로 형성된 쇼핑공간은 휴먼스케일적인 친근한 공간으로 다양한 종류의 와인을 즐길 수 있으면서 쇼핑의 즐거움을 만끽할 수 있는 공간으로 부각되고 있다. 하이테크한 분위기의 22개의 상영관으로 구성된 복합상영관도 같은 건축가 팀의 작품으로 오래된 분위기의 와인저장고와 신구의 대비를 통한 방식으로 디자인을 접근하였다. 베르시 빌리지 내에 유명한 레스토랑은 브루노 탕게랄이 디자인한 33 Chai 33으로 시간이 있는 사람들이라면, 한번 방문해서 식사를 해보기 바란다.

FRANCE > PARIS

PR - 26

Parc de La Villette

라 빌레트 공원

파리의 동북부 라 빌레트 역과 팬틴 역 사이에 위치한 장축 1km, 단축 700m의 약 16만6천여 평 부지에 조성된 라 빌레트 공원은 같은 대지 내의 산업과 학박물관과 음악도시와 함께 역사적 도시인 파리를 문회적 재생을 통해 활기를 불어넣고자 한 그랜드 프로젝트의 일환으로 세워졌다. 베르나르 츄미에 의해 21세기를 위한 도시공원을 목표로 설계된 공원은 칸딘스키의 점, 선, 면의 이론을 디자인 컨셉으로 설정, 점은 오브제, 선은 행동, 면은 공간의 시스템으로 규정하였다. 즉, 점은 사방 120m 간격의 위치에 세워진 10m 규격의 입방체 모양을 한 붉은 색 구조물인 폴리(folie), 선은 공원의 동서와 남북을 연결하는 2개의 동선 체계, 면은 수목들에 의해 윤곽이 결정된 공간 시스템이다. 공원을 방문하는 사람들은 점 · 선 · 면의 연속성이라는 시퀀스적인 현상 언어를 통하여 시간에 따른 이동 속에서 공간적인 변화를 체험하도록 디자인되었다. 이 점 · 선 · 면의 이론을 공원에 적용한 의미는 이제까지 공원들이 디자이너의 의도에 따라 움직이는 일방적인 시스템이었다면, 방문한 사람들이 그들의 의지에 의해 우

베르나르 츄미, 1982~1998

211 Avenue Jean Jaures & 30,
Avenue Corentin Cariou 75019 Paris
www.villette.com

연성과 임의성에 따라 자신만의 프로그램을 만드는 시스템이란 점이다. 그런 점에서 이 공원은 도심공원이라기 보다는 21세기의 새로운 개념을 위한 조경과 건축물, 여가와 문화가 정교하게 결합된 초대형 복합문화공간으로 보는 것이 타당할 것이다. 즉 21세기에 인류가 추구해야 할 가치가 무엇이며, 프랑스의 궁극적인 국가 비전이 무엇인지를 보여주는 공간인 것이다. 파리는 이 공간을 통해 자라나는 어린이에게 프랑스의 미래를 보여주면서 세계인과 서로 문화를 교류할 수 있도록 배려하고 있으며, 시민들에게는 휴식과 명상의 쉼터를 제공하고 있다. 이 공원은 조경디자인에 있어서도 새로운 개념을 제시하여 건축뿐만 아니라 조경디자인 측면에서도 혁신적인 작품으로 거론되고 있으며, 해체주의 건축을 세계에서 공인하게 만든 대규모 프로젝트라는 점에서도 그 의미가 있다.

Cité des sciences et de la l'industrie

라 빌레트 산업과학관

아드리안 펜실베르, 1986

Cité des sciences et de l°Øindustrie, 30 avenue Corentin Cariou 75019 Paris
www.cite-sciences.fr

라 빌레트 공원의 운하 윗 쪽에 위치한 산업과학관은 원래 도살장으로 계획되어 골조까지 공사가 된 상태에서 시민을 위한 과학관으로 용도가 변경, 개수되었다. 과학기술박물관 용도의 산업과학관은 미생물을 관찰하는 생명공학에서 우주 탐험에 이르기까지 과학과 기술발전에 관한 다양한 실험을 통해 체험할 수 있는 9000평의 전시관을 중심으로 한 건축물이다. 전시공간 외에도 어린이들의 도시, 수족관, 천문관, 식물원, 과학 실험실, 우주 항공 연구소, 물리화학실, 미생물, 바이러스, 의학에 이르는 다양한 체험관과 도서관, 그리고 영화관인 구형의 지오드로 구성되어있다. 전시장은 3가지 테마로 구성하여 물의 테마-우주와 생명을 연결하는 컨셉으로 건축물 주위를 물이 에워싼 구성, 식물의 테마-박물관 내부 3개의 대형 온실에 의한 갖가지 식물 세계, 빛의 테마-생명체에 에너지를 공급하는 빛의 세계로 지름 17m짜리 대형 돔을 통한 자연광의 실내에 투입이 그것이나. 전시는 지구에서 우주로, 생명의 모험, 인류의 소재와 노동, 언어와 커뮤니케이션 등이라는 주제로 이루어져 있다. 물에 떠있는 듯한 초대형 구체인 지오드는 직경 36m의 공간에 370명을 수용하는 영화관인 동시에 공원 입구에서부터 방향을 알려주는 랜드마크이기도 하다.

PR - 28

Cité de la Musique

음악도시

크리스티앙 드 뽀잠박,
1982~1995
221 Avenue Jean Jaures 75019 Paris
www.cite-musique.fr

라 빌레트 공원의 남측에 관문처럼 위치한 음악도시는 미테랑 프랑스 전 대통령이 계획하였던 대형 프로젝트 중 하나로 서측 동과 동측 동으로 구성되어 있다. 정면에서 본 외관의 이미지가 롱샹교회당을 떠올리게 하는 서측 동은 음악학교의 기능으로 파리국립고등음악원을 중심으로 8개의 연습실, 학생용 콘서트홀, 학생기숙사, 시청각실이 배치되어 있다. 나선형의 평면형을 취하고 있는 동측 동은 일반인들에게 개방된 공연장으로 일반인을 위한 콘서트홀, 리허설룸, 악기박물관, 카페, 업무공간 등으로 구성되어 있다. 서측 동의 파도형의 지붕 구조는 베르나르 츄미가 디자인한 아케이드와의 디자인적인 연속성을 느낄 수 있으며, 동측 동은 공연장에 도시의 소음이 침투하는 것을 방지하기 위해 도로 측에 업무공간 등을 배치하여 해결하였다. 특히 동측 동의 공연장을 둘러 싼 천창이 있는 실내 통로는 공간에서 퍼스펙티브한 효과를 유발하는 장치이면서 홀 겸 전시 등 다양한 용도로 사용하고 있다. 전체적인 형태적 구성에서 곡선과 직선의 대비나 롱샹교회당의 지붕 같은 구성에서 건축가인 크리스티앙 드 뽀짬박이 르 꼬르뷔제의 건축에서 영향을 받았다는 것을 느낄 수 있을 것이다. 동측 동의 길 건너편에 위치한 홀리데이 인 호텔 역시 같은 건축가의 작품이며, 서측 동과 마주 보는 집합주택은 알도 로시의 작품이다.

PR - 29

Lounge dans le Terminal Eurostar

유로스타 라운지

필립 스탁, 2002

Gare du Nord-10° arrondissement
Paris
www.eurostar.com

유로스타가 운행되고 있는 런던의 워털루역(Waterloo Station)과 파리 북역(Gare du Nord) 안에는 필립 스탁이 설계한 유로스타 라운지가 있다. 파리 북역은 신고전주의 양식으로 히토프가 1864년에 완공하였으며, 오랜 역사를 가진 이곳은 현재 런던과 파리를 이어주는 유로스타가 운행하면서 많은 사람들이 이용하고 있다. 유로스타 라운지의 내부는 고속철을 위한 라운지답게 레몬색의 벽에 SF영화에 나올법한 미래적인 디자인으로 연출되었으며, 개인이 앉아 작업할 수 있는 작은 테이블이 달린 멋스러운 의자가 있다. 필립 스탁의 디자인적 특성인 미니멀, 초현실적, 기능주의적 특성이 이 공간에도 잘 나타나 있다. 이 라운지는 특등석 사용 시 이용할 수 있으며, 라운지에서는 인터넷 서비스, 음식, 휴대전화 충전, 신문 등을 무료로 이용할 수 있다. 대부분 바쁘게 지나치는 공간이라서 라운지의 존재를 모를 수가 있는데, 한번 런던이나 파리를 유로스타를 통해서 간다면, 방문해보기 바란다.

PR - 30

Aéroport Paris - Charles de Gaulle

샤를르 드골 공항

폴 앙드로, 1993, 2003

BP 20101, 95711,
Roissy Charles de
Gaulle France
www.paris-cdg.com

1974년 개항한 샤를르 드골 대통령의 이름을 붙인 공항은 세계에서 가장 큰 공항의 하나로 유럽을 연결하는 중심부 역할을 하고 있다. 현재 공항 설계의 최고 건축가인 폴 앙드로가 설계한 샤를르 드골 공항의 1 터미널은 원형 형태로 처음 지어진 공항, 2 터미널은 두 개의 터미널과 선형을 기준으로 디자인된 공항이며 2A, 2B, 2C, 2D는 부채모양으로 비행기가 선착할 수 있게 하면서 최근에 지어진 2E, 2F 사이에 철도역을 배치하여 방문객들의 이동을 수월하게 하였다. 2003년에 완공된 2E는 붕괴사건으로 세간에 주목을 받았으나 다시 재건하여 2008년 9월에 새롭게 문을 열었다. 원형의 우주선 같은 이미지의 샤를르 드골 공항 1 터미널은 건축물 중앙부의 오픈된 공간에 에스컬레이터 튜브로 연결된 디자인이 프랑스의 관문으로서 역동적이면서 미래 지향적인 공항의 이미지를 잘 보여주고 있으며 터미널 2에서는 자연채광을 최대한 활용한 공간으로 디자인하였다. 디자인을 전공한 사람이라면, 공항을 방문할 때에 먼저 도착하여 공항과 연결되어 있는 쉐라톤 호텔의 공간도 구경을 하기 바란다. 프랑스의 유명 여류 디자이너인 앙드레 퓨트망이 디자인한 쉐라톤 호텔의 세련된 실내공간과 폴 앙드로가 디자인한 루와시 공항 철도역의 공간을 둘러보는 것도 의미가 있다고 생각되기 때문이다.

NewL

D e s

eapof

igns

제 3 장 _디자인의 새로운 도약

Netherlands

Amsterdam · Rotterdam · Almere · Hague

Amsterdam

AM - 01 그랜드 암라스 호텔Grand Amrath Hotel / **AM - 02** 뉴메트로폴리스 NEMOScience Center New Metropolis / **AM - 03** 암스테르담 공공도서관Amsterdam Public Library/ **AM - 04** 뫼벤픽 호텔Movenpick Hotel / **AM - 05** 음악홀 IJMuziekgebouw aan 't IJ/ **AM - 06** 암스테르담 승객 터미널Passenger Terminal Amsterdam+IJ 타워 덱시아 / **AM - 07** 암스테르담 건축센터ArcamArchitectural Center Amsterdam / **AM - 08** 플렌시어스 레스토랑Restaurant Plancius / **AM - 09** 헤트오스턴 사옥Sarphatistraat Offices / **AM - 10** 실로담 집합주택Silodam Housing / **AM - 11** 빈센트 반 고흐 미술관Vincent Van Gogh Museum/ **AM - 12** 딜란 호텔Dylan Hotel / **AM - 13** 자바 아일랜드Java Island / **AM - 14** KNSM 아일랜드KNSM Island / **AM - 15** 로이드 호텔Lloyd Hotel / **AM - 16** 리트란든, 오스트러커 한들스카더Rietlanden, Oostelijke Handelskade / **AM - 17** 보르네오 스포렌부르그 아일랜드Borneo-Sporenburg Island / **AM - 18** 엔트러펏 웨스트Entrepot-West / **AM - 19** 보조코 집합주택WOZOCO Housing / **AM - 20** ING 그룹본사ING Group Headquarters / **AM - 21** 암스테르담 스키폴 공항Amsterdam Airport Schiphol / **AM - 22** 싸이다스 지역 프로젝트Zuidas Project

AM - 23 퀸테트 오피스파크Quintet Office Park-Residential and Office towers / **AM - 24** 피트 헤인 터널 서비스빌딩Piet Hein Tunnel Service Building / **AM - 25** 더 웨일The Whale / **AM - 26** IJ 플레인 집합주택 단지IJ-Plein / **AM - 27** 암스테르담 중앙역Amsterdam Central Station / **AM - 28** 암스테르담 증권거래소Amsterdam Stock Exchange / **AM - 29** 어머니의 집Hubertus House / **AM - 30** 비잔티움Byzantium

Amsterdam
Het IJ
IJ-Tunnel
Piet Heinkade
Panamalaan
De Ruijterkade
Nieuwe Leeuwarderweg
Zeeburgerdijk
Oostelijke Handelskade
Weesperstraat
Amstel
Herengracht
Keizersgracht
Prinsengracht
Singel
Stadhouderskade
Nassaukade
01
02
03
04
05
06
07
08
09
10
11
12
13
14
15
16
17
18
23
24
25
26
27
28
29
30

암스테르담

암스테르담은 네덜란드 서북쪽의 암스텔 강이 에이설 호로 흘러들어가는 지점에 축조된 양항으로 북해와는 북해운하로 통하고, 라인 강과는 암스테르담-라인 운하로 연결되는 지점에 위치하고 있다. 네덜란드 최대의 무역항으로 13세기에 어민들이 암스텔 강에 댐을 설치해서 정주한 것이 도시명의 기원으로, 이 도시는 14세기에 한자동맹에 가맹하여 해상에서 주도권을 잡는 동시에 중계무역항으로 활약하였다. 14~15세기 이전에 집단부락 외곽에 운하를 건립하여 시가지는 점차 확장되었으며, 16세기 네덜란드 전쟁 중에 남부로부터 부유한 상인과 수공업자들이 이주하여 17세기에 암스테르담의 번영이 가능하게 되었다. 17세기 초경에 네덜란드 동인도회사 암스테르담은행이 설립되어 유럽의 상업, 금융의 중심지가 되었으며, 19세기에 북해운하를 개통하고 매립지에 중앙역이 건설되어 현재의 도시형태를 갖추게 되었다. 이런 오랜 역사를 지니고 있는 암스테르담은 유럽 대륙의 도로 · 철도 · 항공로의 요지로 네덜란드 항공사인 KLM의 본거지인 스키폴 공항이 있으며 국립은행을 비롯하여 민간 주요은행 본점의 소재지이다. 또한 시립 암스테르담 대학, 사립 암스테르담 자유대학 등 2대 종합대학을 가진 교육도시이기도 하다. 시의 중심은 여러 개의 운하로 둘러싸인 부채꼴 도시로 남쪽의 담 광장에는 오래된 왕궁을 비롯하여 제2차 세계대전 기념비, 국왕의 즉위식을 행하는 신교회 등과 안네의 일기로 유명한 안네 프랑크의 집이 서쪽에 있다. 동남쪽에는 렘브란트의 집이 보존되어 있으며 미술관으로는 렘브란트, J.베르메르, F.할스, J.수턴 등의 걸작을 수집한 국립미술관과 고흐의 그림과 네덜란드 근대화를 소장하고 있는 시립미술관이 유명하다. 또한 세계적으로 유명한 암스테르담콘세르트헤보우 관현악단, 열대박물관과 올림픽스타디움 등이 있다. 반원형의 구시가는 크고 작은 운하가 사방으로 뻗어 70여 개의 섬을 500개의 다리로 연결하고 있다. 도시계획이나 건축적인 측면으로 도시를 살펴보면, 암스테르담 동쪽 부두지역 등을 비롯한 재개발로 건축이나 도시계획을 전공하는 사람들이 많이 이 도시를 방문하고 있다. 동쪽 부두 지역은 1970년대 중반 이래로 항구의 기능을 잃어가면서 쇠락해져가는 지역이었다. 1980년대 후반부터 이곳을 새롭고 다양한 주거단지로 개발하기 위한 계획이 시작되어 2000년에 거의 완성된 모습을 갖추게 되었다. 이 지역의 주택개발은 크게 5개 지역으로 구분된다. 동쪽 부두지역에 제일 처음 만나게 되는 과거 소시장과 도살장이던 엔트러펫 항구, 그 북쪽으로 보르네오와 스포렌부르그, 스포렌부르그와 피트 헤인카더 고속도로 사이의 삼각형 지역인 리트란든, 에이만을 바라보는 길쭉한 반도 오스터러커 한들스카더, 그 곳에서 얀 스하퍼르 다리를 건너면 마주하게 되는 자바 아일랜드, 자바 아일랜드와 동쪽으로 직접 연결되는 KNSM 아일랜드가 그것이다. 주거지역은 보르네오와 스포렌부르그, 자바와 KNSM 아일랜드에 집중되어있으며, 이 지역들은 각기 요 쿠넌 같은 건축가와 감독관들의 차별화된 전략으로 개발되었기 때문에 건축 등 디자인을 전공하는 사람들이 찾는 명소로 부각되고 있다. 이외에도 패신저 터미널과 음악 홀로 대표되는 중앙역 부근의 재개발, GWL 단지, 뉴 슬로텐 단지, 암스테르담 남부의 이토 토요나 라파엘 비놀리가 참여한 싸이다스(Zuidas) 프로젝트 등 많은 도시재개발 프로젝트가 이루어져 활성화 되고 있다. 근대기의 암스테르담을 중심으로 했던 표현주의 운동인 암스테르담 파와 대표적인 근대기의 디자인 운동인 데 스틸 이후, 알도 판 아이크가 주도한 구조주의 운동을 거치면서 암스테르담이란 도시는 렘 콜하스나 MVRDV 같은 국제적인 건축가의 대두로 건축이나 도시계획적으로 새로운 도약기를 맞이하고 있다.

erdam

AM - 01

Grand Amrath Hotel

그랜드 암라스 호텔

J.M. 판 데르 메이, 1916,
켄티 & 파트너스(개수),
2007

Prins Hendrikkade 108, 1011
Amsterdam
www.amrathamsterdam.com
www.kentie-partners.nl

암스테르담 역에서 바로 보이는 그랜드 암라스 호텔은 암스테르담 파의 건축가였던 J.M. 판 데르 메이와 판 헨트 형제가 1916년 설계한 선박회사의 업무용 건축물을 개수한 호텔이다. 모서리의 첨탑 구성과 지붕에 열을 이룬 탑형 구조물이 있는 네덜란드 판 표현주의 건축물을 1997년 암라스 호텔이 인수하여 5성급 호텔로 개수하였으며, 개수는 레이 켄티가 이끄는 켄티 & 파트너스에 의해 이루어 졌다. 이 역사적인 건축물을 활용한 호텔은 165개의 객실 외에 다양한 집회실, 와인바, 레스토랑, 피트니스 시설로 구성되었으며, 레이 켄티는 개수를 하면서 실내공간에서도 역사적인 공간의 흐름을 연결시키고자 하였다. 암스테르담의 바닷가가 바라다 보이는 호텔의 실내는 아르데코 풍의 분위기가 감지되는 공간으로 찰스 레니 매킨토시나 프랭크 로이드 라이트의 공간과 연결된 것을 느낄 수 있다. 암스테르담에서 과거 1900년대 초의 실내공간을 느끼고자 한다면, 한번 방문하기를 권한다.

AM - 02

Science Center New Metropolis

뉴메트로폴리스 NEMO

렌조 피아노, 1997

Oosterdok 2, Amsterdam
www.e-nemo.nl

네모라는 별칭으로 더 잘 알려진 과학센터 기능의 건축물은 암스테르담 역을 마주보는 항구에 마치 거대한 선박처럼 자리 잡고 있다. 하부로 자동차를 위한 해저터널이 있는 과학센터는 건축물의 전후에서 보면, 미래적 이미지의 기능에 맞추어 역동적인 선박의 형태를 취하고 있으며 경사진 형태에 따라 계단식으로 된 옥상부는 공연 중에는 객석, 그리고 휴식공간으로 사용하는 등 기능과 형태를 일치시키고 있다. 외관은 내구성, 경량성, 강도, 관리를 고려하여 녹청색의 동판으로 마감하였으며, 벽 등에는 암스테르담의 전통적인 건물에 많이 사용하는 벽돌과 유사한 벽돌타일 패널을 사용한 보색 대비적인 구성을 취하는 동시에 도시적인 맥락도 유지시키고 있다. 실내공간의 전시는 커뮤니케이션, 에너지, 휴머니티, 현상, 기술에 관한 기획전시와 상설 전시가 주를 이루고 있으며 일방향적인 전시가 아니라 관람객이 참여하면서 즐기는 인터렉티브한 전시가 주를 이루고 있다. 전시는 몇 명이 게임을 하면서 즐기는 방식에서부터 실험을 하면서 과학에 대한 지식을 체험하는 실험실 같은 분위기에 이르기까지 다양하다. 전시디자인 관계자라면, 약간은 산만해 보이기는 하나 참여형의 전시를 실내공간에서 꼭 체험해보기를 권한다.

AM - 03

Amsterdam Public Library

암스테르담 공공도서관

요 쿠넌, 2007
Oosterdoksstraat 110, 1011
Amsterdam
www.oba.nl

라임스톤 마감의 외벽과 상부의 돌출된 캐노피, 그리고 유리박스가 대비되는 외관이 인상적인 암스테르담 공공도서관은 뉴메트로폴리스와 마주 보는 곳에 위치해 있다. 이 도서관은 공식적으로 유럽에서 가장 거대한 규모의 도서관으로 약 28,000m²의 면적에 8층 규모로 대규모의 청소년 코너를 비롯한 도서관 고유의 기능과 함께 도서관극장, 전시장과 도시의 전망을 바라보면서 식사를 할 수 있는 레스토랑, 카페 기능이 포함되어 있다. 하루 7,000명의 이용자를 수용하는 도서관은 이용자들에게 공간과 빛을 체험시키는 건축물로 디자인하려고 한 건축가의 의도답게 도서관 상부 레벨에는 테라스와 아트리움이 있으며, 하부가 빛을 발하는 에스컬레이터는 방문객들을 위층으로 인도한다. 실내에 들어가면, 원형으로 보이드된 공간을 따라 난간부분을 이용하여 설치된 인터넷 공간, 그리고 아래층에는 자유롭게 책을 읽을 수 있도록 놓여진 오브제 같은 색채감 있는 소파와 몇 명이 책을 읽을 수 있도록 한 격자구조의 원형 부스를 마련한 것이 인상적이다. 원형 부스는 과거 신합리주의에 영향을 받은 건축가의 장소 만들기의 장치이면서 격자구조가 동시에 서고 역할을 하는 것이 나름대로 흥미 있는 디자인적 접근이었다. 넓게 펼쳐진 도서관 내부는 각 구간의 조명이 대조적으로 디자인되어 공간의 경험을 향상시키고, 외관에서 보여지는 창의 프레임들은 내부에서는 거대한 사각 박스로서 책과 예술품, 도시 자체를 그림처럼 보여주는 액자 같은 역할을 하고 있다.

AM - 04

Mövenpick Hotel

뫼벤픽 호텔

크라우스 앤 카안, 2006

Piet Heinkade 11-19, Amsterdam
www.moevenpick-amsterdam.com
www.clausenkaan.com

음악홀 IJ 바로 옆에 위치한 뫼벤픽 호텔은 400개의 객실을 갖춘 5성급의 호텔로 기단부와 중간의 유리 박스 위의 스트라이프가 있는 타워 매스가 인상적인 모습을 하고 있는 건축물이다. 바로 옆에 위치한 유기적인 형태의 수평적 구성을 한 페리터미널과 관계를 고려하여 미니멀한 박스형으로 디자인한 것 같은 호텔은 저층부에 로비를 비롯한 컨퍼런스 홀이나 레스토랑 등의 공용공간을 배치하고 있다. 유리 박스 위에 올려진 6-19층의 객실동은 외관을 유리와 녹색의 화강석, 백색의 대리석과 콘크리트로 마감한 스트라이프 구성이 날렵한 느낌으로 느껴진다. 로비 등의 실내공간은 미니멀한 분위기를 기조로 하면서 붉은 색이나 노란 색의 소파 등을 시각적인 포인트로 사용하여 데 스틸적인 전통을 보여주고 있으며, 부분적으로 조형적인 조명 구조나 천창을 이용하여 공간을 활성화시키고 있다.

AM - 05

Muziekgebouw aan 't IJ

음악홀 IJ

3×닐센, 2005

Piet Heinkade 1, 1019 Amsterdam
www.muziekgebouw.nl

암스테르담 중앙역 근처 IJ 터널 위에 새로운 랜드마크인 음악홀 IJ가 덴마크 건축사무소인 3×닐센에 의해 그 위용을 드러내고 있다. 커튼월의 유리박스에 길게 내민 지붕 구조, 그리고 우측에 돌출된 박스형의 구조물은 후면에 위치한 크라우스 앤 카안의 뫼벤픽 호텔의 타워가 수직적 형태이기에 수평으로 긴장감을 지닌 구성으로 디자인된 음악홀 IJ는 바닷가라는 지역적인 특성을 취대한 살리는 건축물이다. 실내에서 전면 창을 통해 바닷가의 훌륭한 전망을 감상하는 것이 가능한 음악홀은 750석의 주공연장과 100석의 소 공연장을 중심으로 이루어진 공간으로 현대음악을 공연하는 공간이다. 실내가 캐나다산의 매플로 마감된 공연장은 전체 구조는 콘크리트 박스로 이루어졌으며, 그것은 근처에 지나가는 열차나 터널에서의 소음을 차단하기 위한 것이다. 최근 수변에 세워지는 문화센터는 장 누벨의 루체른 문화컨벤션센터 이후 캐노피가 길게 돌출된 구조가 많은데, 3×닐센이 디자인한 음악홀도 그 유형을 취하고 있다. 날씨가 좋은 날에는 실내보다는 외부공간에서 바다를 바라보는 전망을 즐기기 위한 장치라고 생각된다.

AM - 06

Passenger Terminal Amsterdam

암스테르담 승객 터미널 + IJ 타워 덱시아

HOK, 1999, 2002

Piet Heinkade 27, Amsterdam
www.ptamsterdam.nl

암스테르담 역 주변의 재개발의 일환으로 세워진 암스테르담 승객 터미널은 크루즈 용 선박을 위한 페리터미널 용도의 건축물이다. 600m의 부두를 갖춘 페리터미널은 그 기능답게 파도를 모티브로 한 곡선형의 지붕과 입면의 커튼월을 통하여 여행에 대한 동경과 함께 수변공간의 전망을 최대한 확보하게 디자인되었다. 또한 터미널은 인접한 IJ타워와 수평과 수직에 의해 대비되는 구성을 취하고 있다. 터미널은 다용도의 복합빌딩으로 터미널 기능 외에 최대 3,000명을 위한 미팅과 회의, 리셉션을 위한 공간, 500대의 주차가 가능한 주차장도 부속되어 있다. 인접한 90m 높이의 IJ 타워 덱시아(Dexia)는 덱시아 은행에서 출자하여 세운 업무용 건축물로서 19층 중에 9개층을 사용하고 있다. 터미널과 업무용 타워라는 두동의 건축물을 설계한 HOK (Hellmuth, Obata + Kassabaum, Inc.)는 빌딩과 커뮤니티 기획, 디자인, 진행 등을 전문적으로 하는 글로벌 건축 회사로 전 세계 25개 지사와 협력을 통해 다양한 기업용, 상업용, 공공 기관용 건축물을 설계한 실적이 있다.

AM - 07

Arcam(Architectural Center Amsterdam)

암스테르담 건축센터

르네 판 주크, 2003
Prins Hendrikkade 600, Amsterdam
www.arcam.nl

암스테르담의 뉴 메트로폴리스가 마주 보이는 부두가에 마치 오브제처럼 세워진 건축센터는 기존 시설을 확장, 이전한 것이다. 최근 네덜란드의 떠오르는 신예건축가인 르네 판 주크가 설계한 건축센터(ARCAM)는 암스테르담의 건축에 대한 새로운 정보를 소개하는 동시에 전시와 업무, 미팅을 위한 공간으로 디자인되었다. 그다지 크지 않은 건축물의 내부는 상기한 기능들로 구성된 공간이 3개의 레벨이 보이드 되면서 서로 연결되어 있다. 도로 레벨에 맞추어 전시와 정보를 위한 공간, 업무공간은 전시실보다 높은 레벨, 그리고 가장 낮은 강쪽 레벨에 크고 작은 그룹 미팅과 토론, 이벤트 등을 위한 다목적 공간이 마련되어 있다. 강을 향해 열려진 유리벽은 실내에 아름다운 전망을 제공하고, 도로에 면한 벽은 아연 코팅된 알루미늄 스킨에 의한 연속적인 표면으로 구성된 역동적인 조형을 만들어내고 있다. 건축가는 비용을 최소화하면서 구조나 시공에 있어서 단순화시키고 건축적으로 차별화시키는 것을 건축센터를 통하여 성취하였다.

AM - 08

Restaurant Plancius

플란시어스 레스토랑

메륵스+히로트, 2001

Plantage Kerklaan 61, 1018
Amsterdam
www.restaurantplancius.nl
www.merkx-girod.nl

네덜란드를 중심으로 활발하게 작품활동을 하는 메륵스+히로트 팀이 디자인한 플란시어스 레스토랑이 아티스 동물원 건너편, 레지스탕스 박물관 옆에 위치하고 있다. 과거 19세기의 유태인과 관련되었던 건축물을 리노베이션한 레스토랑은 과거의 공간을 그대로 활용하여 철골빔이 노출된 천정고가 높은 공간에 짙은 갈색의 가죽으로 마감한 백면을 배경으로 녹색의 의자들과 붉은 색의 주방이 보색 대비를 이루는 공간으로 디자인되었다. 색채의 구성이 강한 것 외에는 미니멀하게 디자인된 레스토랑은 긴 짙은 갈색의 벽을 따라 펜던트들을 배치하여 공간의 축을 강조하였으며, 미니멀한 구성의 테이블에 원형의 패턴이 들어가 있는 것이 시각적인 포인트로 작용하고 있다. 반대편 갈색 MDF 마감의 긴 벽에는 커다란 플란시어스의 그래픽적인 로고와 연결하여 벽면에 매입한 선형의 진열 공간에 술병을 진열하여 변화를 주고 있다. 점심에는 샌드위치 등으로 저렴한 식사를 즐기며 미니멀하지만, 색채를 포인트로 사용하는 네덜란드 디자이너들의 공간적인 특징을 느껴 보기 바란다.

AM - 09

Sarphatistraat Offices

헤트오스턴 사옥

스티븐 홀, 2000
Sarphatistraat 410, Amsterdam
www.stevenholl.com

이 복합 건물에 진입하는 통로는 원래부터 존재하던 19세기의 벽돌 건물의 중정을 통해 마련되어 있다. 기존 주 건물을 이루는 구조는 4개 층으로 이루어진 벽돌의 조적조로서 운하 위에 놓인 스폰지 형태의 새로운 파빌리온을 내부적으로 융합하고 있는 U자 형식의 구조이다. 50,000㎡에 이르는 건축면적의 대부분은 임대 주택 회사의 직원 268명을 위한 작업공간인 반면, 거대한 스폰지 형태의 공간은 공공집회로부터 퍼포먼스 공연 등의 이벤트에 이르기까지 모든 용도들을 다 수용할 수 있도록 계획되어 있다. 지역 사회에 대한 환원이라는 의미에서 건물에 인접한 운하와의 사이에는 새롭게 보도가 가설되어 있다. 외부공간의 구리 판재로부터 내부공간의 합판에 이르기까지 구멍이 뚫린 외장재가 중첩된 여러 켜들은 조명과 공기조화 설비 등의 모든 서비스들을 포함하고 있다. 다색조의 공간이라는 개념은 건물을 이루는 여러 켜의 공간들 사이에서 빛이 반사됨으로써 형성된다. 밤에는 스크린 사이에 갇혀 있는 빛으로 인해서 마치 두터운 색채의 블록이 공중에 떠 있는 것처럼 보인다. 낮 시간에는 움직이는 태양이 고동치듯 변화하는 색을 만들어 내기도 하고 이동하는 시각에 따라 무아레 패턴을 만들어 내기도 한다. 파빌리온의 하부에는 자동화된 주차 시설이 설치되어 있는데 이것은 보수가 필요 없는 나일론 재질의 바퀴에 의해 작동하는 철재의 프레임들로서 한 번에 한 대씩의 자동차를 주차하고 회차할 수 있도록 되어 있다.

AM - 10

Silodam Housing

실로담 집합주택

MVRDV, 2002

Silodam 300-459, Amsterdam
www.mvrdv.nl

암스테르담 중앙역에서 서쪽으로 버스를 타고 5분 정도를 가면, 항만의 부두처럼 물 위에 세워진 특이한 구조의 복합주거공간이 실로담이다. 157호의 임대분양주택과 사무실, 작업 공간, 상업시설과 공공공간이 복합적으로 구성된 20m 폭과 10층 높이의 건축물은 인접하여 위치한 역사적인 곡물창고와 쌓여있는 컨테이너 군을 인용하여 디자인하였다. 입면이나 공간을 보면, 4~8의 주호를 기준으로 하나의 형식으로 통일하여 복도와 엘리베이터, 갤러리 등을 구성한 동시에 동일한 색과 재료로 마감하고 홀과 통로도 특정한 색을 도색하여 한눈에 알아볼 수 있도록 하였다. 또한 주호의 다양성을 부여하기 위하여 폭과 너비, 구조, 층고에 있어 다양한 형식을 보여주고 있으며 외부로의 통로도 복도, 통로, 다리, 계단 등 다양하게 접근할 수 있도록 디자인하였다. 서측에는 전 주호가 공유하는 발코니를 설치하고 있으며 발코니 하부에는 업무공간을 배치, 개방된 전망을 확보하고 있다.

AM - 11

Vincent Van Gogh Museum

빈센트 반 고흐 미술관

헤리트 리트펠트(구관) +
쿠로카와 키쇼(신관), 1973, 1999

Paulus Potterstraat 7, Amsterdam
www.vangoghmuseum.nl

암스테르담의 뮤지엄 공원에 면해 오른쪽에 위치한 미술관으로 네덜란드의 인상파 화가인 반 고흐의 작품을 전시하기 위해 건축되었다. 신구관이 2개의 동으로 구성된 미술관은 구관은 데 스틸의 대표적인 건축가인 리트벨트가 설계한 건축물답게 수직, 수평의 구성이 돋보이는 건축물이며, 신관은 일본 건축가인 쿠로카와 키쇼의 작품으로 구관과 지하통로로 연결하여 독립적인 오브제처럼 디자인된 원형의 건축물이다. 신구관은 서로 대조적인 형태에 의해 긴장감을 유지하고 있으며 주출입구는 서로 동일하나 에스컬레이터를 타고 지하로 내려와 반원형 수공간을 끼고 돌면, 상층부의 신관으로 올라갈 수 있도록 설계되었다. 반 고흐 미술관은 소장된 200점이 넘는 회화 작품과 1천여 점의 드로잉, 수십 점의 판화, 4권의 화첩, 고흐가 가족 및 지인들과 주고받았던 750통의 편지가 소장되어 있는 미술관으로 암스테르담의 관광명소 중의 하나이다. 미술관과 면해 있는 뮤지엄 공원은 덴마크 조경디자이너인 스벤 잉그바르 앤더슨의 작품으로 공원을 입체적인 공간으로 디자인하였다.

AM - 12

Dylan Hotel

딜란 호텔

런던에 위치한 동양적인 미니멀한 디자인의 헴펠 호텔로 알려진 아누스카 헴펠이 디자인한 3번째 호텔인, 과거 블레익스 호텔이었던 딜란 호텔은 구 도심인 카이저스흐라트에 위치하고 있다. 고전적인 외관의 17세기 야곱 판 카펜 설계한 주택을 개수한 호텔은 런던의 호텔과는 달리 벽돌로 마감된 공간에 목제의 보를 그대로 노출하는 등 네덜란드의 전통적인 아름다움에 경의를 표하는 공간으로 디자인 되었다. 폐쇄적인 이미지의 외관과는 달리 실내는 중정을 중심으로 레스토랑이나 라운지가 구성된 공간이다. 레스토랑은 과거 빵을 굽던 공간에서 사용되었던 도구들을 그대로 실내공간에 맞게 배치하여 과거의 느낌을 공간에 투영시키려고 하였으며 메뉴는 동서양의 크로스오버라는 주제로 퓨전요리를 제공하고 있다. 벽돌 벽에 검은 색의 노출된 목제 보와 테이블이나 의자에서 보여 지는 중후한 느낌의 레스토랑이나 고전적인 건축물의 판화를 벽에 장식한 바 겸 로비와는 달리 객실은 백색을 바탕으로 한 미니멀한 공간으로 연출하고 있다.

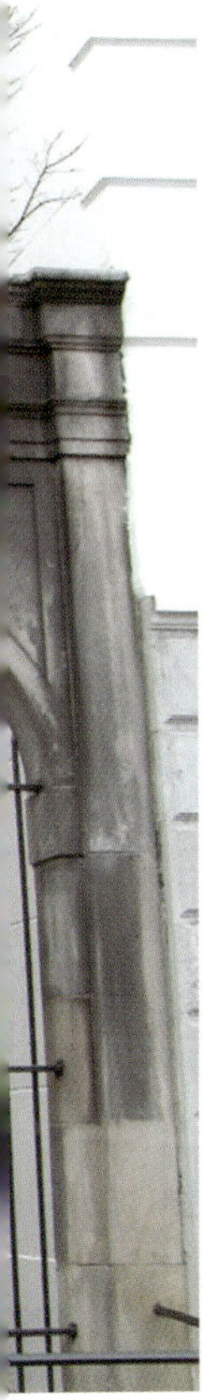

아누스카 헴펠, 1998, 2003

Keizersgracht 384, 1016 Amsterdam
www.dylanamsterdam.com

AM - 13

Java Island

자바 아일랜드

쉐르트 수떠르스 외, 1992

Java Island, Amsterdam
www.amsterdamdocklands.com

KNSM 섬과 연결되어 있는 자바 아일랜드는 쉐르트 수떠르스에 의해 도시계획이 디자인되었으며, 그는 탈근대적인 경향의 건축가답게 암스테르담의 도시적, 역사적 맥락을 이 단지에 연계시키기 위하여 운하지역의 원리와 대비와 조화를 키워드로 적용하였다. 그는 단지를 4개의 인공운하로 5개의 블록으로 나누면서 주거동들과 운하주택의 디자인을 위하여 많은 건축가들을 초청하여 전통에 근거한 주거유형을 창출하였다. 또한 암스테르담의 운하주택들에서 힌트를 얻어 각각의 주거동들은 화려한 색채와 다양한 형태를 취하면서도 인공적인 운하로 연결시켜 통일된 가로경관의 맥락을 유지하도록 하였다. 이 단지의 주거동들은 쉐르트 수떠르스 자신이 남, 북측의 수변공간에 위치한 7개의 주거동, 스페인 건축가인 크루즈와 오르티즈의 6개의 주거동, 벨기에의 요 크레펭, 네덜란드의 께이스 크리스띠아안스 등 국제적인 명성을 지닌 건축가들이 참여하였다. 자바 아일랜드와 육지를 연결하기 위해 새롭게 건축한 다리는 뜬 번후번 CS에서 디자인하였다.

AM - 14

KNSM Island

KNSM 아일랜드

요 쿠넌 외, 1989
KNSM Island, Amsterdam
www.amsterdamdocklands.com

암스테르담의 중앙역에서 버스로 10분 정도 거리에 위치한 KNSM 아일랜드는 과거 로얄 더치의 기선 회사인 KNSM이 있었던 육지와 연결된 가늘고 긴 섬이다. 동부 항만지구 재개발의 일환인 이 집합주택 단지는 건축가 요 쿠넌이 마스터플랜을 담당한 프로젝트이다. 그는 긴 섬의 입지적인 특성을 고려하여 동측 말단부에 그가 디자인한 원통형의 에메랄드 엠파이어를 위치시키고 중앙가로를 축으로 하여 남, 북측에 집합주택들을 배치, 강한 바다 바람을 막도록 하였다. 집합주택의 디자인에는 네덜란드의 빌 아레츠, 빈터만스 형제, 벨기에의 브루노 알베르, 독일의 한스 콜호프 같은 국제적 건축가들이 참여하였다. 그는 항구의 빅 스케일에 맞게 개개의 디자인을 중시한 슈퍼블록으로 디자인을 하도록 지침을 작성, 초기에는 한스 콜호프 동도 브루노 알베르 동처럼 중정이 있는 동으로 디자인하게 하였으나 디자인 과정에서 170m×60m라는 거대한 매스로 디자인이 변형되었다. 빌 아레츠의 타워 동, 원통형의 동, 그리고 중정이 있는 동의 디자인에서 마스터플랜을 한 요 쿠넌의 광장과 가로, 랜드마크적인 건축물을 선호하는 신합리주의적인 경향을 발견할 수 있다.

AM - 15

Lloyd Hotel

로이드 호텔

MVRDV, 2004

Oostelijke Handelskade 34,
Amsterdam
www.lloydhotel.com

로이드 호텔은 1921년부터 1935년까지 동유럽에서 온 유대인 망명자들이나 소작농 이주자들이 미국 남부로 가는 로이드 호를 기다리며 묵던 호텔로 당시 건축물의 위치적 고립성을 이용, 2차 대전 중에는 감옥, 1989년까지는 구치소 등으로 사용되었다. 이후, 예술가들을 위한 스튜디오로 잠시 사용되었던 건축물은 1997년부터 문화적 역할을 할 수 있는 새로운 호텔로 리노베이션 하기 위하여 MVRDV가 디자인을 담당하였다. 역사적 건축물로 등록되어 있어 아르데코적 요소와 네덜란드의 신 르네상스적 요소가 혼합된 석조 장식을 포함한 벽돌의 외관은 그대로 보존되었으나, 실내공간은 다양한 변화가 있는 공간으로 디자인하였다. 네덜란드의 디자이너인 리차드 후텐이 디자인한 레스토랑과 바가 위치한 중앙부분은 3층까지 오픈하여 상부에서 부터 많은 빛이 들어오는 밝은 공간으로 연출하였으며 계단을 올라가면서 오픈된 공간을 통해서 다양성을 체험하도록 하였다. 특히 117개의 객실이 모두 다르게 디자인하여 많은 디자이너들과 예술가들에 의해 디자인된 각각의 객실은 8개의 침대가 놓여있는 방, 여행하는 뮤지션을 위한 그랜드 피아노가 있는 높은 천정의 방, 개방된 욕실이 있는 방, 전체가 나무 패널로 둘러싸인 방 등과 함께 공용 샤워실을 사용해야 하는 별 하나짜리 객실에서부터 개별화된 별 다섯 개짜리 객실까지 다양하다. 그리고 레스토랑에서 아침식사를 하면, 리차드 후텐이 디자인한 컵을 선물로 가지고 갈 수 있다고 한다.

AM - 16

Rietlanden, Oostelijke Handelskade

리트란든, 오스트러커 한들스카더

DRO(Dienst Ruimtelijke Ordening, 네덜란드 지역계획처)+ 뇌터링스 리데이크 외, 1994-1997

Rietlanden, Oostelijke Handelskade, Amsterdam
www.amsterdamdocklands.com

과거 항구로의 운송을 담당했던 리트란든 지역은 주변 반도와 도심을 향한 주된 접근수단들을 모두 수용하는 교통의 요충지이다. 암스테르담 시는 이곳에 1000호의 주거와 오피스 빌딩, 쇼핑과 공공시설 등을 계획하였는데 교통량이 많은 도로와의 인접 지역에는 녹지, 운동장 등이 있는 리트란 공원을 조성하여 소음을 차단하였다. 공원의 남쪽 경계에는 뤼디 아이떤하악이 설계한 기울어진 외관의 거대한 주거단지가 있고 공원의 북쪽으로는 번후번 CS의 주거 동 네 개, 한스 판 헤이스베이크의 사무소 동 다섯 개가 비슷한 모양의 은빛 건물로 서있다. 이곳에는 또한 UN 스튜디오가 디자인한 2킬로미터 길이의 해저터널인 피트 헤인 터널의 입구가 위치하는데, 터널 위의 경사진 지붕은 광장으로 계획되어 젊은이들의 놀이장소이자 공공 이벤트 장소로도 활용된다. 이외에도 크라우스 앤 카안, 뇌터링스 리데이크, 아끼떽떤 시, 꾼 판 펠전 등의 주거 단지와 블록들을 감상할 수도 있다. 리트란든 지역과 2킬로미터에 달하는 길쭉한 부둣가 창고지역이었던 오스트러커 한들스카더 지역에서는 몇몇 보존된 건물들이 새로운 기능으로 사용되고 있으며 MVRDV가 디자인한 로이드 호텔과 뇌터링스 리데이크의 쇼핑센터 브라질 등 그 예를 많이 찾아볼 수 있다.

AM - 17

Borneo-Sporenburg Island

보르네오 스포렌부르그 아일랜드

아드리안 회저 외, 2000

Borneo and Sporenburg Island, Amsterdam
www.amsterdamdocklands.com

암스테르담 시는 KNSM 아일랜드와 자바 아일랜드에서 고층 집합주거들을 계획한 것과는 달리 보르네오와 스포렌부르그에서는 저층의 주택들을 중심으로 계획하기로 하였다. 마스터플랜을 담당한 WEST 8의 아드리안 회저는 저층주택이지만 일반적인 교외의 저층주거와는 개념이 다른 도시적 맥락의 고밀도 저층의 새로운 주거유형으로 계획하였다. 3층의 주택건물들은 도로에 면한 1층에서 진입이 가능하며 일반적인 주택의 정원과 테라스 대신에 파티오나 옥상정원으로 주간에 태양광선을 받아들이면서 개인적인 외부공간을 소유하는 데에 문제가 없도록 하였다. 이러한 설계 지침이 반영된 저층주택들은 건축물 내부에 30-50 퍼센트의 보이드 공간을 가지면서 백투백(Back to Back) 형식의 주거 구조를 형성하였다. 이 지역에는 저층주택들과 함께 랜드마크적인 3개의 슈퍼블록형의 집합주택 동을 발견할 수 있는데, 꾼 판 펠전의 팩맨, 께이스 크리스띠아안스의 화운틴헤드, 아끼떽떤 시의 웨일이 그것이다. 베를린의 IBA 건축전 같이 국제적인 건축가들이 참여한 주택동들은 스페인의 요셉 루이스 마테오와 엔릭 미랄레스, 네덜란드의 크라우스 앤 카안과 뇌터링스 리데이크 같은 건축 팀들이 참여하여 다양한 주거단지와 블록들을 감상할 수 있다. 또한 WEST 8이 디자인한 곡선형 오브제 같은 다리에서 아이들이 다이빙을 하는 것을 보는 것도 즐겁다.

AM - 18

Entrepot-West

엔트러펏 웨스트

엔트러펏 만 서쪽의 엔트러펫 웨스트와 과거 소시장과 도살장 지역으로 오랫동안 버려져 있었던 남동, 남서 지역은 1980년대 말부터 대규모 주택건설을 위한 재개발이 착수되었다. 주택수요자들의 시대적 요구에 부합하는 보다 매력적인 건축적 이미지를 찾기 위해 네덜란드 지역계획처 DRO는 초기 컨셉인 내부 중정이 있는 장방형의 주택단지 계획을 다섯 건축사무소에 다시 의뢰하였다. 당선된 아틀리에 프로는 저층과 함께 고층 블록을 악센트로 배치시키고 주변 이웃들 사이의 경계를 완화하여 다양한 외부공간을 조성하였다. 물 위를 대각선으로 가로지르는 뱀의 형태를 한 435호의 임대주택은 이 지역에서 가장 눈길을 끄는데, 5층이 넘는 구불구불한 주동 건물은 물 위에 떠서 기둥으로 지지된다. 건축물과 수면 사이로는 작은 보트들이 지나다니는 것을 볼 수 있다.

아틀리에 프로, 1987

Entrepot-West Island, Amsterdam
www.amsterdamdocklands.com

AM - 19

WOZOCO Housing

보조코 집합주택

MVRDV, 1997
Reimerswaalstraat 1, 1069
Amsterdam
www.mvrdv.nl

암스테르담 서측 교외에 위치한 100세대를 수용하는 노인용 집합주택으로 5개의 캔틸레버로 돌출된 구조가 노인용 집합주택답지 않은 역동적인 분위기를 표현하는 건축물이다. 마치 1920년대의 러시아 구성주의 건축가들이 디자인한 공중도시 계획안을 연상시키는 건축물로 디자인된 배경에는 근대기의 도시계획가 겸 건축가였던 판 에스테렌이 제정한 일조권 침해에 대한 규제를 고려, 87호만 블록 내에 배치하여야만 했기에 생긴 결과이다. 이런 디자인의 실현에는 건축비가 50%가 더 드는 캔틸레버 주호의 문제를 주 블록의 건축비를 절감하여 해결하였으나, 이런 디자인을 통하여 단지 내의 오픈 스페이스를 확보하는 것이 가능하게 되었다. 이렇게 법규나 구조 등 디자인과 관련된 문제들의 데이터를 종합화하여 해결하는 방법을 MVRDV는 데이터스케이프라고 명명하였다. OMA 출신들로 구성된 MVRDV의 존재를 부각시킨 건축물은 역동적 구성과 색채감 있는 투명한 발코니에 의해 데 스틸의 근원지인 네덜란드와의 역사적 연계성을 환기시키고 있으며, 이 과격한 형태의 집합주택은 현재는 노인용 집합주택이나 미래에는 젊은 세대도 사용하게 될 것이라고 한다.

ING Group Headquarters

ING 그룹 본사

메이어와 판 스포어떤, 2002

Amstelveenseweg 500 Amsterdam
www.meyer-vanschooten.nl

자동차를 타고 암스테르담 남쪽 순환도로 쪽을 지나다보면, 아키그램의 위킹시티를 연상시키는 거대한 건축물이 랜드마크처럼 자리 잡고 있다. 설계당시부터 네덜란드 건축계의 관심을 끌었던 건축물은 암스테르담에서 가장 독특하고 경제적인 디자인으로 유명한 네덜란드의 대표적 기업인 ING그룹 본사이다. ING그룹으로부터 혁신적, 자연 친화적이면서 투명한 건축물의 디자인을 요구받은 메이어와 판 스포오떤은 순환도로 변과 바로 인접해서 공원이 있다는 입지적 특성을 최대한 살리는 방향으로 디자인을 접근하였다. 네덜란드 고유의 나막신 같은 형태의 유리와 강철로 구성된 건축물을 마치 기계의 다리 같은 필로티 위에 위치하게 하면서 필로티 부분은 유리로 처리, 자동차에서 바라볼 때도 투명하게 느끼도록 하여 역동적인 혁신성과 투명성을 건축물에 부여하였다. 또한 상층부에서 인접한 호수가 있는 공원을 바라 볼 수 있도록 디자인하면서 효과적인 환경 컨트롤 시스템의 도입 등 자연친화적인 디자인적 접근을 하였다. 이중창을 가진 파사드는 인접한 순환도로에서의 자동차 소음을 막아주는 동시에 자연스러운 환기장치 역할을 하고 있으며, 공기 처리 장치와 빌딩 지하의 지하수의 사용과 냉, 온수 저장을 제공하는 자동 펌프 시스템은 건축물의 에너지 효율성을 높여준다. 외관의 디자인은 마치 움직이는 기계와 같이 매우 역동적으로 디자인되었으며, 실내에서는 모든 근로자들은 어느 위치에서나 훌륭한 전망을 즐길 수 있도록 디자인하였다.

AM - 21

Amsterdam Airport Schiphol

암스테르담 스키폴 공항

벤땀 크라우엘, 1993

Schipholweg 1, Schiphol
www.schiphol.nl

아트 스키폴이라는 별칭으로 불리 우는 스키폴 공항은 세계의 공항 중 베스트 에어포트 중의 하나로 거론되는 국제적인 공항으로서 90개국, 215개의 도시를 연결하는 허브 공항이다. 1994년 국제항공운송협회에서 선정한 베스트 에어포트의 1위였던 스키폴 공항은 하나의 지붕 아래에서 모든 시설로 해결한다는 원 루프 컨셉(one roof concept)이 특징인 공항으로 다른 국제공항에 비해 명확한 이동과 단시간이라는 스피드가 큰 장점이라고 할 수 있다. 이 공항은 과거 마리우스 다윈티엘에 설계한 기존 공항과 동일한 개념으로 1993년 벤땀 크라우엘에 의해 서 터미널이 증축이 이루어졌다. 공항의 라운지는 하이테크한 이미지의 건축물 답게 4개의 V자형 기둥으로 천정을 지지하고 있으며, 천정면에 연속한 긴 천창이 실내공간에 리듬감과 함께 역동감을 부여하고 있다. 터미널 입구에는 스키폴 플라자를 오픈하여 공항역과 복합쇼핑센터를 연결시키고 있다. 장시간 여행에 지친 여행객들을 위하여 공항 내의 카페 같은 구조물을 예술적인 오브제처럼 디자인하여 아트 스키폴로 불리 우고 있으며, 공항 내에 피트니스 센터에서 사우나, 카지노까지 설치하여 통과여객들에게 서비스를 제공하고 있다. 특히 나이젤 코츠가 디자인한, 현재는 패스트푸드를 파는 공간으로 바뀐 노틸러스 카페도 있어 디자인을 하는 사람이라면, 눈 여겨 보기 바란다.

AM - 22

Zuidas Project

싸이다스 지역 프로젝트

페이 콥 프리드 파트너스, KPF, 이토 토요, 라파엘 비놀리 등, 1999-2006

Zuidplein, Amsterdam
www.zuidas.nl

암스테르담 남부의 순환도로에 면한 싸이다스 지역을 개발하는 프로젝트는 전세계의 유명 건축가들이 참여하여 마치 건축 경연장 을 방불케 하는 대규모 단지의 프로젝트이다. 이 지역은 열차와 고속도로가 직접 연결되는 지역으로서 암스테르담 중심가에서도 그렇게 멀지 않아 1999년에 페이 콥 프리드 파트너스가 설계한 ABN 암로 은행이 들어서면서 개발이 가시화되기 시작하였으며, 이어서 메이어와 판 스포오뗀이 설계한 ING 은행이 2002년 들어섰다. 마이클 그레이브스, 라파엘 비놀리, 이토 토요의 오피스 빌딩, 요 쿠넌의 극장, 아틀리에 프로의 포름, KPF의 월드 트레이드 센터(WTC) 등이 2004-2006년 사이에 세워지면서 본격적인 업무공간과 주거시설 등이 모여 있는 복합형 단지가 되었다. 단지에는 외부로 노출된 계단이 나선형의 파인 구조를 보여주는 업무공간과 주거공간이 있는 라파엘 비놀리의 건축물, 중간에 부분 부분 사각형의 보이드된 공간이 있는 스트라이프 구성의 외피를 한 이토 토요의 건축물, 날렵한 커튼월 마감의 타워인 KPF의 WTC, 그리고 마치 워킹시티 처럼 움직이는 기계 같은 이미지의 ING 은행 등 다양한 프로젝트를 만날 수 있기에 방문해 보기 바란다.

Rotterdam

RT - 01 네덜란드 건축사회관 NAI Netherlands Architecture Institute / **RT - 02** 보에이만스 판 뵈닝헨 미술관 Museum Boljmans van Beuningen / **RT - 03** 자연사박물관 Natural History Museum / **RT - 04** 쿤스트할 Kunsthal / **RT - 05** 에라스무스 다리 Erasmusbrug Bridge / **RT - 06** KPN 텔레콤 빌딩 KPN Telecom Building / **RT - 07** 신 룩소르 극장 New Luxor Theater / **RT - 08** 인홀랜드 대학 Inholland University / **RT - 09** 교량관리용 컨트롤 센터 Bridge Watcher's Control Center / **RT - 10** 사법재판소 복합빌딩+빌헬미나프레인 지하철역 Wilhelminaplein Subway Station

RT - 11 메가 시네마 Mega Cinema-꾼 판 펠전 / **RT - 12** 샤우부르그플레인 Schouwburgplein-West 8 / **RT - 13** 카페 데 유니 Cafe de Unie-J.요하네스 피이떠 아우트 / **RT - 14** 파크라안 집합주택 Parklaanflat-W 판 떼이엔 / **RT - 15** 붐페스 레스토랑 Boompjes Restaurant-메까아노 / **RT - 16** 빌렘스베르프 사무소 Office Building Willemswerf-W.G.퀴스트 / **RT - 17** 마아스 극장 Maas Theater-얀 헨케트 / **RT - 18** 큐브 하우스 Paalwoningen,Blaakover bouwing/Cube Houses,Blaak Heights-피에트 블롬 / **RT - 19** 마아스 강의 맨하튼 집합주택 블록-프리츠 판 동헌 / **RT - 20** 페이퍼 클립 De Peperklip / **RT - 21** 키훅크 집합주택 Housing Kiefhoek-J.요하네스 피이터 아우트 / **RT - 22** 페이엔노르드 스타디움 Stadion Feyenoord

로테르담 중앙역
Rotterdam
Nieuwe Maas
마스강
박물관공원
Erasmus MC lokatie Sophia
Erasmus MC Centrumlokatie
에라스무스다리
Erasmusbrug
Willemsbrug
Koninginnebrug
Station Rotterdam Blaak
Station Rotterdam Zuid
Wilhelminaplein
Het Park
Feijenoord district
Erasmus Universiteit Rotterdam Complex Woudestein
Maashaven
01
02
03
04
05
06
07
08
09
10
11
12
13
14
15
16
17
18
19
20
22

로테르담

라인 강 하류에 자리 잡은 네덜란드 제2의 도시 로테르담은 유럽이 세계로 뻗어 가는 전초기지다. 1300년대부터 유럽에서 북해로 가는 길목이었던 로테르담은 1962~2004년에는 세계 최대의 무역항으로 1940년 5월 나치 독일의 공습으로 도시 전체가 쑥대밭이 되었으나 지금은 새로운 건축물로 현대건축의 전시장으로 불린다. 도시를 남북으로 있는 현수교인 에라스무스 대교는 백조라는 애칭으로 불리는 로테르담의 상징이다. 로테르담은 네덜란드의 다른 도시들과는 이질적이 분위기로 느껴지는데, 이는 대부분의 도시들에서 보여지는 벽돌로 된 오래된 건물들이 들어선 거리의 분위기는 찾아볼 수 없기 때문이다. 로테르담의 중심가를 거닐다가 보면, 2차 대전 때 독일의 공습으로 도시가 거의 파괴된 중심가를 전후에 조성한 레인밴이라고 불리 우는 보행자 중심의 쇼핑몰로 유명하다. 이 레인밴처럼, 전후에 복구된 건축물들에 의해 다른 도시보다 더 현대적 분위기가 풍기고 있는 도시가 로테르담이다. 그리고 90년대 중앙역 앞 중심가의 비즈니스 센터 지구를 재개발하는 프로젝트가 진행되어온 결과들이 머피와 얀(Murpy & Jahn)의 블라크 오피스 타워, 빔 퀴스트(Wim G.Quist)의 로베코 빌딩, 판 에르크(R.B. van Erk)의 메이스 피어손 은행 등이다.

특히 도시의 분위기는 역에서 내리면, 바로 고층 빌딩들이 보이기에 더 현대적인 도시로 느껴진다. 입지적으로 로테르담은 북해로 흘러가는 마아스 강 하류와 라인 강의 델타지대에 위치하고 있으며, 이런 조건으로 인해 세계 최대의 무역항으로 발전하였다. 무역항에 의해 활성화된 로테르담은 마아스 강을 중심으로 한 강북지역은 상업, 행정, 위락 및 고급주택 같은 지역으로 발전했는데 비해 강남지역은 서민을 위한 지역으로 전락하였다. 강남의 꼽 판 자위트(kop van Zui) 지구는 상대적으로 침체된 남측지역인 동시에 16세기에 활성화되었던 부두가 그 기능을 잃으면서 쇠락해진 지역이다. 이 쇠락한 지역을 재개발하기 위해서는 강의 양쪽을 연결하는 다리와 지하철 등 교통을 활성화 시키는 문제가 급선무였으며, 이 재개발 프로젝트는 1991~4년 시와 중앙정부의 재가를 받아 개발되기 시작하였다. 도시의 확장을 막고 기존의 사용 가능한 기반시설을 밀도 있게 사용함으로써, 사람들이 도시로 다시 돌아오도록 고무하는 콤팩트시티 정책을 적용한 재개발인 것이다. 재개발의 마스터플랜은 퇸 콜하스(Teun Koolhaas)와 노만 포스터(Norman Foster)가 맡았으며, 그들은 이 지구를 약 5,000개의 주호와 380,000㎡의 업무공간, 50,000㎡의 문화 및 위락시설, 그리고 3,500㎡의 쇼핑시설을 수용하는 단지를 디자인하였다. 그러나 무엇보다 이 프로젝트의 주요시설은 강북과 강남을 연결하는 다리인 에라스무스 다리이다. 벤 판 베르껄과 보스, 즉 UN스튜디오가 설계 완성한 에라스무스 교는 네덜란드 문예 부흥의 선각자였던 에라스무스답게 꼽 판 자위트 재개발의 성공을 상징적으로 보여주는 결과물인 동시에 교통을 활성화 시켜 실제적으로 이 지역의 발전을 가속화시키는 견인차 역할을 하고 있다. 그리고 쓰바르츠와 얀스마(Zwarts & Jansma)가 설계한 빌헬미나플레인 지하철역(1999), 볼레스+윌슨(Bolles-Wilson)의 교량관리용 컨트롤 센터(1997)가 꼽 판 자위트지역 개발의 초기의 가시화된 결과물이다.

otterdam

RT - 01

Netherlands Architecture Institute

네덜란드 건축사회관 NAI

로테르담의 박물관 공원의 북측에 위치한 네덜란드 건축가협회(NAI)는 전시와 박물관, 자료실, 강당, 업무공간이라는 4대 기능을 가진 건축물이다. 1993년 요 쿠넌이 지명 현상공모에서 렘 콜하스를 물리치고 당선, 화제가 된 건축물은 운하도시들로 구성된 네덜란드답게 연못을 중심으로 4개의 기능을 다른 형태와 재료로 차별화 시키면서 주변 환경의 맥락을 반영한 것이 특징이다. 연못 중앙에 위치한 유리로 마감한 관리동과 동측에 위치한 정방형의 적벽돌 마감의 전시 홀, 서측의 관리동과 비스듬하게 연결된 노출콘크리트 마감의 강당동, 그리고 북측의 도로를 따라 금속으로 마감한 유연한 곡선형의 자료관에 의해 마치 각 동들이 대비를 통하여 상승작용을 하는 구성을 취하고 있다. 특히 자료관은 하부를 필로티로 처리하여 야간에는 조명에 의해 건축물을 다양한 모습으로 변모하게 한다. 건축적 산책로인 경사로로 진입하는 방식이나 필로티 등에서 건축물을 설계한 신합리주의 경향의 건축가인 요 쿠넌도 르 꼬르뷔제에게도 영향을 받았음을 암시하고 있다.

요 쿠넌, 1993

Museumpark 25, Rotterdam
www.nai.nl

RT - 02

Museum Boljmans van Beuningen

보에이만스 판 뵈닝헨 미술관

H.A.J. 헨케트(파빌리온), 1991, 파울 로브레히트 + 힐데 담(증축), 2003

Museumpark 18-20, Rotterdam

부유한 법률가였던 F. 보에이만스가 유증한 미술품을 기반으로 설립된 미술관으로 화재로 소실되면서 1935년 반 데르 스토이어가 건축한 현재의 건축물로 이전하였다. 그 후 판 뵈닝헨이 기증한 미술품으로 수장품이 크게 늘어나면서 미술관의 명칭을 보에이만스 판 뵈닝헨으로 부르게 되었다. 그 사이 증축의 필요성에 의해 별동의 유리로 마감된 가든 파빌리온이 세워졌으며, 기존의 벽돌 건축물과 대비되는 유리와 알루미늄으로 마감된 날렵한 구성의 파빌리온은 연못이 바라보이는 전망이 좋은 장소에 위치한 레스토랑과 카페 기능을 하는 건축물이다. 이후 미술관에서 도서관 등의 공간이 요구되어 벨기에 건축가인 파울 로브레히트와 힐데 담에 의해 기존 건축물의 날개 같은 역할을 하는 녹색의 투명 패널로 마감된 현대적인 건축으로 미술관을 증축하였다.

RT - 03

Natural History Museum

자연사박물관

에릭 판 에허라아트, 1995

Westzeedijk 345, Rotterdam
www.nmr.nl www.eea-architects.com

자연사박물관은 쿤스트할과 인접해 있는 건축물로 1850년 건축가 메첼라아르가 신고전주의 풍으로 디자인한 빌라를 증축, 개수한 것이다. 기존 빌라의 2개 층은 전시공간, 증축한 유리로 마감된 파빌리온은 거대한 전시 홀과 도서관, 사무공간으로 구성되었으며 증축부는 기존 건물과 대비시키는 방식으로 디자인하였다. 전시공간의 동선 흐름은 폐쇄된 형식의 기존 빌라를 통해 들어간 후에 개방된 형식의 유리 파빌리온으로 이동하면서 과거와 현재가 폐쇄와 개방이라는 공간형식으로 읽혀지게 하였다. 유리로 된 전시 홀에는 거대한 고래 뼈가 천정에 매달려 인상적인 실내 풍경을 연출하며, 오브제 같은 고래뼈가 매달려 있는 공간은 거대한 진열장 같은 기능으로 외부에서 자연사 박물관임을 상징적으로 보여 주고 있다. 신관은 벽 하부에 낮고 긴 창을 설치하여 공원의 녹지를 실내로 유입하면서 동시에 그 녹지가 전시공간을 압도하지 않도록 조정하였다.

RT - 04

Kunsthal

쿤스트할

렘 콜하스, 1992

Westzeedijk 341, Rotterdam
www.kunsthal.nl

쿤스트할은 자체 소장품이 없이 기획전시 만을 위한 미술관으로서 로테르담 중심부의 박물관 공원 지역에 위치하고 있다. 3개의 전시공간과 강당, 레스토랑 등으로 구성되어 있는 쿤스트할의 건축적인 특징은 남측과 북측의 레벨 차이를 연결하는 경사로를 통해서 나타난다. 경사로는 연속적인 동선과 상자형의 건축물의 하부를 관통하는 서비스 도로로서 전시실과 강당, 레스토랑, 사무실, 관리실로 구성된 문화공간의 기능을 분리시키는 동시에 연결시켜 가변적인 프로그램이 가능하게 한 뫼비우스 띠 같은 공간적 장치이다. 미술관은 전시공간인 동시에 다양한 사건과 경험을 할 수 있는 복합적인 건축물로 디자인하면서 공간이나 내외부의 디테일과 재료 사용에서도 많은 실험을 하였다. 벽면의 플라스틱 주름판에 조명을 매입한 미디어적인 효과, 통로인 경사로와 계단실을 이동식 커튼으로 구획한 시도, 천정의 경사에 맞춰 비스듬하게 세운 기둥들과 콘크리트, 통나무로 마감된 기둥이나 경사진 바닥에 의한 랜드스케이프적인 연출은 그런 실험적인 장치들이다. 미술관 외관이나 공간에서 나타난 유리와 철골, 사암으로 마감된 입면과 경사로의 도입은 미스 반 데어 로에나 르 꼬르뷔제, 제임스 스털링 같은 건축가에 대한 오마주라고 할수 있다.

RT - 05

Erasmusbrug Bridge

에라스무스 다리

벤 판 베르껄 보스
(UN 스튜디오), 1996

Erasmusbrug, Rotterdam

로테르담의 상징인 백조라는 애칭의 에라스무스 다리는 신 마아스 강을 남북으로 연결하는 교량으로 강 주변의 재개발이나 꼽 판 자위트 지구 재개발과 연계된 기반시설의 확충 프로젝트이다. 네덜란드 문예부흥의 선구자였던 에라스무스처럼 과거 노동자들이 살던 퇴락한 지역인 꼽 판 자위트 지구를 주거, 사무실, 상공업 등이 결합된 대규모 복합지구로 새롭게 개발하기 위한 프로젝트로 로테르담을 부흥시키는 상징적인 기념탑과 같은 역할을 하는 다리 겸 조형물이라고 할 수 있다. 교량 디자인에 능한 산티아고 칼라트라바에게도 교육을 받았던 벤 판 베르껄은 마치 무거운 물건을 끌고 있는 인간을 추상화한 형태로 다리를 디자인하였다. 다리 높이는 139m의 파이론이 북측을 향하여 경사진 형을 취하다가 2/3 지점에서 꺾여 수직으로 솟아 올라있으며, 수직부에서 연결된 16조 32개의 타이로드에 의해 280m 길이의 교량이 매달려 있어 교량 하부로 선박들이 왕래할 수 있게 디자인되었다.

RT - 06

KPN Telecom Building

KPN 텔레콤 빌딩

렌조 피아노, 2000

Wilhelminapier, Rotterdam
www.kpn.com www.rpwf.org

로테르담의 상징인 에라스무스 다리 끝에 위치한 KPN 텔레콤 빌딩은 꼽 판 자위트 지역의 랜드마크 같은 건축물이다. 텔레콤 타워라는 기능에 걸맞게 비스듬한 구조체를 버팀대 같은 파이프 구조가 지지하고 있는 역동적인 건축물은 입면에 녹색 조명에 의해 동적인 느낌을 연출하고 있다. 날렵한 구성의 거대한 스크린 같은 커튼월 패널과 그 위에서 점멸하는 조명의 역동적인 움직임 및 하부 유리면에서 보여지는 움직이는 디지털 문자, 그리고 역동적인 비스듬한 구조에서 통신사의 상징인 커뮤니케이션의 의지를 표현하는 동시에 현대적인 이미지를 전달하고 있다. 퐁피두센터를 공동으로 설계하였던, 하이테크한 건축을 지향하는 건축가인 렌조 피아노는 건축물에서 디지털 이미지라는 기술적인 측면을 표현하면서도 디자인을 예술적으로 치환하여 보여주고 있다.

NETHERLANDS > ROTTERDAM

RT - 07

New Luxor Theater

신 룩소르 극장

볼레스+윌슨, 2001

Posthumalaan1, Rotterdam
www.luxortheater.nl
www.bolles-wilson.com

에라스무스 다리를 건너면, 꼽 판 자위트 지역의 사거리 코너에 위치한 붉은 색 외관의 신 룩소르 극장을 발견할 수 있다. 24,000m^2의 면적으로 1500명을 수용하는 극장은 사거리 코너라는 입지 조건을 만족시키기 위하여 360도형의 곡선으로 대응된 매스에 상부에 수직으로 대응된 직선형 매스가 역동적인 턴테이블 같은 구조를 고정시키는 듯한 모습을 하고 있다. 건축가는 극장을 공연장뿐만 아니라 휴게 및 대기공간도 배우와 관객이 연극 같은 공연매체를 통해 교감을 갖는 것처럼 커뮤니케이션의 장소로 디자인하였다. 외관에서는 강한 붉은 색을 사용하면서 조명이 내장된 수직형 간판에 쓰여 있는 룩소르란 로고에서 커뮤니케이션의 의지를 강하게 느낄 수 있으며, 이런 의지는 붉은 색 로비의 벽면이나 객석 발코니를 통하여 극장은 보는 곳일 뿐 아니라 보여주는 장소라는 곳을 공간에서 표명하고 있다. 타이트한 입지적 조건 때문에 경사로를 이용하여 모든 주차장 시설을 건축물 내부로 수용하였으며, 주차장은 해변의 바지선에서 무대 장비를 내려 반입할 수 있는 통로와도 연결되어 있다.

RT - 08

Inholland University

인홀랜드 대학

에릭 판 에허라아트+메라노오, 2000

Posthumalaan 90, Rotterdam
www.inholland.nl

2000년에 완공된 인홀랜드 대학은 외관 하부의 곡선형 매스와 수평의 패턴이 있는 커튼월이 대비되어 인상적인 모습을 하고 있다. 입면의 대부분은 투명한 커튼월로 마감되어 있으며 일부만 진한 청색이나 검은색의 패턴으로 프린트하여 변화를 주고 있으며, 항상 진한 청색을 트레이드마크처럼 사용하기에 건축물이 메까노오라는 건축사무소의 작품임을 암시하고 있다. 전 층이 8개 층으로 구성된 건축물은 크게 중앙의 슬리트한 오픈부를 중심으로 북측과 남측으로 구분되어 있으며 상부에서는 브릿지로 연결되어 있다. 도로 측으로 돌출된 알루미늄의 바는 거대한 유리판에 지지체로서의 기능뿐만 아니라 장식적인 요소이기도 하며, 입면에서 특징적으로 보이는 하부의 곡선부분은 인공적인 계단형을 한 레스토랑 공간으로 릴랙스한 공간의 분위기를 곡선으로 표현하고 있다. 이 인공적인 계단형의 구릉지에서 학생들은 인근의 수공간을 감상하면서 커피를 마시거나 식사를 하면서 휴식을 취할 수 있다.

RT - 09

Bridge Watcher's Control Center

교량관리용 컨트롤 센터

볼레스 + 윌슨, 1997

Wilhelminaplein, Rotterdam
www.bolles-wilson.com

에라스무스 다리를 통과하는 대형선박을 위해 꼽판 자위트 측의 교량 일부를 들어 올리는 것을 관리하는 센터이다. 24시간 관리하는 기능 때문에 관리인들의 숙소가 있는 삼각형 평면의 ㄱ자형 캔틸레버 구조를 한 건축물이 부두의 돌출 부분에 위치하고 있으며 돌출 부분은 파이프 기둥으로 지지되어 있다. 컨트롤 센터에서 강변을 따라 마치 가설 육교처럼 서있는 구조물은 화창한 날에 강과 다리를 바라보면서 즐기는 산책로 형 육교 같은 기능을 가지고 있다. 2층 높이의 구조물의 하부 캐노피는 버스 정류장의 기능까지 하고 있는 다목적 조형물로서 강변에 놓여있는 거대한 자갈 같은 구조물과 함께 강변의 경관을 조성하고 있다. 이 건축물을 볼 때마다 여름에 사진을 찍는 도중에 비가 와서 바로 옆에 있는 사법재판소 복합빌딩에 들어가서 기다리던 것과 함께 잠시 비가 왔다가 그치는 네덜란드의 여름 기후를 생각나게 한다. AA 출신의 볼레스+윌슨 팀은 이 센터 외에도 바로 인접한 룩소르 극장과 또 이 지역의 자위트 역 근처에 위치한 알베다 칼리지도 설계하는 등 로테르담에서 활발한 활동을 전개하고 있다.

RT - 10

Wilhelminaplein Subway Station

사법재판소 복합빌딩+빌헬미나플레인 지하철역

쎄이스 담(복합빌딩), 쓰바르츠 & 얀스마(지하철역), 1997 1999

Wilhelminaplein 3072, Rotterdam
www.damenpartners.nl
www.zwarts.jansma.nl

에라스무스 다리를 건너 보이는 갈색 벽돌의 빌딩군들이 사법재판소 복합빌딩으로 꼽 판 자이트 지역 재개발의 시발점이라고 할 수 있다. 원통형과 장방형의 매스 대비가 특징적인 사법재판소와 세관 관련한 업무용 용도가 복합된 건축물은 12만㎡의 면적으로 이 지역의 관문과 같은 형태를 하고 있다. 이 복합빌딩 지하에 위치한 빌헬미나플레인 지하철역은 미래지향적인 SF 공간적인 분위기를 표출하고 있는 역으로 천정에 매달린 거대한 V자형의 금속기둥들이 인상적이다. 이 천정을 지지하는 듯한 V자형 기둥은 실제로는 2.5m 두께인 상부 콘크리트 구조의 천정 중량을 하부에 전달하는 역할을 하는 것으로서 마치 부유하는 듯한 미래적인 분위기를 표출하는 장치로 작용하고 있다. 이외에도 선로 가운데 위치한 원형으로 타공된 벽이나 플랫폼에서 에스컬레이터로 오르는 부분의 원형으로 보이드 된 공간들이 일반적인 지하철역과는 다른 분위기를 연출하고 있다. 이 지하철역은 시내에 위치한 H.C.H. 레인더스 설계의 블라크 지하철역과 함께 SF적인 디자인으로 미래지향적인 로테르담의 도시 분위기를 상징하고 있다.

ROTTERDAM

299

Almere

Stan Laurel
Buster Keatonstraat
Marx Brothersplantsoen
Comedy Capers
Marty Feldmanstraat
Bette Davisstraat
Henry Fondastraat
Hollywoodlaan
Bud Abbottstraat
Ben Turpinpad
Lucille Ballstraat
Ingrid Bergmanstraat
Hollywoodlaan
Randstaddreef
Cinemadreef
Danny Kayestraat
James Stewartstraat
Lou Costellostraat
Spoorbaanpad
Grace Kellystraat
Fernandelstraat
Hollywoodlaan
Charlie Chaplinweg
Louis de Funesstraat
Fongerspad
James Stewartstraat
E. G. Robinsonstraat
Oscarlaan
Cinemadreef
Meeresteinkade
Randstad
Randstaddreef
Hospitaaldreef
Hennepveld
Flevo Ziekenhuis
Odeonstraat
Baljuwstraat
Landdrostraat
Stadhuisbaan
Hospitaaldreef
Stadsweteringpad
Rooseveltweg
Yitzhak Rabinpad
Landdrostdreef
Bodestraat
Wandellaan
Hospitaalpromenade
Stadhuispromenade
Landdrostdreef
Regisseurstraat
Rooseveltweg
Landdrostdreef
Taxiplein
Stationsstraat
Beeldhouwerpad
Stadhuisplein
Donjon
De Diagonaal
Burcht
Castellum
Forum
Meeresteinkade
Metropolestraat
Dichterhof
Schrijverstraat
Stadhuisstraat
Schutterstraat
Churchillweg
Wijsgeerbaan
Portiersteeg
05
02
Citadel
Titostraat
J. Algerapad
Bordes
Flevostraat
Grote Markt
Belfort
Station Almere Centrum
알메르 중앙역
Marktmeesterstraat
Korte Promenade
Krakeling
Blekersstraat
Koetsierbaan
04
S van Houtenweg
P.J. Oudweg
Koopmanstraat
Brouwersstraat
06
Spoordreef
Schoutstraat
Spoordreef
Spoordreef
De Pier
Touwslagerhof
Delfzijlsingel
Olstgracht
W Dreesweg
01
Spoordreef
Hoogezandstraat
Meesterstraat
Lenthehof
Doesburgkade
Wisselweg
Zuidwoldepad
Deventerpad
Giethoornpad
Sappemeerstraat
Delfzijlsingel
Kolkplein
Meesterstraat
Zwolleweg
Waddendreef
Veendamstraat
Coevordensingel
Regentesseweg
Dokkumlaan
Meppelsingel
Koningstraat
Haya van Somerenstraat
Uilstpad
Leeuwardenplein
Steenwijkstraat
Kampenweg
Prinsenpad
Almelostraat
Wisselweg
Presidentstraat
Drachtenstraat
Smildestraat
Koninginneweg
Keizerstraat
Graafpad
Kroonstraat
Lemmerstraat
Hoornstraat
Wisselpad
Koninginneweg
Dokkumlaan
Workumstraat
Heerenveenpad
Hoogeveenstraat
Amsterdamweg
Kortandenweg
Dillepad
Makkumstraat
Hoornstraat
Waddendreef
Harlingensingel
Alkmaargracht
Alkmaargracht
Heerenveenpad
Kruizemuntstraat
Aalsmeerstraat
Velsenpad
Plantsoenpoort
Amstelveenstraat
Stedendreef
Beatrixpromenade
Waddendreef
Stedendreef
Johann Sebastiaan Bachweg
Monteverdistraat
Scarlattistraat
Beatrixpad
Handelstraat
Buxtehudepad

알메르

간척사업의 성공적인 신화로 알려진 알메르는 약 28년 전 바다를 매립하여 조성한 간척도시로 암스테르담 동북쪽에 30km 떨어진 수도권 지역에 위치하고 있다. 이 도시는 쥬다찌 간척사업 5개 지구 가운데 가장 최근에 개발된 곳으로 수도인 암스테르담의 인구가 급격히 팽창하면서 1967년 위성도시 개발을 위해 매립을 시작, 20년 후인 1986년 네덜란드의 12번째 주로 지정된 플레볼란트주의 신도시다. 최근 급성장하고 있는 알메르는 당초에는 15만명의 인구로 계획되었으나 2005년에 25만명, 2030년에 주민수를 40만명으로 조정하여, 그것이 실현되면 네덜란드에서 4번째로 큰 도시가 될 것이다. 이 도시는 암스테르담에 인접한 양호한 접근성과 여러 가지 시도가 가능한 풍부한 가용 용지, 그리고 광활하게 펼쳐져 있는 공원과 호수 및 아름다운 주거 지역 등의 잠재력으로 최근 부각되고 있다. 알메르의 성공신화의 배경에는 암스테르담의 배후도시로서의 장점을 거론하지만 무엇보다도 삶의 질을 가장 우선으로 생각하는 도시계획 때문이라는 의견이 일반적이다. 도시계획에서 개발 초부터 삶의 질을 높이기 위한 방편으로 대단위 녹지에 기초한 조경을 시작하여 자연과 조화된 친환경적인 도시로 성장시킨 것이나 매립지가 갖는 도시환경 창조의 한계를 주거지 및 공공건축물의 현상설계를 통한 질 높은 건축환경으로 보완해나가는 방식은 신도시를 건설해야만 하는 우리에게 큰 교훈을 주는 사례라고 할 수 있다.

알메르가 이렇게 실험적이고 획기적인 디자인을 채택한 배경은 다음과 같다. 초기에 정부는 렐리스타드를 비롯한 대규모 간척사업에 매진하였기에 간척사업 후 도심 개발을 해야 할 알메르는 상대적인 관심사에서 밀려나있었다. 따라서 실제 계획에 참여해야할 건축가들은 모두 다른 개발프로젝트에 몰려 있어 젊은 건축가들이 참여한 알메르가 오히려 실험적이고 획기적인 시도를 하게 된 점이 아이로니컬하다. 그것은 타성에 젖어있던 전문가들이 아닌 새로운 아이디어로 무장한 젊은 건축가들로 인해 보다 새롭고 획기적인 알메르가 탄생하였다. 권위를 내세우지 않는 젊은 건축가들은 실수에 대한 지적을 그대로 수용, 보다 발전적인 모습의 도심 건설을 이룩해 나갔기에 알메르는 시민들의 의견이 반영된 친환경적인 신도심을 갖게 되었던 것이다. 최근 SANAA(세지마 카즈요+니시자와 류에)팀의 스타트 극장 알메르로 우리에게 알려진 도시 알메르는 개발 초부터 철저한 개발계획에 따른 완성형 생활권 구성에 주력하여 교통 등 기반시설 확충은 물론 구역별 특성화를 목적으로 쇼핑센터 및 산업단지, 친환경 농업단지, 의료 · 문화 · 교육 · 복지단지 등이 밀집된 하벤(Haven), 스타드(Stad), 바우튼(Buiten), 팜푸스(Pampus), 하우트(Haut)라는 5개 권역을 설정했다. 알메르는 최근 렘 콜하스가 이끄는 OMA의 마스터플랜에 의해 개발 중인 스타드 지역을 중심으로 개발이 활성화되고 있다. 스타드 지역은 3~4천 세대를 단위로 하는 단지를 현상설계를 통한 개발방식으로 독창적인 건축을 자랑하고 있다. 도심 중심부에 있는 중앙철도역에서 중앙호수까지를 연결하는 쇼핑몰이 병원, 시청, 극장 등과 더불어 도심을 형성, 주민들에게 안락한 주거공간을 제공하고 있다. 이 도시에서 알려진 주요 건축물들은 쎄이스 담이 설계한 시청사, SANNA의 알메르 스타드 극장 외에 윌리엄 알솝의 어반 엔터테인먼트 센터인 대중음악공연장과 아폴로 호텔, 상가의 복합건축물, UN 스튜디오의 복합빌딩인 라 데팡스, 르네 판 주크의 파도라는 애칭의 역동적인 외관을 한 집합주택 블록 16, 18층의 건축물이 Z자 형태가 뒤틀린 구성을 취하고 있는 크라우스 앤 카안의 실버라인 주거타워 등이 있다. 이외에도 드 시타델이라는 상가와 주거가 복합된 건축물을 설계한 프랑스의 크리스티앙 드 뽀짬박, 집합주택을 설계한 영국의 데이비드 취퍼필드와 스위스의 기곤 앤 가이어 같은 건축가들이 설계에 참여하여 새롭게 도시를 변모시키고 있다.

Almere

AL - 01

La Defense Multi-Company Building

라 데팡스 복합빌딩

UN 스튜디오, 2004

W Dreesweg 14 Almere
www.unstudio.com

역 바로 후면의 알메르 스타드 중앙업무지구에 위치한 복합빌딩은 23,000㎡의 업무공간, 15,000㎡의 주차장으로 구성되어 있다. 5각형의 대지에 위치한 건축물은 각기 길이와 높이가 다른 매스들이 ㄷ자 구성으로 서로 상호 관입된 구성을 취하고 있다. 주차장의 진입과 확보를 위하여 레벨이 올라간 중정과 연결된 빌딩은 거리 레벨에서 보면 6층, 그리고 집합주택에 면한 층은 3층으로 변화 있는 입면을 구성하고 있다. 외부는 수평적인 알루미늄 패널 마감으로 되어 있는데 비해, 중정에 면한 입면은 반사하는 적, 황, 녹의 3M 필름으로 마감한 구성이 마치 석양의 하늘을 바라보는 것 같은 초현실적인 분위기를 조성하고 있다. UN 스튜디오의 갤러리아 패션관이 디지털한 장치에 의해 변화 있는 입면을 디자인하였는데 비해 라 데팡스 복합빌딩은 아날로그적인 접근을 하면서도 비슷한 분위기를 연출하려고 한 것 같은 건축물이다.

AL - 02

DE KUNSTLINIE Theatre & Cultural Centre

알메르 스타드 극장

SANAA(세지마 카즈요+니시자와 류에), 2006

Esplanade 12 1315 Almere
www.dekunstlinie.nl

1998년 현상공모에 의해 실현된 복합 문화공간은 호수에 바로 인접한 위치에 세워졌으며, 유리로 구성된 저층부 위에 자리 잡은 콘크리트 프리캐스트 패널로 마감된 홀 등의 3개 볼륨이 인상적인 건축물이다. 아동에서부터 성인에 이르는 전 연령층을 대상으로 한 문화공간은 1,050석의 대 홀과 350석의 중간 규모 홀이라는 2개의 시립극장과 150인을 위한 소규모 홀을 비롯한 음악, 회화, 조각, 연극, 무용, 컴퓨터를 위한 교실군이 프로그램에서 요구되었다. 대 홀에서 작은 음악교실에 이르는 다양한 크기의 방들이 크기에 관련 없이 일반인들에게 개방되어 있으며 극장과 문화센터가 상호 관련해서 사용하는 것을 설정하였기에 모든 공공을 위한 프로그램을 한 층에 배치하였다. 실들을 연결하는 동선 공간은 방처럼 취급하였으며, 다양한 크기의 방들의 연속에 의해 전체의 공간이 구성되도록 디자인하였다. 또한 각 방들은 파사드와 파티오에서 필수적으로 자연광이 들어오게 하고 대부분의 방들에서 호수를 바라 볼 수 있도록 디자인하였다. 대 홀의 포와이에는 백색을 주조로 한 미니멀한 실내공간에 한 쪽 벽면을 마이클 린의 화려한 그래픽칼한 작품과 함께 오브제 같은 나선형 계단이 대비를 이루고 있는 것이 인상적이다.

AL - 03

Silverline Tower

실버라인 타워

크라우스 앤 카안, 2001

Hengelostraat 101 Almere
www.clausenkaan.com

네덜란드에서 미니멀한 건축을 하는 대표적인 건축가 팀인 크라우스 앤 카안은 알메르 스타트 지역의 호숫가에 뒤틀려 올려가는 Z자형을 한 집합주택을 디자인하였다. 르네 판 주크가 디자인한 블록 16과도 인접하여 위치한 18층 높이, 58세대로 구성된 집합주택은 거주자들이 호수가의 전망을 다양한 각도에서 즐기고자 하는 욕구를 충족시키고자 뒤틀린 형태로 해결한 랜드마크적인 건축물이다. 이런 욕구에 따라 저층부는 공원 측, 고층부는 호수 측의 전망을 즐기도록 디자인적으로 배려하였다. 알루미늄 패널 마감의 빛나는 오브제처럼 보이는 형상 때문에 붙여진 실버라인이라는 명칭의 집합주택은 입면에 다양한 크기의 개구부로 구성된 것을 볼 수 있으며, 그것은 다양한 유닛으로 구성된 집합주택이 실에 따라 필요로 하는 창의 크기가 다른 것에 대응한 결과이다. 멀리서 보면, 단순한 집합주택이나 가까이에서 보면, 전망이라는 환경적 요인에 따른 개구부의 변화 있는 구성을 한 새로운 해석이라고 할 수 있다. 단순한 반복의 미니멀이 아닌 다양함을 내재하고 있는 미니멀리즘이 그들의 주거공간에 대한 해답인 것이며, 그만큼 주거 역시 다양한 욕구를 표출하는 공간장치인 것이다.

AL - 04

Almere Urban Entertainment Centre

알메르 어반 엔터테인먼트 센터

윌리엄 알솝, 2005
Schipperplein 1315 Almere www.alsoparchitects.com

커튼월 입면을 한 장방형의 매스와 유기적인 타원형 등의 대비된 구성이 인상적인 어반 엔터테인먼트 센터는 영국의 윌리엄 알솝이 디자인한 건축물로 대중음악공연장, 디스코텍, 호텔, 상가, 레스토랑과 레저시설 등 몇 개의 동으로 구성된 복합건축물이다. 알메르 중심가에 세워진 16,000㎡ 면적을 가진 엔터테인먼트 센터는 금속으로 마감된 타워형 구조물인 대중음악공연장, 사선의 필로티 위에 올려진 장방형 매스와 유기적인 형태로 구성된 4성급 호텔, 색채감 있는 커튼월의 상가동 등으로 구성되어 있다. 이 센터의 건축물들은 주차장이 있는 기단부와 카페와 레스토랑이 있는 광장을 둘러싸면서 배치되어 있다. 잠수함 같은 형태를 취하고 있는 대중음악공연장은 공연장과 디스코텍, 바 등으로 구성되어 있으며, 120개의 객실을 갖춘 호텔은 2개 층의 로비와 집회실, 레스토랑과 바가 있는 2층의 유기적인 형태와 필로티에 올려진 장방형의 숙박동으로 구성되어 있다. 팝아트 같은 건축을 전개하는 윌리엄 알솝의 디자인적인 특징이 망라되어 있는 센터는 영국 건축의 변화하는 흐름을 느낄 수 있는 공간이기에 한번 주의 깊게 살펴보기 바란다.

AL - 05

De Citadel

드 시타델

크리스티앙 드 뽀짬박, 2006

Citadel 1315 Almere
www.chdeportzamparc.com
www.citadeltheater.nl

성채란 의미의 시타델이란 이름을 한 집합주택과 상업공간이 복합된 건축물로서 도시공간에서 주거와 상가가 결합된 이상적인 모델을 보여주는 사례라고 할 수 있다. 사각형의 블록형 매스를 +자형의 보행자 도로로 분할하는 구성을 취하고 있는 복합 건축물은 상가의 옥상정원을 잔디가 깔린 인공적인 랜드스케이프로 디자인하고, 그 옥상정원 일부에 타워형 구조물을 설치하여 성채에 망루를 갖춘 이미지로 디자인한 인상적인 프로젝트이다. 상가의 벽면은 지형의 단면을 암시하는 테라코타 같은 재료로 마감하여 지층, 자연, 인공적인 건축물이 수직적으로 연결된 것 같은 이미지로 디자인하였다. 인공적인 랜드스케이프의 개념을 도입한 디자인이나 색채감 있는 집합주택동에서 최근 뽀짬박의 디자인적인 변화를 느낄 수 있으며, 구릉진 랜드스케이프로 디자인한 옥상정원은 마치 전원의 풍경을 도시 속에 옮긴 것 같은 신선한 느낌을 부여하고 있다.

AL - 06

Block 16

블록 16 집합주택

르네 판 주크,
2004

Koetsierbaan 315
Almere
www.renevanzuuk
.com

호수가라는 입지 조건을 고려하여 파도 같은 형태를 취한 7층 규모의 집합주택으로 웨이브라는 별명이 붙여진 건축물이다. 점층적으로 돌출된 형태의 집합주택은 두 가지 상황을 반영을 반영한 것으로, 하나는 항구에서 관문의 기능과 함께 인접한 미니멀한 형태의 실버라인 집합주택의 형태를 완화시키기 위한 장치라고 할 수 있다. 터널 구조 공법으로 건축된 집합주택은 OMA에서 디자인한 피트니스 클럽이나 상가, 창고와 주차장 등으로 구성된 2개층의 기단부 위에 세워져 있다. 남측을 호수를 조망할 수 있게 배치된 49개의 거실은 중앙의 보이드된 복도로 진입이 가능하며 북측의 방은 실내의 계단으로 연결된다. 은색의 알루미늄 패널로 마감된 외관은 햇빛의 반사에 의하여 다양한 느낌을 부여하며, 건축물 내에는 건축물의 건축가이기도 하며 최근 암스테르담 건축센터로 부각되고 있는 르네 판 주크의 건축사무소도 위치하고 있다.

ALMERE

311

Hague

HA - 01 헤이그 시청 및 도서관The Hague City Hall and Library

HA - 02 네덜란드 무용극장Netherlands Dance Theater

HA - 03 스푸이 극장센터Spui Theatre Centre

HA - 04 헤이그 지하 서비스 터널Souterrain Tram Tunnel

HA - 05 더 레지던트 프로젝트De Resident

HA - 06 도심 재생 프로젝트De Baljurk-아키펠론 웨퍼

HA - 07 국립극장The National Theatre-아틀리에 프로

HA - 08 버나드비아덕트거리의 집합주거La Fenetre-뤼디 아이떤하악

HA - 09 리즈윅스프레인거리의 집합주거Flat-Iron Housing-AA아키떽떤

Utrechtsebaan
Schenkkade
Prinses Beatrixlaan
Beatrixkwartier
Parkeerplaats Centrum/ route zuid 2
A12
Jan Pieterszoon Coenstraat
Van Den Boschstraat
Volkerakstraat
Louise Henriettestraat
Carolina van
Ternoot
Cornelis Speelmanstraat
Schenkweg
Schenkviaduct
Francois Valentijnstraat
Pieter Bothstraat
Jan van Riebeeckstraat
Laurens Reaelstraat
Bernhardviaduct
Lekstraat
Bredestraat
Scheldestraat
IJsselstraat
Waalstraat
Maasstraat
Amstelhof
Prins Clauslaan
Prins Willem-Alexanderweg
Babylon
헤이그 중앙역
Station Den Haag Centraal
den Haag Centraal
Rijnstraat
Anna van Hannoverstraat
Zwarteweg
Hekkelaan
Uilebomen
Boomsluiterskade
Willem Silviusstraat
Christoffel Plantijnstraat
Hoftoren
Bezuidenhoutseweg
Muzenstraat
Muzenplein
Turfmarkt
Nieuwe Haven
Bleekveld
Lamgroen
Schedeldoekshaven
Herengracht
Calliopestraat
Fluwelen Burgwal
Wijnhaven
Casuariestraat
Bleijenburg
Korte Poten
Korte Houtstraat
Kalvermarkt Stadhuis
헤이그 시청사
Spui Stadhuis
Spui
Schouwburgstraat
Lange Houtstraat
Plein
Lange Poten
Kalvermarkt
Korte Vijverberg
Mauritshuis
Tweede Kamer
Binnenhof
Ridderzaal
Hofvijver
Lange Vijverberg
Tournooiveld
Hoge Nieuwstraat
Buitenhof
Hofweg
Passage
Grote Marktstraat
Gortstraat
Wagenstraat
Dunne Bierkade
Gedempte Gracht
Binckhorstlaan
Meteoorstraat
Plutostraat
Trekvlietplein
Zwetstraat
Dintelstraat
Van Maanenkade
Rijswijkseplein / Station Hs
Bontekoekade
Rijswijkseplein
Het Strijkijzer
Hagaweide
Stationsplein
Oranjelaan
Zuylichemstraat
Hofwijckplein
Huijgensstraat
Huygenspark
Stationsweg
Jan Blankenstraat
Van Limburg Stirumstraat
Van Hogendorpstraat
Van der Duynstraat
Repelaerstraat
Groenewegje
Spinozastraat
Oranje Plein
Oranjeplein
Slachterstraat
Fagelstraat
Gortmolen
Slijpmolen
Zuidwal
Koningstraat
01
02
03
04
05
06
07
08
09

헤이그

헤이그는 네덜란드에서는 덴 하그(Den haag)로 불리 우는 인구 60만이 살고 있는 네덜란드 제 3의 도시이다. 네덜란드의 서쪽에 위치한 도시로 정치적인 수도의 역할을 하고 있으며, 수도인 암스테르담을 위한 구조조직으로 수도 주위에 위치한 특성을 이용하여 보조하는 역할을 하고 있다. 모든 외국 대사관들과 내각 통치기관들이 헤이그에 밀집되어있어 암스테르담을 보조하는 정치적인 중심도시이다. 1년에 천만명의 관광객들이 방문하는 해안도시이기도 한 헤이그는 해안에 접하여 주요 관광지들이 인접하고 있다. 오래된 도심에는 개성 있는 넓고 긴 거리가 있으며, 이곳의 집들은 3층을 넘지 않는 낮은 저층의 건물로 이루어져 있다. 도시의 배치는 다른 네덜란드의 도시보다 더 광활하며, 도시 내에는 19세기 후반에 만들어진 배수로를 이용한 운하가 있다. 이 도시를 활성화하기 위한 프로젝트의 일환으로 시의 중심부인 중앙역에서 스푸이 거리에 이르는 입지를 개발하기로 결정하였으며, 이것은 도심의 확장과 함께 질 높은 공공환경의 조성을 목적으로 하고 있다. 이 계획에 의거하여 리차드 마이어나 렘 콜하스 같은 유명한 건축가들이 설계한 시청사나 연방의회 의사당, 후생성 신청사, 주택성 청사, 외무부 청사 등과 댄스극장, 극장센터 같은 문화시설들이 도심에 들어서 도시의 환경을 변화시켰다. 이런 일련의 도시 개조 작업의 일환으로 헤이그 중심부에 고층의 집합주택인 더 레지던트 프로젝트 외에도 다른 대규모 프로젝트들이 완공되었거나 건축 중에 있다. 더 레지던트 지역에 바로 인접하여 높은 탑의 형태의 업무용 건축물인 KPF 설계의 호프타워, 쎄이스 담 설계의 27층의 주거용 빌딩인 레오나르드 다빈치, 아틀리에 프로 등의 설계사무실이 참여한 26층의 호텔 및 주거와 업무기능이 복합된 프리센호프 빌딩, AA 아키떽떤이 설계한 42층 주거용 빌딩인 엇 스트레이케이써, 그룹 5 설계의 26층 주거용 빌딩인 비테 안나, 뤼디 아이떤하악 설계의 19층의 주거용 빌딩인 라 훈네트르, KOW 스떼던바위 설계의 18층의 업무용 건축물인 센터코트 등이 완공되었거나 건축 중에 있다. 그리고 독일의 한스 콜호프을 비롯하여 스위스 마리오 보타의 새로운 프로젝트들이 시행 예정이며, 네덜란드의 렘 콜하스와 메이어 판 스포오떤 등이 상업공간, 주거, 사무실을 포함한 대규모 복합빌딩을 건축할 예정이다. 이 프로젝트들이 완성되면 헤이그는 유명 건축가들의 디자인한 대규모 건축물들의 각축장이 될 것이다. 이외에도 헤이그는 우리나

라와도 역사적으로 관련된 도시로 구한말 이준열사가 자주독립을 주장하다 성공하지 못하고 분사한 곳이기도 하다. 당시에 이곳에 투숙했던 호텔이 기념관으로 만들어져 있다.

Hague

HA - 01

The Hague City Hall and Library

헤이그 시청 및 도서관

리차드 마이어, 1995

Spui 68, 2511 BT, Den Haag
www.denhaag.nl

도시계획의 일부로 진행되었던 시청사와 도서관이 복합된 건축물은 근처에 중앙역과 사법부 외무부 청사가 인접해 있는 밀집지역에 위치한다. 이 프로젝트는 현상공모를 통하여 홈그라운드의 렘 콜하스와의 치열한 접전 끝에 리차드 마이어의 안이 당선되어 실현되었다. 건축가는 계획에서 칼버마르크트와 투프카르크트 사이에 위치한 웨지 형 부지의 외곽선에서 파생된 두 개의 주된 그리드를 이용한 축을 설정, 축으로 인한 박스형 사무동을 벌려 두 건축물 사이에 아트리움 공간을 만들었다. 실내 공용공간인 아트리움을 가로지르는 브릿지는 엘리베이터 코어와 함께 백색 페인트로 도색된 강철로 되어있으며, 이 공용공간은 시민들을 위한 중앙광장으로 주변을 공무원들이 사용하도록 의도하였다. 주변을 둘러싸는 형태의 건축물은 분리된 듯하면서 직교하는 기하학적 구조에 따라 회의실, 도서관, 사무실 등이 위치하고 있으며, 성격이 다른 기능들은 상층부에서 서로 연결되어있다. 지상층은 옥외공간이나 시청사의 시민 홀이라고 불리 우는 실내 홀은 거대한 천장에서 떨어지는 빛에 의해 실내에 조성된 거리와 같은 느낌을 준다. 부지의 북서쪽의 모퉁이에 위치한 돌출된 원통형의 도서관은 북서쪽 모퉁이의 시의회 건물과 함께 박스형의 주변 건물들의 단조로움을 경감시키며 도시공간에서 랜드마크의 기능을 하고 있다.

HA - 02

Netherlands Dance Theater

네덜란드 무용극장

렘 콜하스, 1987

Schedeldoekshaven 60, 2511 EN,
Den Haag
www.ndt.nl

렘 콜하스가 초기에 실현한 대규모 프로젝트의 하나인 무용극장은 1980년 헤이그의 해변 리조트 지역에 처음 계획되었다가 1984년 중심지로 입지가 변경되어 세워졌으며, 해변을 배경으로한 현란한 외관 디자인은 입지가 변경되었음에도 그대로 적용되었다. 새로운 입지는 시청사와 도서관이 세워지는 오래된 도심 도로망과 역사적 건물인 17세기의 교회 사이에 위치한 지역으로 계획은 그리드에 따른 프로그램에 의한 세 개의 구역으로 구분되어 배치되었다. 가장 넓은 구역은 1,001석의 공연장, 중간 구역은 3개의 리허설 스튜디오, 마지막으로 광장 측에 사무공간, 분장실, 무용수들을 위한 공용공간을 포함하고 있다. 이 무용극장은 판 모우릭이 디자인한 콘서트홀과 인접하면서 동시에 도시계획을 한 카렐 베버 설계의 호텔 주차장 위에 배치되어 주차장을 공유하도록 한 수푸이 컴플렉스의 일환으로 진행되었다. 콘서트홀의 건축가와 콜하스의 협력에 의해 물리적으로 양 건축물이 접하도록 설계되었으며 폭 7m의 호와이에가 양 건축물을 연결하고 있다. 금색으로 도색된 역원추형의 레스토랑과 에스프레소 바가 형태적인 포인트로 작용하고 있으며, 파도형의 지붕은 무용극장의 역동성을 표현하면서 해변의 파도를 은유하여 표현하고 있다.

HA - 03

Spui Theatre Centre

스푸이 극장센터

헤르만 헬츠베르허, 1993

Spui 187, 2511 BN 's-gravenhage,
Den Haag
www.theateraanhetspui.nl

수푸이 거리에 면한 극장, 상업시설, 집합주택이 복합된 프로젝트로서 저층부는 문화시설과 상업시설, 상부는 메조네트형 집합주택으로 구성되어 있다. 형태 구성상 상부의 집합주택 동은 인접해 있는 수직적인 교회당과의 관계를 고려하여 커다란 원호의 평면을 취하고 있으며, 이것은 동시에 극장의 진입부로서 포켓파크의 기능도 하고 있다. 도시 중심부에 위치한 복합적 기능의 극장은 건축물 군을 기능별로 분화시켜 조닝화 하는 근대건축의 기능주의적 접근과는 달리 복합화시켜 도시가 지닌 매력을 만끽하는 프로젝트이다. 외관상으로만 보아도 이전 건축가의 작품에서 보였던 분절화 된 형태나 콘크리트 블록이라는 재료에서 탈피하고 있는 점에서 새롭게 건축적인 시도를 하고 있음을 알 수 있다. 곡선의 원호를 그리면서 구성된 검은 색의 표층면과 커튼월로 나타난 외관과 평면 구성에 있어서도 곡선과 사선에 의한 극장동의 비스듬한 배치와 축의 다용에서 탈구조주의적 접근이 시도되고 있음을 알 수 있다.

HA - 04

Souterrain Tram Tunnel

헤이그 지하 서비스 터널

헤이그 시청사가 위치한 도심 중앙부 근처에 도로의 교통량을 최소화하는 계획의 일환으로 지하 서비스 터널이 만들어졌다. 지하 서비스 터널은 두 개의 지하철역과 주차장시설을 갖춘 1,250m 길이의 여러 층을 가진 터널로 구성되었으며 도심의 지하공간에서 여러 기관들을 연결하고 지원하는 지하의 연결체 역할을 한다. 긴 지하 공간은 지상의 다른 건물들에게 필요한 추가공간으로 볼 수 있으며, 연결된 척추와 같은 역할을 하면서 도심 지하에서 지상으로 연계하는 매개체적 역할을 통하여 지상 프로그램을 촉진할 수 있도록 하고 있다. 지하 터널의 목적은 운송수단 프로그램이 정확히 작동할 때, 건축이 긍적적인 목표를 추구할 수 있다는 것을 보여주는 것으로 두개의 지하철 역과 지하 주차장, 그리고 포스터 갤러리로 이루어졌다. 지하의 연속적인 공간이 지닌 지루함, 그리고 방향성과 고립감에 대한 문제 해결을 위하여 공간의 높이와 폭을 조정하면서 터널 프로그램을 다른 부분들과 물리적, 시각적으로 연결하였다. 즉, 다양한 경사로와 에스컬레이터, 계단 등의 높이와 폭의 조정을 통하여 지하철역 실내의 전망을 만들어내고, 외부의 조망적 요소인 도시나 하늘을 끌어들여 주변의 상점이나 주차장과 연계를 취하였다.

렘 콜하스, 2004

Grote Marktstraat 11, 2511 BH, Den Haag
www.stroom.nl

HA - 05

De Resident

더 레지던트 프로젝트

로브 크리에, 마이클 그레이브스, 시자 펠리 등

Parnassusplein 5, 2511 VX, Den Haag
www.minvws.nl

더 레지던트 프로젝트는 로브 크리에의 마스터플랜에 의해 마이클 그레이브스, 시자 펠리 등이 참여한 포스트 모던 풍의 도심형 고층 주거단지이다. 320세대를 수용하는 집합주택과 보건복지부 청사를 포함한 115,000m²의 업무 공간, 4,000m²의 상점, 그리고 800대를 수용하는 주차장으로 구성되어 있다. 이 프로젝트는 탈근대적인 접근으로 디자인된 도시 공간답게 타원형의 3개의 광장을 중심으로 전체적인 공간을 구성하고 있으며 저층부는 휴먼스케일적인 장치인 주랑으로 연결시키고 있다. 그리고 광장 주위에 카페와 상점들로 배치, 공간을 활성화 시키고 있다. 전체동의 구성은 크게 4개의 고층동과 그 동들을 연결하는 저층들로 구성되어 있다. 이 단지의 건축물을 살펴보면, 마이클 그레이브스는 104m 높이의 박공형 지붕을 한 트윈타워의 보건복지부 신청사인 카스탈리아, 쉐르트 수떠르스의 저층부가 연결되어있는 3동의 계단식 빌딩인 헬리콘, 시자 펠리의 업무용 건축물인 츄리히타워, 로브 크리에 설계의 뮌젠타워, 아돌프 나탈리니가 설계한 뮌젠거리, 피이떠 드레이버의 상가 등의 건축물, 또 까렐 서의 칼리오페의 거리 등으로 이루어져 있다.

O U

S T O

U R
O R Y

엮은이 한마디

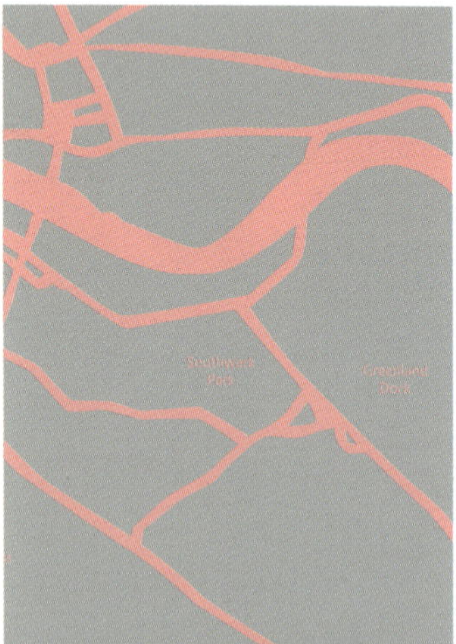

O U R

STORY

INSIGHT:

EUROPE

유럽의 각 도시에서
새벽에 일어나 돌아보았던 도시의 풍경들!
그리고 학생들과 돌아다녔던
도시의 추억들이 그립다!

KIM, MOON DUCK

공학박사 ↳ 건국대학교 실내디자인학과 교수 ↳ 한국실내디자인학회 명예회장

기억이 추억으로
흐려져 가는
시간의 흐름이 아쉽습니다.

KIM, SUK YOUNG

건국대학교 실내디자인학과, 디자인대학원 석사, 건축전문대학원 박사과정수료 ↳ 진양인테리어, 삼우설계, NEED21, 다원ID&C 근무 ↳ 현, 동양공업전문대학 디자인학부 실내디자인과 전임강사

매일 저녁 호텔방 안에
꽉 끼어 앉아
진행 했던 프레젠테이션
잊을 수 없는
소중한 사람들과의
멋진 여행의 기억들..

KIM, MIN JUNG

건국대학교 디자인대학원 실내환경디자인 석사수료 ↳ 현대백화점 DP팀, 롯데디자인실, 삼성제일모직 아웃소싱 DP팀 ↳ 현, BLUEls DP팀 실장, 대구보건대학, 영남이공대학 강사

이상 기후 현상으로 유난히 추웠던 유럽!
하루의 마무리는 언제나 세미나!
그랬던 유럽이 이렇게 마무리되네요.
이모든 것을 지도해주시고 이끌어주신
김문덕 교수님께 감사드리며,
뒤에서 애쓰신 윤종민 선배님과
그 외 여러분들 수고 많으셨습니다.

KIM, BONG SOON

건국대학교 대학원 석사, 건축전문대학원 박사과정수료 ↳ 포싸이트, 진양인테리어, 민ITS, 단스페이스 근무 ↳ 현, 하나디자인그룹 실장

4조..4조..4조..
아직도
4조가 보고 싶다는..

KIM, YOUNG HEE

건국대학교 디자인대학원 석사, 건축전문대학원 박사과정수료 ↳ ㈜ 남광산업개발, ㈜ 미래골드건설 근무 ↳ 현, 건국대학교 실내디자인학과, 대구공업대학 건축인테리어학과 강사

바쁜 일정 속에서 한 번씩
유럽여행 폴더를 뒤적이다보면 시간
가는 줄 모릅니다. 그리고 아직도
그 많은 프로젝트를 외우질 못해요.
저만 그런가 모르겠지만, 책 나오면
모두들 열심히 공부 합시다. 갑자기
교수님께서 물어보시면 대답 못하게
되면, 여행 다녀온 거 아니잖아요! ㅎㅎ

NOH, KYUNG WOO

건국대학교 디자인대학원 실내환경디자인 석사 ↳ (주)이오디자인 , (주)다산건축디자인 근무 ↳ 현, (주)케이스 디자인 대표, 대구공업대학 겸임교수

사제 간에 열정을 함께했던
너무나 멋진
평생 기억에 남는 답사였습니다.

LO, JUNG EUN

프랫인스터튜트 인테리어디자인 석사 ↳ 건국대학교 건축전문대학원 실내건축설계 박사 ↳ 디자인테크플랜 이사, 건국대학교 강사

INSIGHT: Architecture & Interior Road Map EUROPE

책이 나온다고 하니
새삼 좁은 호텔방에서 졸린 눈을 비비며
작품설명을 듣던 기억이 납니다.
그곳에서 여러 사람들과 좋은 시간을 보내며
건축 공간의 느낌을 체험할 수 있는 기회를
주신 김문덕 교수님과 모든 분들께
감사드립니다.

SEO, MIN WOO

상명대학교 실내디자인과, 국민대학교 실내건축전공 석사, Savannah College Art and Design 석사 ↳ ㈜ 아티포트 근무 ↳ 현, 상명대학교 강사

발바닥부터
뜨겁게 올라오는
유럽을 늘 기억하겠습니다.
고맙고 행복했습니다.

PARK, SUN JU

건국대 건축전문대학원 실내건축설계 석사 ↳ ㈜유아이건축 근무, ㈜엄지하우스 근무 ↳ 현, 극동정보대학 실내디자인과 강사

내 인생 최고의 인연을 만난
계기가 된 여행_
그때 만난 모든 이들과의 인연을
소중히 간직합니다.

SEO, SU MI

건국대학교 건축전문대학원 실내건축설계학과 석사, 조선대학교 디자인경영학과 박사과정 ↳ 현, 한국실내디자인학회 회원, 한국주거학회 회원

강행군 후 호텔방 프레젠테이션
잊을 수 없습니다.
그래도 백야에겐 이겼습니다!
잊을 수 없습니다.

PEA, KEE HEUI

건국대학교 디자인대학원 실내환경디자인 석사 ↳ 에이블디자인 대표 ↳ 현, 소고에어텍 실장, 서일대학 교양과 강사

36여명이 유럽을 누비며
카메라 세례를 퍼 붓던 2007년 여름이
지금은 너무 그리워지네요..
이 책을 통해서 이렇게 기억할 수 있어
너무 기쁩니다.
김문덕 교수님! 감사합니다.
김석영 선생님! 정말 수고하셨어요!!
건대 화이팅!

SONG, EUN A

동덕여자대학교, 건국대 건축전문대학원 실내건축설계 석사, 건축전문대학원 박사과정수료 ↳ (주) 이다스, (주)풍진아이디, (주)우리기업, (주)SIDI 근무 ↳ 현, 디자인 연구소 마음 실장, 백석예술대학 디자인학부 실내디자인과 겸임교수, 건국대 실내디자인과 출강

함께 할 수 있어서 행복했습니다.
교수님, 후배, 선배, 동기여러분
사랑합니다!!!!

SONG, CHOON EUI

건국대학교 디자인대학원 실내환경디자인전공 석사, 건국대학교 건축전문대학원 실내건축설계전공 박사 ↘ (주)건영 디자인실, (주)동아건설 인테리어사업부 과장, (주)국보디자인 설계이사, (주)휴다임(구 한성종합건축사사무소) 인테리어사업부 본부장 ↘ 현, 백석대학교 기독교 문화예술학부 인테리어디자인전공 조교수

무더운 여름에 발에 불나게 뛰면서
저와 여러분들의 카메라에서는
광선을 뿜으면서 다닌 여행..
지도해주신 김문덕 교수님과
여러분 감사합니다.

AHN, HYUNG SEOP

단국대 건축공학과, 건국대 건축전문대학원 실내건축설계 석사, The School of the Art Institute of Chicago 실내건축 석사 ↘ 토마 건축, Roula Associates Architects, Chtd., Rafael Vinoly Architects, PC. ↘ 현, 건국대학교, 백석 예술대학 강사, UL Studio 근무

아직도 눈에 선합니다..
그 날의 열정들이...

YUN, JUNG MI

건국대학교 디자인대학원 실내환경디자인 석사 ↘ (주)대혜건축, (주)이웩스, (주)선경 ↘ 현, (주)중앙디자인 근무, 한양여자대학 인테리어디자인학과 강사

유럽투어의 마지막 날 돌아오는 버스에서
듣던 음악 기억납니다.
아쉽기도, 뿌듯하기도..
김문덕 교수님 그 열정에 저희 동문들
더욱 정진하는 모습으로 보답하겠습니다.
화이팅!

YOUN, JONG MIN

한양대학교 건축계획 공학석사, 건국대학교 건축전문대학원 실내건축설계 박사수료 ↘ 현대건설, 현대리바트, 금강기획 ↘ 현, 금강SD건축사사무소 대표, 건축사, 실내디자이너 한국실내건축가협회 이사 ↘ 현, 건국대학교, 한성대학교 실내디자인학부, 대학원 출강

O U R
STORY

답사 중 늦으면 어김없이
메아리쳐 오던 5유로(벌금)~!!!
아직도 귓가에 맴도네요.

YEO, MI KYUNG

건국대학교 디자인대학원 실내환경디자인 석사 ↳ (주)중앙디자인, (주)우모디엔에스, 맥디자인 근무 ↳ 현, 서일대학교 가구디자인과 강사

지나간 사진만 보면 마치 늙은 대학생들
수학여행 사진 같은데 처음부터 지독한
강행군이라 다들 자료수집 등
발바닥에 불나게 뛰어다닌 기억..
그래도 그때가 참 좋았다고
느껴지는 이유는..

LEE, SUNG AH

UC Berkeley 연구과정, NY LIU 석사, NYIT 연구과정, 건국대학교 박사수료 ↳ (주)피아인터내셔날, 예문(종가)종합건축설계사무소 근무, (주)INF, (주)푸름종합건축설계사무소, (주)푸름I&A 임원 및 대표, 제주관광대학, 동원대학 겸임전임강사 ↳ 현, 리즈건축인테리어, 리즈디자인연구소, (주)리즈DnA 대표

INSIGHT: Architecture & Interior Road Map EUROPE

5유로의 짜릿한 손맛~
안 느껴 본 사람은 모를 꺼야~

JUNG, SUNG WOOK

건국대학교 실내디자인학과, 건축전문대학원 석사, 동 대학원 박사과정수료 ↘ (주)한건축, (주)케이엘이엔지 근무 ↘ 현, 극동대학교 실내디자인과 겸임교수, 경희대 주거생활학과 출강

살아있는 동안
계속 사는 법을 배우듯,
공부하는 동안
계속 공부하는 법을 배우게 해주시는
모든 분들께 감사드립니다.

CHOI, EUN YOUNG

건국대학교 실내디자인학과졸업, 건국대학교 대학원 석사졸업, 동대학원 박사과정수료 ↘ 리스건축 인테리어디자인 사무실, 계선 인테리어디자인 사무실 근무 ↘ 현, 넥타우스 디자인연구소 실장, 대림대학 인테리어디자인과 겸임교수

장소들이 주는 매력, 자아를 만나게 해주던
숭고한 풍경, 수천 년의 세월 속에 형성된
도시 앞에서의 경외... 어느 날, 정체된 도로
한가운데서조차 이어지는 위안까지...
'보물찾기'와 닮아있었던 그해의 유럽답사...

CHUNG, JAE WON

건국대학교 자연과학대, 디자인대학원 석사, 건축전문대학원 박사과정수료 ↳ 가림건축, 폴리핸즈, (주)N.E.T디자인 근무 ↳ 현, 비욘드 디자인 대표

갑자기 십여 명의 동양인이 나타나
특종 잡은 기자처럼
수십 컷의 사진을 찍고
아무 일 없는 듯 사라진다.
(0.0)

CHO, BYUNG JOON

건국대학교 디자인대학원 실내환경디자인 석사수료 ↳ (주)선인터내셔날, ZOOM design 근무 ↳ 현, BLUEis 대표, 계명문화대학 겸임

언제 또 다시
이곳들을 밟아 볼 수 있을까요...

PYUN, YOUNG HEE

건국대학교 건축전문대학원 실내건축설계 석사, 박사과정 수료 ↳ (주)리스피앤씨, (주)대혜건축, (주)푸름I&D ↳ 현, 디자인 보리 실장, 한양여자대학 인테리어디자인과 겸임교수

답사를 통해 많은 것을 알게 해주신
교수님께 감사드립니다.
멋지고 훌륭하신 선배님들과 함께 할 수
있어서 행복했습니다.

HAN, SEUNG HEE

건국대학교 건축전문대학원 실내건축설계 석사

유럽답사에 동참할 수 있었던 것이
정말 행운인 것 같습니다.
김문덕 교수님을 비롯해서 수고해주신
많은 분들께 감사드립니다.

HAN, HEA SHIN

건국대학교 건축전문대학원 실내건축설계 석사, 박사과정 수료 ↳ The School of the Art Institute of Chicago 실내건축 석사 ↳ (주)대원 I.D., 이도건축, Hadasdesign Inc. 근무 ↳ 현, 동덕여자대학교 강사

노장 앞세우고 투정한번 못했다는...
걷고, 뛰는 게 너무 힘들어
힐리스가 너무 그리웠다는...
"셔터를 누른다."라는 표현보다
난사라는 표현이 더욱 어울렸다는...

HWANG, BOK DEOK

상명대학교 실내디자인학과 졸업, 동대학원 석사 졸업, 건국대 건축전문대학원 실내건축설계박사 과정 수료 ↳ (주)에스빠스 두우 근무, 굳인테리어 운영, 대덕대학교 인테리어리모델링과 겸임교수 역임 ↳ 현, 아산시청 도시디자인과 근무, 지식경제부 & KIDP 공공디자인컨설팅사업 전문위원

O U R

S T O R Y

Architecture & Interior Road Map